美国立体裁剪与打版实例

★ 裙裤篇

THE U.S. DRAPING & PATTERN MAKING TECHNIQUES

DRESS AND PANTS

陈红霞◎著

化学工业出版社

·北京·

《美国立体裁剪与打版实例·裙裤篇》是《美国立体裁剪与打版实例·上衣篇》的姐妹篇，是在纽约从事服装制版20年美籍华裔作者，倾情分享她将近40年的中美服装行业的设计和打版经验的应用型服装技术类图书。全书图文并茂，以同步对照、实例详述的方式来展示立体裁剪、平面制图、立体试身等在美国服装制作中常见的操作方法，着重强调设计与立裁在制版过程中的转接与变化，试图通过举一反三的方式，传达和解读美国式服装立裁的构成理念，以增强读者对美国服装制版实际操作步骤和规范化程序的深入理解。同时，在要点部分还同步插入了服装专业术语的英文注译，方便读者增加对服装专业英语的认知。

本书详述了羊毛薄呢女裤、腰间缩褶弧线滚边皮裙、软缎与雪纺加珠绣裙裤、露肩雪纺派对裙、女偏襟腰褶绑结连衣裙、格子低腰镶边圆摆裙、斜露肩组合针织晚装、塔夫绸晚装等典型款式在立体裁剪中的变化和奥妙，全面解析了涂擦复制法、按图立裁法、借鉴立裁法、从平面到立体提升法等主要立裁方法的应用原理与操作技巧。同时还着重分析了皮革、雪纺、羊毛、软缎、针织、风衣布、混纺布等不同面料在立体裁剪和打版及制作中可能产生的问题，并对具体操作进行详细的讲解。

本书既可作为服装设计专业、立裁版型和服装工艺专业用教材，又可作为服装从业者，如服装制版师、设计师、营销者等人员学习、参考书。

图书在版编目（CIP）数据

美国立体裁剪与打版实例. 裙裤篇/陈红霞著. —北京：化学工业出版社，2017.7（2018.7重印）
ISBN 978-7-122-29950-5

Ⅰ. ①美… Ⅱ. ①陈… Ⅲ. ①服装量裁-美国 Ⅳ. ①TS941.631

中国版本图书馆CIP数据核字（2017）第135893号

责任编辑：李彦芳　　装帧设计：史利平
责任校对：吴　静

出版发行：化学工业出版社（北京市东城区青年湖南街13号　邮政编码100011）
印　　装：涿州市般润文化传播有限公司
889mm×1194mm　1/16　印张13³/₄　字数390千字　2018年7月北京第1版第2次印刷

购书咨询：010-64518888　　售后服务：010-64518899
网　　址：http://www.cip.com.cn
凡购买本书，如有缺损质量问题，本社销售中心负责调换。

定　　价：68.00元　

前言

PREFACE

打版师及立体裁剪常见问题问答

有多少次，我徘徊在国内外服装专业的书架旁，执着地寻找一本能完整教授从立体裁剪到版型制作的技术书，可每每失望而归。

有多少书，它们要么只讲述立体裁剪，要么单谈版型制作，就是没有把两者有机地结合起来细述整个过程，成为示范图书。

有多少年，我在参与中外服装设计、立体裁剪、版型制作、教学、经营和秀场等的行业实践中不断地吸取营养，积累相关素材并修炼自己。

有多少回，我期待着有一天，能把自己从业近40载的设计、立裁、打版等经验，写作成书，分享给同行和新人，为的是前人种树，后人乘凉，回报我的祖国。

问：何为打版师？

答：打版师（Pattern maker）又名制版师、纸样师或版型师，欧洲人至今称之为Pattern cutter，中国行业里称其为打板师。

版师和板师之别在于：版师打版强调了制版和版型，着重了打版和版纸；而板师打板更多地侧重了打样板和制样板的过程。行业里称的板房（Sample room），指的是打造和设计出样衣和版型（Samples and patterns）及展示服装样品的空间。

所以，精确地说，打版师是一名为服装设计师而工作的裁缝干将。他的任务是负责把设计师对服装设计的构想和灵感，运用“立体裁剪”（Draping）和“平面制图”（Pattern making）的手法，打造出能提供给“服装面料裁剪、制作及批量生产所需用的专业用版型（Patterns）”。同时，打版师还要负责定制符合服装制作所需要的工艺及细则（Techniques and details），担负起指导样衣制作及设定生产工艺技术的责任。此外，打版师要参与样衣的试身（Fitting），根据试身效果对纸样进行修正。所以打版师在一定意义上是一座连接“实现服装设计师的创作”与“驾驭生产成衣品质”之间的桥梁，是服装企业里的技术栋梁。打版师是服装设计师创作意图的诠释者和演绎者。经验丰富的打版师还能从服装设计师的草图里把许多并不具体的细节，有板有眼地“具体化、结构化、工艺合理化和细节化”。一个具备了“二度创作”能力的打版师被称为资深打版设计师（Senior pattern maker）。因此，称职的专业打版师具备很强的创作和造型设计能力。

问：设计师喜欢什么样的打版师？

答：服装设计师当然喜欢与经验相当、独具慧眼、手艺精良并具有优美造型品位的打版师合作。他们青睐那些能迅速领会其设计意图，富有创造力，眼光独到，动作干练，作图精细，能完美体现其设计构想，能根据实际情况见招拆招，进一步优化服装的打版师。

问：要学习和掌握什么技能才能胜任打版师的工作？

答：① 打版师要喜欢和热爱服装行业和本职工作，并掌握一定的时装美术基础知识，如绘画（Painting）、色彩（Colors）、图案（Patterns）、艺术造型（Creative designs）、服装史（Fashion history）等知识。

② 掌握人体比例和结构（Human body proportion and structure）、人体活动机能（Human body movement）和人体尺寸（Body measurements）等基本知识。

③ 掌握良好的立体裁剪和平面打版知识（Draping and pattern-making knowledge），并且能灵活变通各种服装款式的打版应变技巧。

④ 具备良好的立体裁剪造型技能（Excellent draping skills），能随心所欲地运用坯布或不同面料塑造出各种服饰款式结构。

⑤ 学习面辅料（Fabric and Trimmings/Accessories）以及印染工艺（Printing and dyeing techniques），了解刺绣（Embroidery）、手绘（Hand-painting）、珠绣（Beading）等各种制作工艺知识。

⑥ 掌握服装制作技术及工艺流程（Garment technology and processes），掌握面辅料的运用知识（Knowledge of fabric and accessories）。

⑦ 懂得各种缝制和手工技巧（Sewing and hand-stitching skills），对传统和时尚的制作（Traditional and fashion production）方法有全面的了解。

⑧ 书本知识是远远不够的，实践经验才是根本。参与工厂生产实操（Production operation），了解中高档服装的生产流程和质量控制（Production process and quality control）细节，熟悉外单加工等过程。

⑨ 关注时尚和流行，了解世界发展的动态和变化，好奇上进；及时对自己的思路、眼光、技术及知识面进行调整和更新，与时俱进。

问：具备什么样的素质才能成为优秀的打版师？

答：① 具备吃苦耐劳，爱岗敬业的工作精神。打版师的工作要求站立时间长，注意力高度集中，稍不留神，出差错概率就会很高。同时，服装业是一个充满压力与挑战的行业，身为技术部门的打版师，要面对工作量大、时间紧、责任重等压力。所以，只有喜爱这一职业，才能充分享受工作的过程。打版师要经得起长时间的站立以及规范严谨的立裁和制图工作。“在高压下专注地工作，快速而不出错”，是对打版师的基本要求；能胆大心细，疏而不漏，节俭材物，认真负责，是打版师的基本职业道德。

② 头脑清晰敏捷，具有优良的造型能力和鉴别审美眼光，这意味着照设计图打版并不等于刻板地照搬，打出版型的效果必须比原设计稿表现得更加尽善尽美。

③ 动手能力要强，喜爱摆弄布艺、图案，飞针走线，裁、剪、别、缝、画等样样得心应手。

④ 注重积累有关缝制（Sewing）、印染（Printing and dyeing）、刺绣（Embroidery）以及熨烫（Ironing）和去污（Decontamination）等工艺经验，才能具备预防差错和解决服装质量问题的能力。

⑤ 掌握一定的相关电脑技术。我们正处在一个互联网电信时代，资讯爆炸，瞬息万变，加上电脑等运用于设计、打版、裁剪及服装制作生产已经多年，电脑技术知识的熟练掌握再也不是可有可无的技能了，换句话说，不懂电脑技术就无异于一个新时代的文盲，更谈不上提高了。

⑥ 要具备团队精神，能虚心好学，尊老“带新”，友善好帮，尊重同事和前辈，和谐共处。能心情愉快、有干劲地投入每一天的工作。

⑦ 学好外语，走向国际。能自如地与国内外的设计师和同行们相互沟通，争取机会学习国外的技术，关注国内国外先进的专业技能，与行业时尚同步。

问：为什么要做打版师？怎样入行较好？

答：现在大部分年轻人一谈到学服装就只想到当设计师，殊不知，学设计者不一定能成为名设计师，就像学表演就想到能成为名演员一样，学表演者也大部分默默无闻，很难成为名演员。而设计师的成功很大程度是要靠天分、机遇、巨额投资的。

我十分赞同这样一句话：“设计师是老板请来的客人，打版师是企业的自己人”。设计师头衔的确好听，但设计师的艰辛和压力是旁人所不知的。想想看，要顶着流行（Popular/Fashion）、老板、投资、市场、客人、货期、质量、库存等的巨大压力，一个季度下来，如服装卖不掉、公司亏本，首当其冲被炒的是设计师，而能留下与老板风雨同舟的也许就是打版师了。客人走了可以再请，只要自己人在就可以东山再起。当然打版师也有很大的压力，可与设计师相比就少得多了。打版师是一份技术性很强的工作，他的工作就好比飞行员，飞行的时数越多资历就越老，富有经验的打版师在公司的地位就越高，薪酬甚至会等于或超过设计师。

此外，一名设计师可配多名打版师，可打版师却无法同时配合及应付多名设计师。近30年来，中国对设计师的培养较为重视，设计师相对打版师而言已经是供过于求了。行业里好的打版师那是踏破铁鞋无觅处，很难遇上。

了解服装行业对人才的实际需求，如果你有志于服装设计界，那么，学做一名打版师不能不说是一个比较理想的选择。再比如有些人在艺术方面的天分不是很高，创造力也不太够，但又喜欢做与设计师相关的工作，那我就建议他去学做打版师，因为这样既能保持原有的志向，又能扬长避短。

以笔者的经验而言，在美国一个新手要入行，有熟人推荐就较为顺利了。如果你能幸运地被某位资深行家或师傅招收为徒，那你的职业前途就更加光明顺畅了，至少是学到真本事且少走弯路。假如你是新手又没有工作经验，那么最好是先当实习生或打版师助手（Pattern maker assistant）比较好。当然，从裁床助理或样板工（Sample maker）做起，通过不断进修和近距离接触及留心学习，直到出头之日，而最终成为能独当一面的也大有人在。

问：为什么要学立体裁剪？它与平面裁剪能结合起来吗？

答：学习立体裁剪就是学习“人体着装状态式”的裁剪。因为服装的对象和最终穿着者都是人，而人体既是一个立体的，也是极富活动行为和生命力的躯体。人类对服装的要求是多方位、多功能、多层次的。仅用“平面”这一“二维（Two-dimensional）”的方法来解决和完成“立体”“三维（Three-dimensional）”的需要是显然不给力、也不够的。只用“立裁”或仅用“平裁”都是不够理想的，至少是受局限的，是技术上不完美的。所以，运用立体裁剪肯定会对平面裁剪起到互补和辅助作用。通过学习立体裁剪将有助于提升老板、股东、设计师、打版师、样板师以及销售人员等对国际服装体系的认识和了解，有助于提升企业自身的服装的造型及技术含量，有助于开阔设计师的思路，提高品牌版型技术的国际化水平，使服装商品更为人性化，更合身、更优雅。

立体裁剪技艺是远古人类文化的遗产，是现代人对人类祖先们的智慧与服装技艺经验的发展和传承，非常值得学习、借用、继承和弘扬。运用立体裁剪技术塑造款式造型，能快捷直观地体现设计师的构思效果；能引发设计师对服装造型在分割、比例、线条、节奏、色块、装饰、工艺细节等方面的相互关系的重审、反思和处理，使上述一切尽早地调整和确认，而不必等到样衣完成后才作修改。同时，还可帮助设计师在立裁的人台上进行边设计、边修改，增加再创作的灵感及机会。

立体裁剪技术是源自西方远古的传统服装文化和技艺，能沿用和发展至今，就足以证明后人对它的空间造型技术和实际作用的极大肯定。立裁技术的确是一种使服装更富有生命力，更趋于人性化，更具有舒适感，更符合人体造型，更方便人体活动机能的剪裁方式。而我们沿用多年的平面裁剪，显然也有简单便捷的特点和很强的实用性，然而它毕竟只是平面二维的估算。假如能将平面裁剪与立体裁剪结合应用，就能更充分发挥两者的优点，成为一种优势互补。如果能在平面制图中植入立体构成的架构和手法，就能取它山之石，洋为中用，实现更好的效果。

“立裁”和“平裁”结合起来，定然给服装业带来新的技术革命和勃勃生机。就如同运用古老中医的经验，加上西医的科学技术一样，中西合璧，取长补短，从而给宝贵的生命带来一缕希望的曙光。

问：立体裁剪能运用到生产上吗？

答：立体裁剪在美国服装行业的运用贯穿于初板到生产成衣的全过程。打版师从接到设计图便开始进行立体裁剪并打出纸样，还需要指导样板师做出样衣。接下来请试身模特对样衣进行试穿，试身后改版时要将样衣重上人台进行修改，打版师要试图在原立裁效果与真人模持之间找出差距进行版型的校正。在完成版型修改后即做出第二件试身板，再请真人模特试身，之后根据修改意见更正纸样，直到样板通过为止，才进入生产版的制作。不少公司的生产版型用的是比头板型号大一点的版型，所以，做生产样板要在头板或二板的基础上放大后做成新的生产板样衣，然后请生产型号用的专职模特试身，再对纸样进行修正直到纸样完全满意，脱稿成为批量生产用的专用版型为止。投产前还要做出生产确认样板，交货时按确认样板收货。在生产过程中，标准人台会相伴在生产车间制作工人的左右，使他们能运用人台随时检查所生产服装的合体性和效果。一些款式和布料要在最后用人台进行修剪才能完成。所以说，美国服装行业里立体裁剪运用自始至终贯穿于服装制作的全过程。

问：立体裁剪的起源及其发展是怎样的？

答：对古代的服装研究者而言，立体裁剪的起源可以追溯到远古的石器时代。从人类用兽皮和植物等围挂在身上，到后来发展到古罗马和古希腊时期的披挂式长袍，均可以看作是立体裁剪技术中披挂和绑缠式立裁方式的始祖。立体裁剪源自于古代的罗马、埃及和希腊，从其大量出土文物和艺术品中，充分地记载和展示了古代的前辈们沿用了这些用披挂（Hanging）、悬垂和披覆（Draping）、绑缠（Tying）的手法制作的服饰。由于古代社会等级极其分明，皇室贵族们或许是不希望常被裁缝师们（Tailors）打扰，所以立裁所需用的人台（Dress form）就由此而生。这种自制的人台在古埃及时代已被沿用。欧洲人借用了古罗马的着装方式，经历了若干个世纪的发展。直到公元5世纪，欧洲人开始在布上剪出一个洞，穿过头部，套在身上，用绳子等物系腰间，腿上用布带等裹绑。在中世纪到14世纪期间，文化交流日益频繁，中东和远东文化对欧洲服饰文化的影响渐多，使欧洲服装开始有了更多的裁剪制作（Tailoring）。15世纪意大利文艺复兴时期，服装开始注重人体的曲线美，注意和谐的整体效果，在服装上表现为三维造型意识萌芽。自文艺复兴后，立体裁剪技术有了很大的发展。16世纪巴洛克时期，女性十分注重外形和装饰，高胸、束腰、蓬大裙身，立体造型逐渐成为主流；男性则开始穿长裤和袜子。16世纪末到17世纪初，立体裁剪传入了美国。17世纪的服装造型和布料日益考究，蕾丝和织金等工艺被广为应用。18世纪洛可可服装风格确立，强调三围差别，注重立体效果的服装造型成为当时的潮流。从18世纪末到19世纪初，服装逆流而上，返璞归真，重走简洁路线。19世纪末的工业大革命使制衣业有了很大的变革，服装进入批量生产时代。而真正促使立体裁剪为生产设计灵感手段的运用，是20世纪20年代的法国裁缝大师玛德琳•维奥尼（Madeleine Vionnet），她在立裁传统手法的基础上，首创了斜裁法（Bias cut technique），使服装的立体裁剪和表现手法进入了一个崭新的领域，进而打破了裁剪上仅用直纱、横纱的局限，改写了服装史。玛德琳•维奥尼的立裁设计强调女性身体自然曲线，反对用紧身衣等填充手法雕塑女性身体轮廓的方式。克里斯汀•迪奥（Christian Dior）大师曾高度赞扬说："玛德琳•维奥尼发明了斜裁法，所以我称她是时装界的第一高手。"斜裁法至今仍影响着一代又一代的时装设计师。20世纪中后期，立体裁剪传入日本。20世纪80年代初，由日本立裁专家石藏荣子的传导将日式的立体裁剪技术传入了中国。

问：美国立体裁剪的历史和现状如何？

答：16世纪末到17世纪初，随着英国清教徒以及欧洲移民进入美洲大陆，立体裁剪技术也逐渐传入美国。早期的立体裁剪是从私人裁缝开始使用的，这种量身定做的方式沿用了许多年。直到20世纪进入了工业大革命时代，制衣业有了很大的变革，开始批量生产服装，立体裁剪技术才顺理成章地进入了成衣业。最初进入美国制衣业打拼的立体裁剪师以意大利人为主体，他们继承了古代欧洲立裁的传统手法，为美国服装业撑起了一片天。所以，在美国服装业里只要一提起意大利打版师，是令人敬佩的。意大利人把欧式立体裁剪的技术和文化带到了美国服装业，不断在美国生根开花并发展和流传开来。这些师傅们具有扎实的立体裁剪和传统精做西装（Tailor jacket）及奢华礼服（Luxurious formal wear）的手艺，他们有着一丝不苟的工作态度和孜孜不倦的敬业精神，为美国跻身和屹立于世界时装之林立下了汗马功劳。

早期的美国服装行业分工明确，规范清楚。上身（Upper body）、下身（Lower body）、晚装（Evening gown）、头版（First patterns）、生产版（Production patterns）等各有明确分工。立裁打版时大都采用立裁和平裁的结合，但立裁的速度要比当下同行稍为缓慢和规范些，其共同之处是强调精雕细琢、符合人体。近些年，老一代的意大利师傅们逐渐退休了，取而代之的是来自世界各地的新一代移民从业者。如今，活跃在纽约服装行业打拼的打版师不乏"亚裔"面孔。

除了面孔不同之外，板房里也发生了不少变化。第一，最明显的是分工模糊而不明确了。有经验的板房管理者对每一位版师的打版特长了如指掌，但派发分配工作时却什么都给：一个版师要做头版、改版（Corrected patterns）和生产版，有的还要应付客人的量身定做（Tailored/Custom clothes patterns）。第二，打版的精雕细琢主旋律变调了，速度要求明显加快，一位打版师一天只出1个纸样已经不符合要求了，一天2 ~ 3个纸样正在成为不少公司的新常态。这些变化要求版师技术过硬、全面、熟练，否则就不能承担当下工作量。第三，板房里运用电脑技术，把过去的先立体、后平面，换成现在的先立体、后平面、再电脑了。电脑技术的加盟，给板房增加了现代科技，也带来了革命性的变化。电脑排版、电脑放码、电脑打版，加上电脑版型的储存管理等都让服装生产行业如虎添翼，今非昔比。唯独一些不太规范的立体裁剪是电脑“暂时”无法取代的，这就要求打版师要学习和掌握电脑技术，不断地提升自我，与时俱进。否则，随之而来的很可能是出局。

问：你了解中国的立体裁剪教育和应用状况吗？

答：自20世纪末以来，中国的服装教育界对设计师的培养和提拔越来越重视，使得中国的服装设计水平不断提高。设计师的队伍人才辈出，设计水平堪称逼近世界水平。而相对于支持服装本身的服装工程（Apparel engineering）和版型工艺技术（Pattern making technique）而言，人才的培养与服装设计相比却相形见绌，状况堪忧。不少大学、职校或企业似乎都放松对打版师的培养和培训力度。大学生们入学时大都怀揣着当一名设计师或艺术家的梦想，而立志做一名出色打版“小工匠”的愿望是罕见的。尽管在服装行业里，打版师的需求一直处于供不应求的状态，尤其是那些有专业背景的，基本工过硬的，有独特的艺术眼光的打版师，更是凤毛麟角，可望而不可求。与此同时，在规模相当的服装大企业里，绝大多数的打版师都没有机会接受正规的打版课程（Pattern making education）和立体裁剪培训（3D Draping training），加上媒体界对服装的专业认知度不高，在宣传上难免出现一边倒的现象，也造成了不少年轻人忽视打版师的专业和工作重要性，因此，很多年轻的大学生们就更不可能以此为职业梦想了。而另一方面，那些正在为设计师的理想挥洒汗水、努力奋斗的年轻人，多半对工艺和打版的学习提不起兴趣，片面地把眼光放到画好时装效果图的技巧技法上。由此产生的后果是设计水平的止步不前，使他们与打版师之间无法进行有效的沟通，协调上存在距离，互不认可，结果是在款式设计与成衣的转换过程中不但无法提升，还可能无法完美。

中国打版界长期以来奉行的是平面裁剪（Flat patterns making）路线，并逐渐形成了一系列方法各异、较为完整的平面裁剪方法。中国服装企业早期沿用的是“市寸”平面计算裁剪法，后来改用与国际标准一致的“厘米（Centimeter/cm）”平面计算裁剪法。曾一度受日本服装文化的影响，尝试推广“日式”的原型和立体裁剪。20世纪80年代初，日本“立裁”大师将“日式”立体裁剪陆续传授给中国业界，随后的三来一补，外来加工及新兴的中外合资企业等也将欧美的立裁技术和应用带入了中国服装行业。随之而来的是中国部分高校也将“立体裁剪技术学科”引入了服装教学的课程内容，并且作为一门新的必修课程逐渐在全国服装专业课程中推广开来。但是，服装设计这个新专业的教师本来就缺，不少任课老师自身缺少立裁的实践经验，自然而然地只能从书本到书本，只能把一些基本理论与概念、基础立裁技法等书本知识教授给学生了，所以学生们也难以激发出对立裁技术学习探索的兴趣。一些在职的企业制版师听说过立体裁剪，有学习的意向，但时间、条件、环境等都不具备，要学习和提高就止步于一个美好愿望。而今，一些海归的从业者和新锐设计师及一些外资品牌企业都在使用立体裁剪，甚至自己成立工作室和教学培训。可不少企业老板认为搞立体裁剪，既费时间又花钱。平面裁剪沿用了这么多年，不是也能养活企业，还挣了大钱了吗？毋庸置疑，平面裁剪有快捷、方便的优点，但平面终究是平面，它在服装的造型上必然带有很大的局限性和约束性，它的单一应用，的确妨碍了中国服装设计造型的档次提升，阻碍了生产技术的国际化进程，在一定程度上影响了中国著名服装品牌的树立，企业的发展。因而在国际上就屡屡缺少竞争力。我们不缺好的设计，好的手工，好的材料，就输在没有生机勃发的成衣造型和立体裁剪工艺上。

当下全世界的服装业已进入了移动互联网、电商化、品牌化的新时代，这就对服装的品质提出了更高的要求。了解和学习这项从古至今就被世界各大时装之都和世界服装名师们视为“看家本领”的立体裁剪技艺，令中国设计的服装更加合体舒适和造型优美，不再受平面打版技术的制约，应该成为当下服装品牌竞争的核心技术和必备的条件。我们不应仅仅满足于平面裁剪的技术应用，要给中国的时装设计师和打版界注入新的“立体元素”和“国际化的技术”，为中国时装早日跻身到世界时装业前列作准备，增加中国时装在世界业界的软实力和竞争力。

立体裁剪有着平面裁剪所没有的优越性，它比平面裁剪技术更多元、更人性化、更立体、更符合人的体态、更符合人体的活动机能、更能彰显个性且极具表现力，并能与平面裁剪在技术上形成互补。它的历史悠久，实用性很强，虽然易学难精，但有很强的应变力和转化力、极富适应性及卓越的立体造型能力。世界进入了全球化的互联网时代，学习国外的立体裁剪技术，从根本上拉近中国服装行业与世界四大时装之都（巴黎、米兰、纽约、伦敦）之间的距离，融入世界时装的先进行列，从中国“制造”锐变成中国“智造”，让我们一起奋起直追。从对立体裁剪的学习和掌握，到立体裁剪的运用、普及、研究和提升来逐步提高中国服装品牌在世界的地位。

但愿这本完全以笔者的实际操作经验为核心写成的书，能引起服装同行们对美国立体裁剪技术的好奇。使大家能因好奇而想了解，因了解而喜爱，因喜爱而想学习，因学习而应用，因应用而提高，因提高而卓越，因而扬名服装行业！

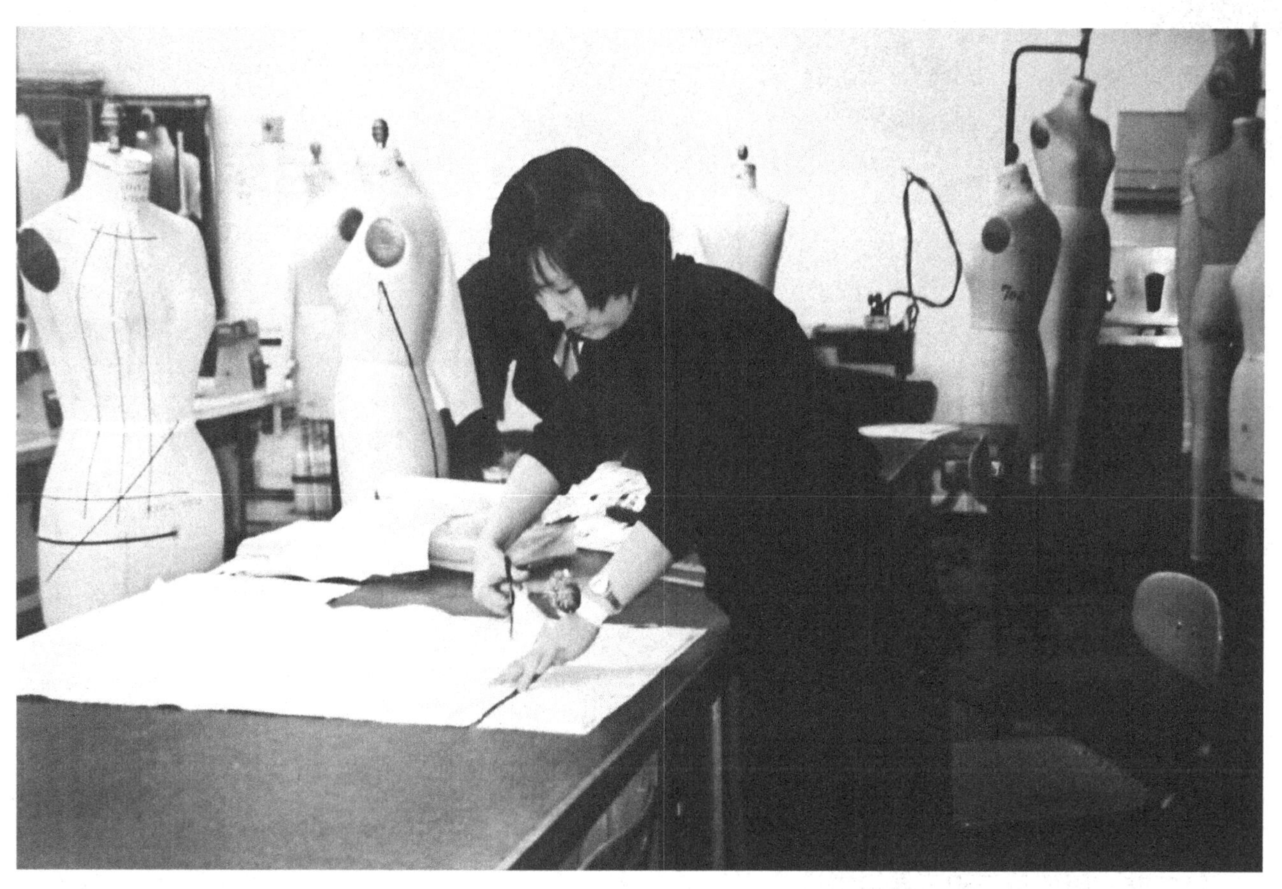

笔者早年在美国纽约时装技术学院学习立体裁剪打版课程

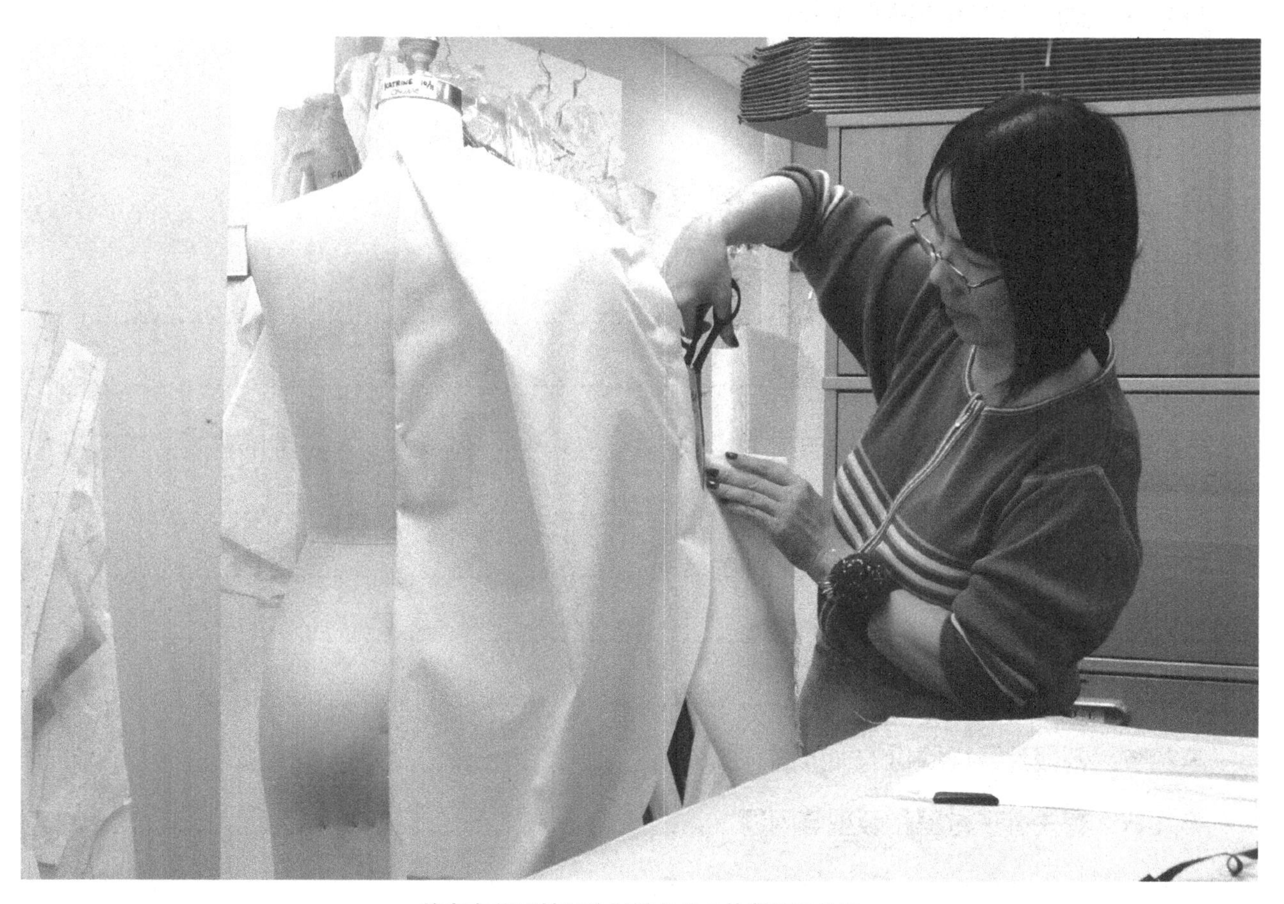

笔者在美国某纽约时装公司立体裁剪工作照

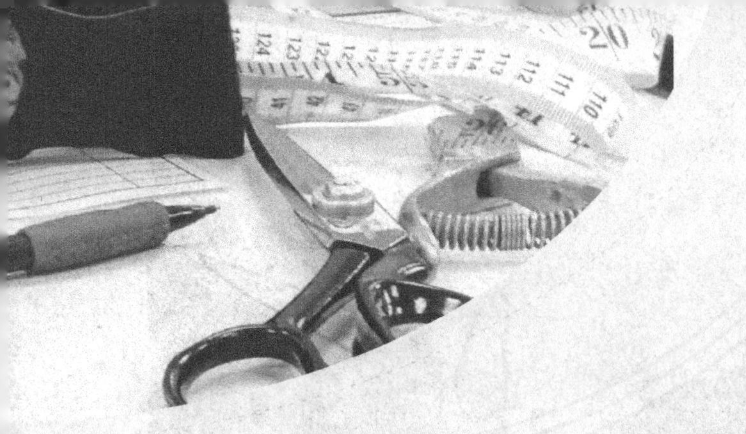

目录

CONTENTS

第五章　露肩雪纺派对裙的借鉴立裁法 060

第六章　女偏襟腰褶绑结连衣裙的按图立裁法 085

重要说明

本书的绘图软件不能像服装专业的电脑版型系统（Computerized pattern making）那样百分之百地反映裁片的形状和缝份，书中所有的图示不能百分百地展示轮廓线（Contour line）、大小和缝份的真实比例，本书着重展示制版的过程和要领。敬请读者在读图时给予谅解，特此郑重说明。

第一章
打版师专业技术素养与基础

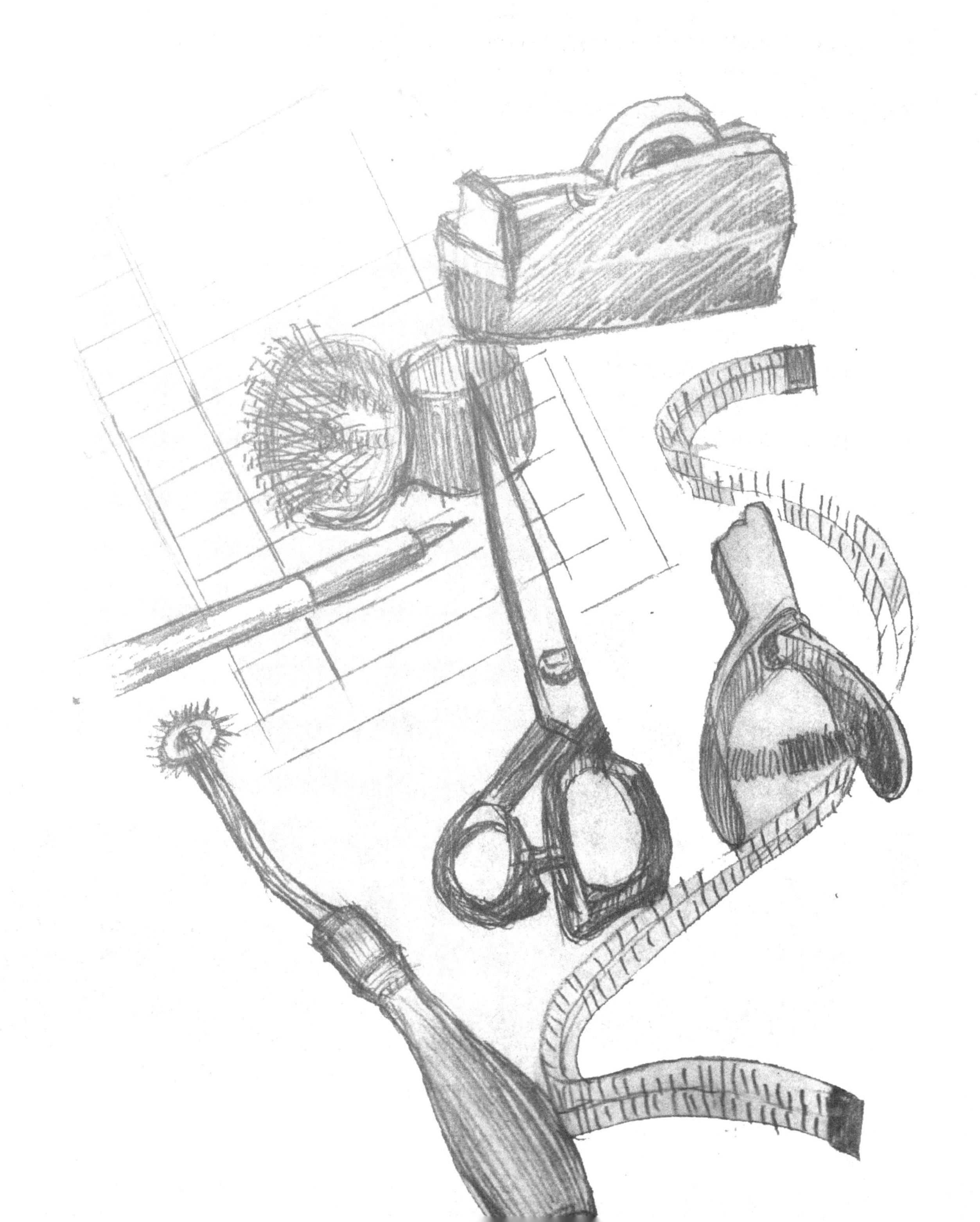

第一节 打版师专业技术素养

在美国，打版师（Pattern maker）的职位是技术含量高、创造性强的岗位，是靠真本事吃饭的职位。资深的打版师除身怀独树一帜的专业技能之外，他们具有较高的综合素质与较强的综合能力。工作的性质要求打版师有立体裁剪的技巧（Draping skills）、打版制图的技能（Pattern making skills）、制衣工艺的技能（Garment craft and skills）、较高的审美品位（Aesthetics）和创作技能（Creative skills）。对打版师而言，上述技能的学习和培养绝不是靠短期训练速成的，它是通过长期的、大量的学习、探索、实践、积累、创作，同时结合自身的灵性与感悟而练就的。之所以在此强调打版师专业工艺技术和素养的概念，就是要让每一位热爱和有志从事打版师工作的同行们，在生活和工作中注重对服装工艺技术的观察、吸取、学习、借鉴和创新。要把工艺技术的思想和概念融入到整个立裁和打版过程。以下是部分有关服装打版师应该具备的相关专业技术和素养的举例，如图1-1 ~图1-22所示。

- 选择面料及里料的知识
- 纺织品品种和性能的知识
- 印花和染料的知识
- 手工和刺绣技术的知识
- 车缝手法及缝纫机械运用的知识
- 熨烫工艺技术知识
- 服装档次和质量的鉴别知识
- 立体和平面裁剪技法知识
- 电脑打版及电脑应用技术知识
- 打版工艺技术知识
- 服装的试身技法
- 试身后其版型修整技法的知识
- 基础绘画及画图案的知识
- 服装批量生产工艺流程和管理的知识
- 裁床技术技能的知识
- 对服装尺寸把控的技术能力
- 人体活动机能和运动的知识
- 人体构造和比例的知识
- 服装构造及工艺设计知识
- 服装设计的知识
- 服装美学和搭配的知识
- 服装历史和流行的知识

图1-1　选择面料及里料的知识

图1-2　纺织品品种和性能的知识

图1-3 印花和染料的知识

图1-4 手工和刺绣技术的知识

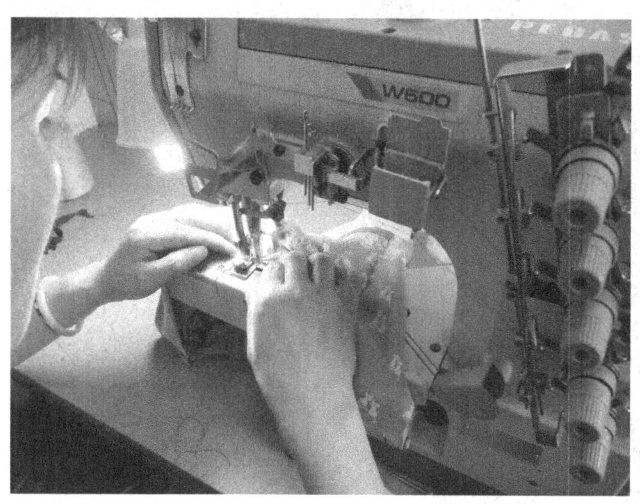

图1-5 车缝手法及缝纫机械运用的知识

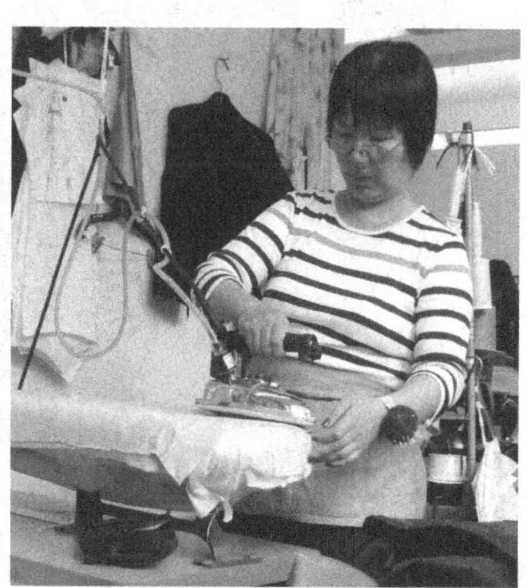

图1-6 熨烫工艺技术知识

图1-7 服装档次和质量的鉴别知识

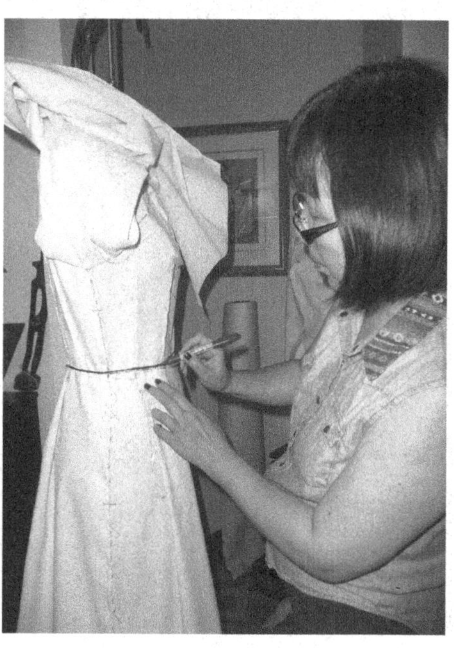

图1-8 立体和平面裁剪技法知识

图1-9 电脑打版及电脑应用技术知识

图1-10 打版工艺技术知识

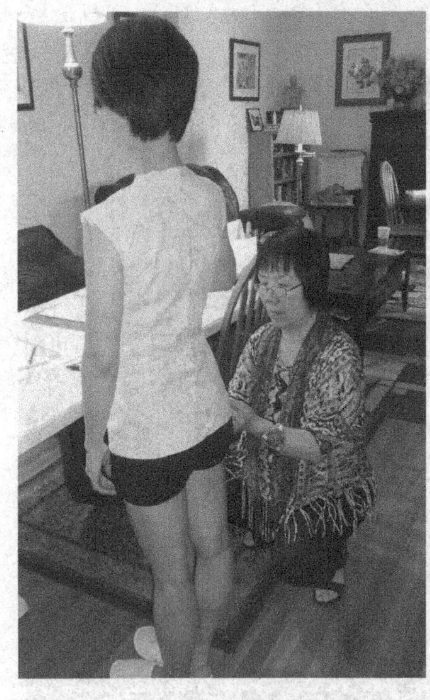

图1-11 服装的试身技法

图1-12 试身后其版型修整技法的知识

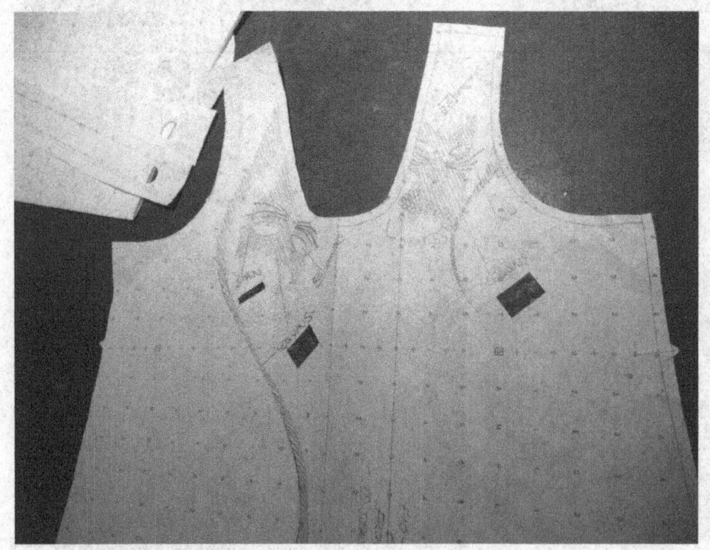

图1-13 基础绘画及画图案的知识

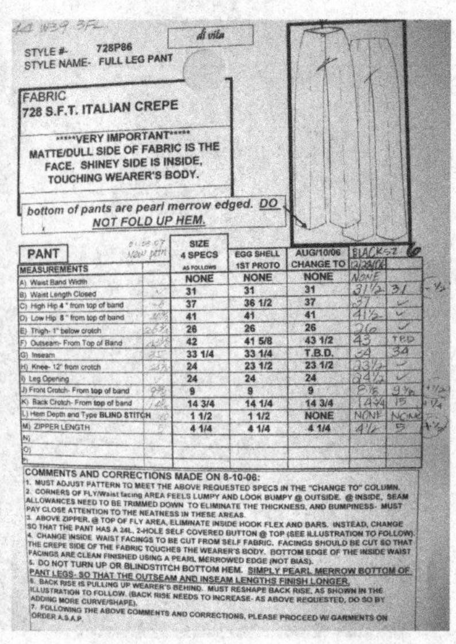

di vita

STYLE #- 728P86
STYLE NAME- FULL LEG PANT

FABRIC
728 S.F.T. ITALIAN CREPE

*****VERY IMPORTANT*****
MATTE/DULL SIDE OF FABRIC IS THE FACE. SHINEY SIDE IS INSIDE, TOUCHING WEARER'S BODY.

bottom of pants are pearl merrow edged. DO NOT FOLD UP HEM.

PANT MEASUREMENTS	SIZE 4 SPECS AS FOLLOWS	EGG SHELL 1ST PROTO	AUG/10/06 CHANGE TO	BLACK 12/28/06	
A) Waist Band Width	NONE	NONE	NONE	NONE	
B) Waist Length Closed	31	31	31	31 1/2	31
C) High Hip 4" from top of band	37	36 1/2	37	37	✓
D) Low Hip 8" from top of band	41	41	41	41 1/2	✓
E) Thigh- 1" below crotch	26	26	26	26	✓
F) Outseam- From Top of Band	42	41 5/8	43 1/2	43	TBD
G) Inseam	33 1/4	33 1/4	T.B.D.	34	34
H) Knee- 12" from crotch	24	23 1/2	23 1/2	23 1/2	✓
I) Leg Opening	24	24	24	24 1/2	✓
J) Front Crotch- From top of band	9	9	9		
K) Back Crotch- From top of band	14 3/4	14 1/4	14 3/4	14 3/4	15
L) Hem Depth and Type BLIND STITCH	1 1/2	1 1/2	NONE	NONE	NONE
M) ZIPPER LENGTH	4 1/4	4 1/4	4 1/4	4 1/2	5
N)					
O)					
P)					

COMMENTS AND CORRECTIONS MADE ON 8-10-06:
1. MUST ADJUST PATTERN TO MEET THE ABOVE REQUESTED SPECS IN THE "CHANGE TO" COLUMN.
2. CORNERS OF FLY/Waist facing AREA FEELS LUMPY AND LOOK BUMPY @ OUTSIDE. @ INSIDE, SEAM ALLOWANCES NEED TO BE TRIMMED DOWN TO ELIMINATE THE THICKNESS, AND BUMPINESS- MUST PAY CLOSE ATTENTION TO THE NEATNESS IN THESE AREAS.
3. ABOVE ZIPPER, @ TOP OF FLY AREA, ELIMINATE INSIDE HOOK FLEX AND BARS. INSTEAD, CHANGE SO THAT THE PANT HAS A 24L, 2-HOLE SELF COVERED BUTTON @ TOP (SEE ILLUSTRATION TO FOLLOW).
4. CHANGE INSIDE WAIST FACINGS TO BE CUT FROM SELF FABRIC. FACINGS SHOULD BE CUT SO THAT THE CREPE SIDE OF THE FABRIC TOUCHES THE WEARER'S BODY. BOTTOM EDGE OF THE INSIDE WAIST FACINGS ARE CLEAN FINISHED USING A PEARL MERROWED EDGE (NOT BIAS).
5. DO NOT TURN UP OR BLINDSTITCH BOTTOM HEM. SIMPLY PEARL MERROW BOTTOM OF PANT LEGS- SO THAT THE OUTSEAM AND INSEAM LENGTHS FINISH LONGER.
6. BACK RISE IS PULLING UP WEARER'S BEHIND. MUST RESHAPE BACK RISE, AS SHOWN IN THE ILLUSTRATION TO FOLLOW. (BACK RISE NEEDS TO INCREASE- AS ABOVE REQUESTED, DO SO BY ADDING MORE CURVE/SHAPE).
7. FOLLOWING THE ABOVE COMMENTS AND CORRECTIONS, PLEASE PROCEED W/ GARMENTS ON ORDER A.S.A.P.

图1-14 服装批量生产工艺流程和管理的知识

图1-15　裁床技术技能的知识

图1-16　对服装尺寸把控的技术能力

图1-17　人体活动机能和运动的知识

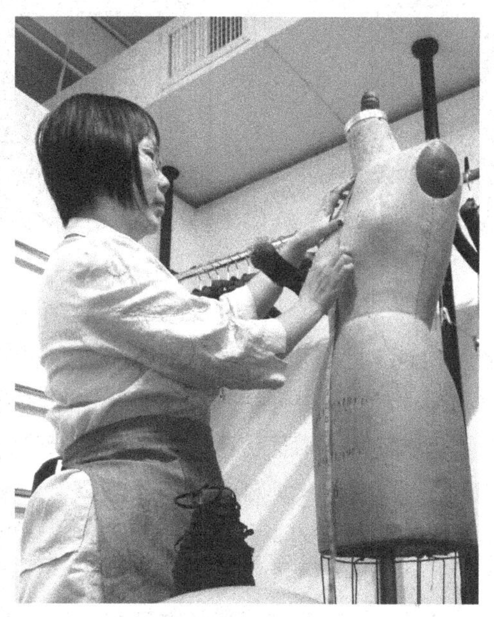

图1-18　人体构造和比例的知识

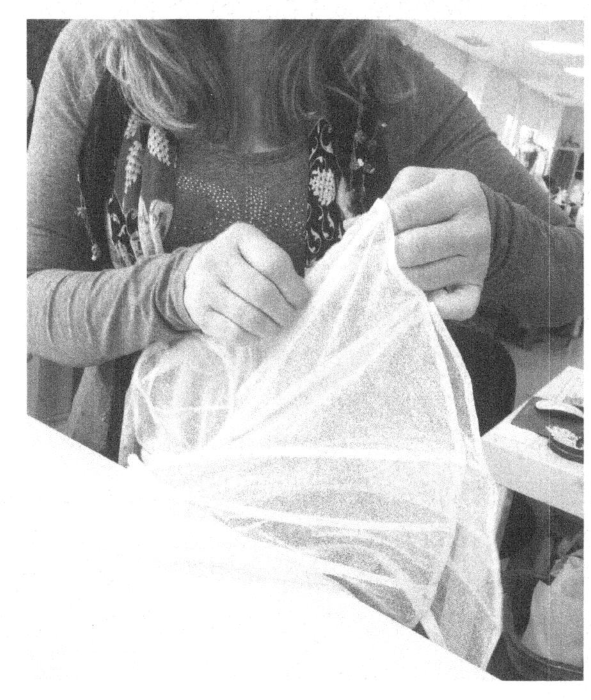

图1-19　服装构造及工艺设计知识

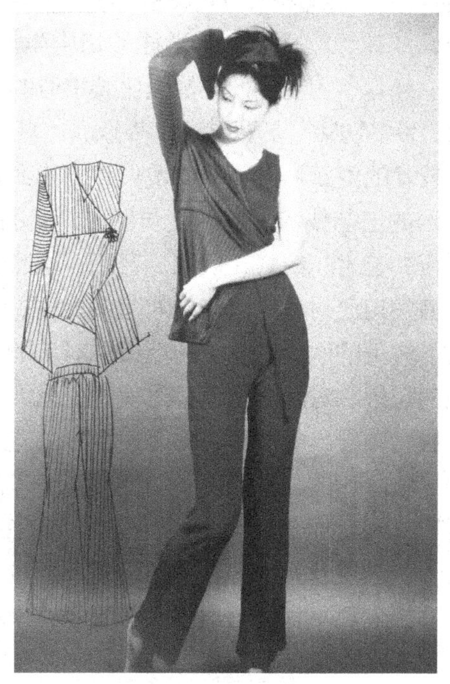

图1-20　服装设计的知识

图1-21　服装美学和搭配的知识

图1-22　服装历史和流行的知识

读者也许会心生疑问，这是否太夸张，言过其实，甚至在王婆卖瓜呢？坦率地讲，真的不是信口开河。受篇幅的限制，以上列举的并不完全，不可能涵盖方方面面。在进行立体裁剪及打版的过程中，上述各类知识不分彼此，相互贯穿。它们相互牵连、相互影响、相互渗透、相互依存、相互支持、相互协调，你中有我，我中有你，是一个难分的整体。能否胜任版师的工作，就全看操刀时对所掌握的工艺技术知识的运用与水准的发挥了。图1-1 ~图1-22中展示的是打版师日常工作中涉及的部分技术技能。大学生虽然专心致志地完成了整整四年的课堂学习，但学校里所学的知识只是引领他们跨入行业门槛的基石，离独立担当实际工作仍然有相当长的距离。而更多的真才实学和操作技能只有在工作的大课堂中不断地进修、实践、探索和汲取，加上虚心好学，不耻下问，不畏失败，才能在这个行业的大课堂里武装自我，磨炼技能，成就栋梁之才，从学徒的初生牛犊逐渐成长蜕变为资深的打版师，成为品牌公司的“大拿（Master）”。所以，笔者借此与热爱服装事业的同行们共勉：多多拜师，多多学艺，多多请教，多多思考，多多借鉴，多多切磋，多做笔记，多修炼，多总结，才能多有成果。

工艺技术的更新和时装业的发展是同步共进、永不停息的。所以要求打版师与设计师一样，不能紧紧地盯着旧的工艺技术、旧的服装潮流、旧的构造理念、旧的打版方法不放，要时刻关注时尚、服饰、品牌、流行、艺术、绘画、戏曲、音乐、电影、摄影，甚至建筑、饮食、广告、家具、花卉、书法、大自然等来激发自己对美的热爱、对美的向往、对美的触动、对美的意识、对美的渴望、对美的享受、对美的表现、对美的欣赏、对美的反馈、对美的发挥、对美的思考、对美的探索、对美的执着、对美的推崇、对美的想象、对美的激情、对美的灵感、对美的专注、对美的再现、对追求美的热情。因此，平日逛商场、看发布会、看电影、听音乐会、浏览最新的杂志与图片，这些看似设计师经常做的事情同样也应该成为打版师们的必修课。一句话，技多不压身，打版师务必提高自身的艺术品位和综合素质。要勇于接受新的资讯、新的技术、新的工艺、新的意念、新的思维方式、新的打版方法。

对服装工艺技术的学习、掌握、发挥、应用、创新远不是几个学期，十年八年的事情，它是对自己一生事业的热爱和执着的追逐。天道酬勤，辛勤的耕耘之后，迎来的将是丰盛硕果，辛勤的汗水一定会得到生活和事业的回馈。这就是笔者想强调的打版师的专业技术和素养概念之本。

第二节　版型剪口和工具设置

一、版型剪口

剪口（Notch）是服装制版不可或缺的部分。剪口在粤港澳一带的服装行业称作“凹”，所谓凹是取剪口的形状为凹进去的意思，所以才有打凹和加凹的说法。而北方地区则习惯称其为刀口或剪口。美国的制衣行业称它为“Notches”，把剪口钳称为Notcher。图1-23是制版的常用工具，从左到右依次为过线轮、锥子、剪口钳、布剪刀及硬纸剪刀。剪口在运用的过程中并不光有陷进去的，也有凸出来的，单一的，成双的等。下面进一步举例说明。

（1）单凹剪口（Single notch）是最常用的剪口（图1-24），常用于前身及各裁片缝份大小和长度剪口的标志。

（2）双凹剪口（Double notches），它由两个最常用凹剪口并列而成，专用于标示后裁片，如后中点、后袖窿、后袖山及后片排列等的位置。一旦后裁片在显著位置标示了双凹剪口后，其他位置则可用单凹剪口延续。

（3）一字剪口（On fold notches），把纸样对接，然后用剪口钳在纸样的两面同时剪出一道小口，就成为一字剪口，它多出现在开衩口、开口及褶子缝份等的止点位置，如图1-25所示。

（4）T字剪口（T notches），如图1-26所示，T字剪口多用在头板（First sample）的花点纸样及坯布代用版型上，打版师在需要打剪口的位置刻意画上一道横线，就成为T字剪口。其作用有二：第一，提示裁剪者注意；第二，示意剪口剪到横线止步。

（5）单尖形剪口（Single triangle notches），如图1-27所示，主要用于前片部位和各缝份大小等标示，也用于当缝份量太少或织物质地太疏，不适宜下剪打剪口的裁片，如蕾丝、粗纺、皮料、编织、网纱等特殊面料。

（6）双尖形剪口（Double triangle notches），如图1-27所示，主要用于后片部位的关键部位，也用于当缝份太少或织物质地太疏，不适宜下剪打剪口的裁片，如蕾丝、粗纺、皮料（皮草）、编织、网纱等特殊面料。

（7）梯形剪口（Trapezoidal notches），如图1-28所示，主要用于粗纺和蕾丝、皮料、皮草等结构和肌理特殊的面料。

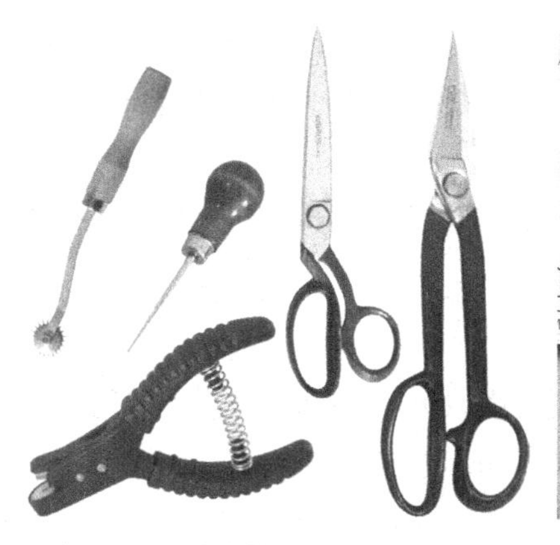

图1-23　过线轮、锥子、剪口钳、布剪刀及硬纸剪刀

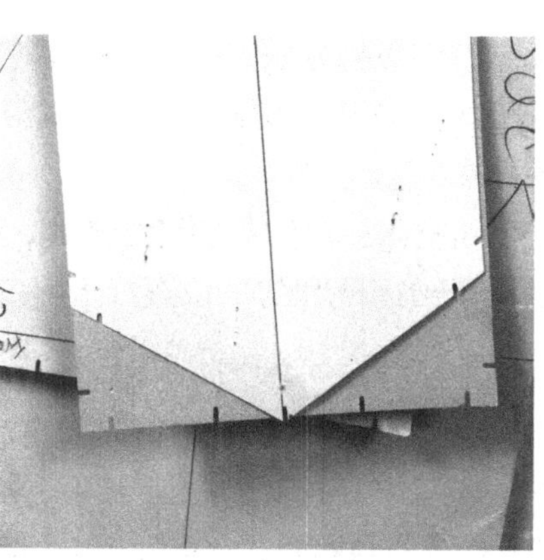

图1-24　单凹剪口

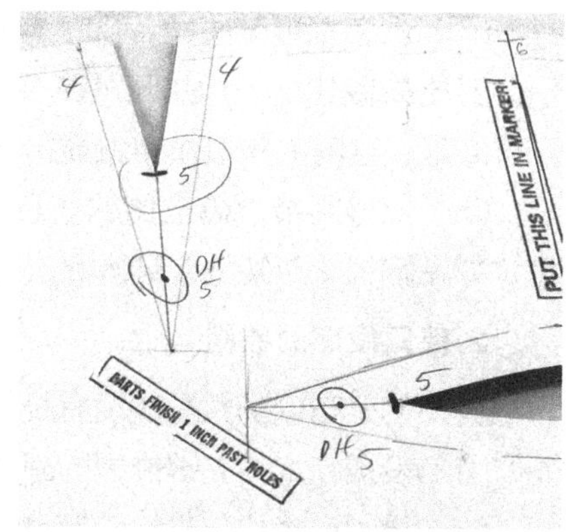

图1-25　一字剪口

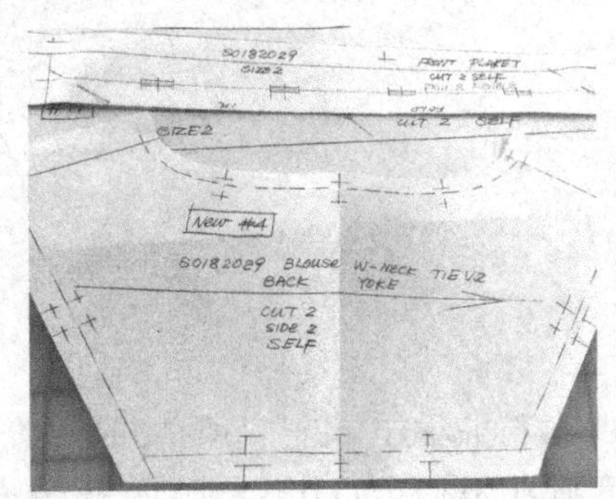

图1-26 T字剪口

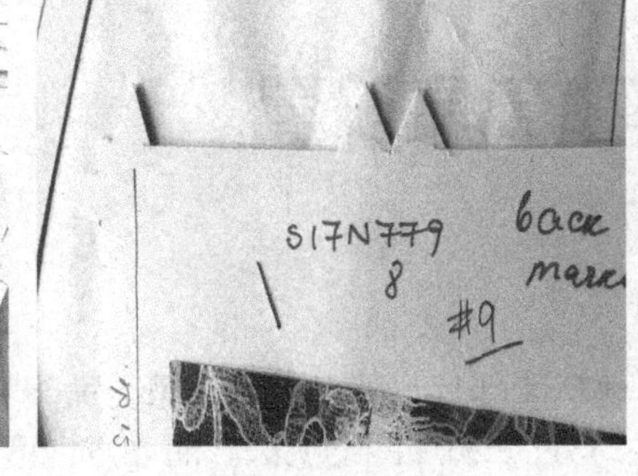

图1-27 单尖形及双尖形剪口

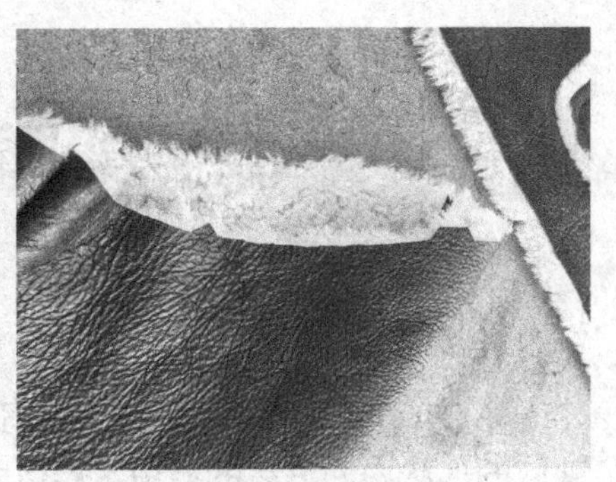
图1-28 梯形剪口

二、版型剪口的设定

1.剪口的作用

剪口的位置设定、使用及存在，主要传递了以下信息。

（1）区别裁片的信息。例如，一款前面是双门襟的款式，但根据其功能的需要，它的左右门襟有所不同，所以纸样上要将看上去很相近的两个裁片区别开来，这时前中及左右门襟的剪口位置有不同的剪口设定，使用者能轻松地把它们区分开来。

（2）区分裁片前后部位的信息。如袖子的前后袖弯有区别，通常是前袖弯上和下都打单剪口，而后袖弯则上面打双剪口，下面打单剪口以示区别。

（3）示意线与线缝合的信息。在两条将要缝合的线的相同位置打上同样的剪口，如侧缝与侧缝相接缝合的信息；又如裤子的两片后裆需要缝合，缝纫者要对准后裆中的双剪口再缝合。

（4）区分上下片的信息。例如，后过肩和后衣片的对缝，为提示缝纫者不要混淆，后中相邻位置打相同剪口，以示上下片缝合。又如面布要与下层的网纱框缝，面布与网纱的剪口位置大小必须是一样的。

（5）示意缝份大小的信息。例如，各种不同款式往往有不同的缝份设置，而裁片各个角落的缝份的信息，无声地展示它们的宽窄，尺寸可以是各种大小和宽窄。

（6）定位车缝的信息。例如，在上衣的正前方要车缝两个明袋，为了使缝纫者拿起裁片就知道口袋如何放置，版师通常在靠近侧缝的一侧给袋布打双剪口。又如，可在绱拉链的止步位置打上双剪口，以作警示等。

（7）示意衣服某些裁片部位容缩量的起点和分配。例如，袖窿与袖山（需要容缩）相对的剪口的提示。又比如裁片的一边是尺寸不变，而相接的另一边则需要容缩成密度不匀的缩褶，版师需要合理地分配容缩量，这时的剪口作用就显得至关重要了。

（8）指导服装放码位置的信息。服装批量生产时需要进行放码，版师在安排剪口时需要释放相关信息，如在胸围（离腋下2.54cm的位置）、腰围和臀围等的位置打上剪口。

2.剪口设定的原则

剪口的分布以多长为佳没有统一的标准答案。但在设定剪口时建议考虑以下4个方面。

（1）设置在人体关键位置的部位。如胸围、腰围、臀围、膝围、前中与后中等。

（2）设置在裁片与裁片的交点处。如过肩与袖窿的交点，袋位与侧缝的交点等。

（3）以缝纫者的缝纫送进长度为计量，每30cm左右可打一个剪口。

（4）剪口的设置不宜过少，也不应画蛇添足。

剪口放置合理与否，与打版师的服装制作经验积累颇有关系。

第三节　制版尺子和运尺方法

一、制版尺子

尺子是版师最常用的工具之一，尤其是皮尺和直尺，更是与版师形影不离。直尺的作用是画直线，弯尺的作用是画弧线，而曲线板的作用是画曲线，三角尺可用作画角度，图1-29是这些尺子的展示图。制版所需要的尺子并不多，细分起来有这以下几种。

（1）皮尺（Tape measure）。

（2）直尺（Ruler）。

（3）逗号尺（Comma-shaped curve ruler）。

（4）三角尺（Triangle ruler）。

（5）袖窿弧尺（Armhole ruler）。

（6）直角尺（Rectangular ruler）。

（7）人体弯尺（Hip curve）。

（8）金属直尺（Metal straight ruler）。

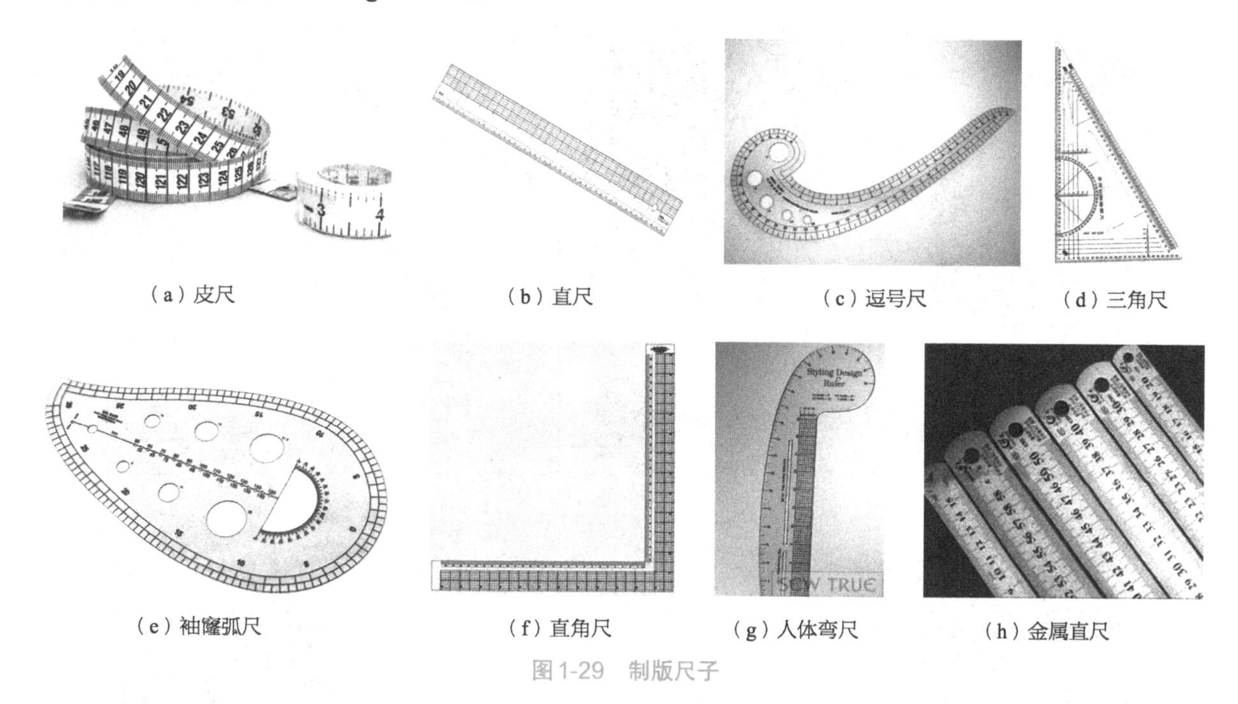

（a）皮尺　（b）直尺　（c）逗号尺　（d）三角尺

（e）袖窿弧尺　（f）直角尺　（g）人体弯尺　（h）金属直尺

图1-29　制版尺子

二、皮尺的功用和用法示范

皮尺的别名是皮卷尺或者软尺，其材质是PVC塑料和玻璃纤维，玻璃纤维能防止在皮尺的使用过程中被拉长。它是做衣服用的裁缝尺，也是量体裁衣的不二选择。以下是皮尺的一些功用示范。

（1）量人体尺寸，如图1-30所示。

（2）量取长度，如图1-31所示。

（3）量弧长，如图1-32所示。

（4）画半圆裙，如图1-33所示。

（5）量裁片尺寸，如图1-34所示。

（6）量取衣服数据，如图1-35所示。

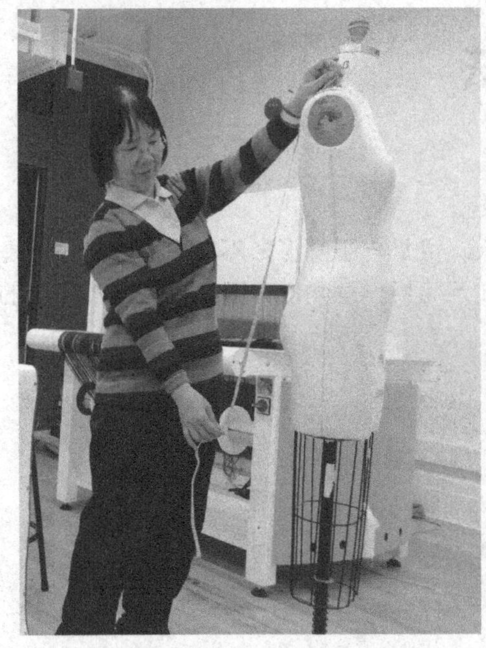

图1-30　量人体尺寸

图1-31　量取长度

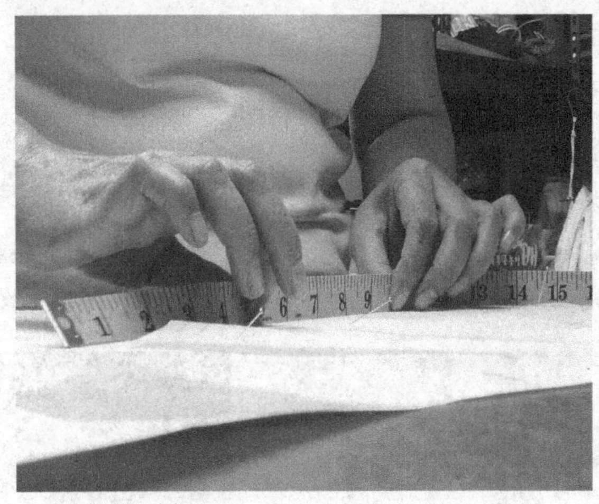

图1-32　量弧长

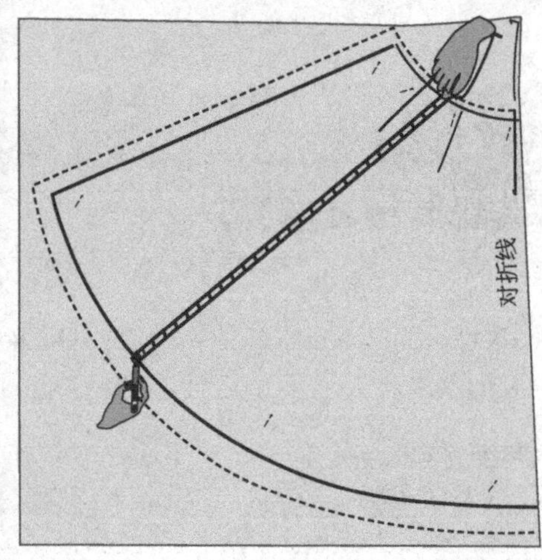

图1-33　画半圆裙

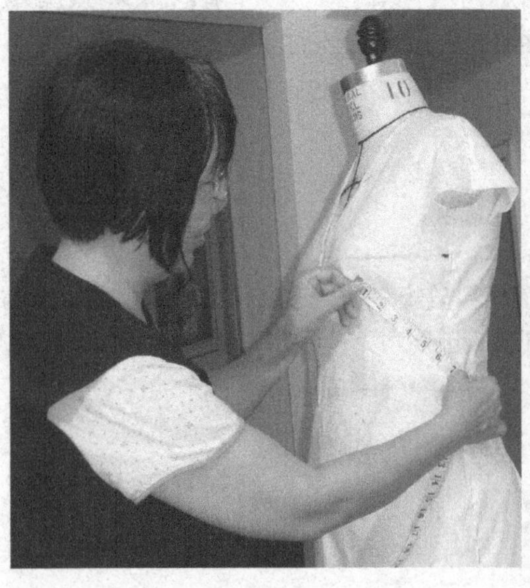

图1-34　量裁片尺寸

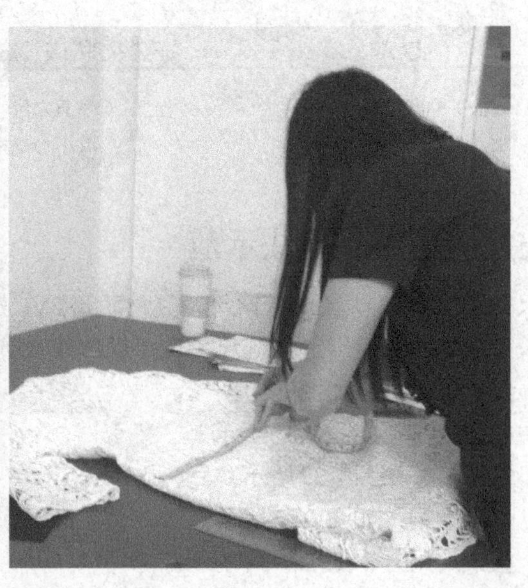

图1-35　量取衣服数据

三、直尺的功能和运尺示范

直尺，对于有经验的版师而言，它的功能远远不仅是画直线，直尺还能用于画弧形、曲线和不规则的几何线，还可以用来拨平布面、量取尺寸、拍打画粉等。有一条皮尺和一把直尺，就足以完成立裁打版的全过程。但假如只有一条皮尺和一把弯尺就无法画纸样了，可见直尺在打版中所扮演的角色有多重要。在学习打版和画纸样时，应该多练习并尽可能多地用直尺来完成版型的制图，以摆脱对其他尺子的依赖。图1-36、图1-37是直尺的一些运尺方法和手法的图解示范。

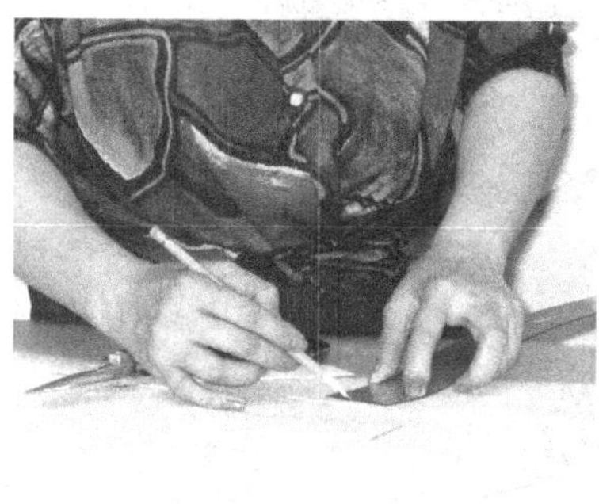

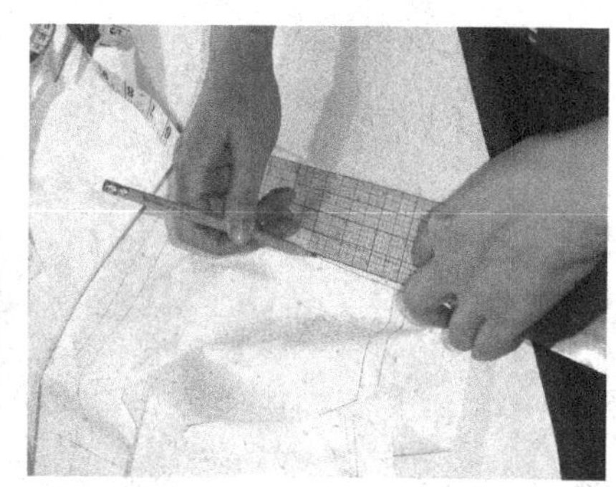

图1-36　直尺的运尺方法和手法的示范图解1

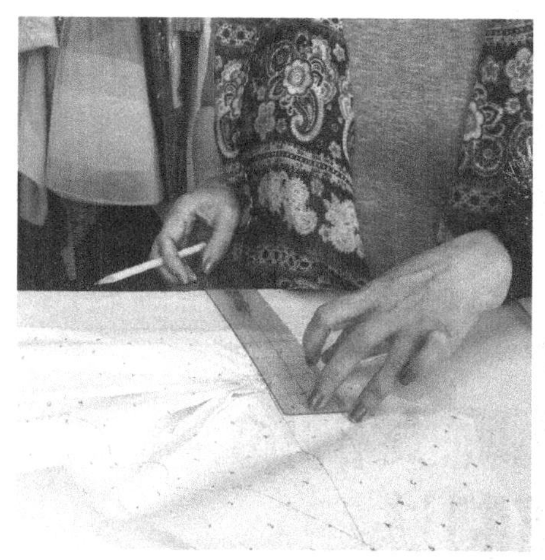

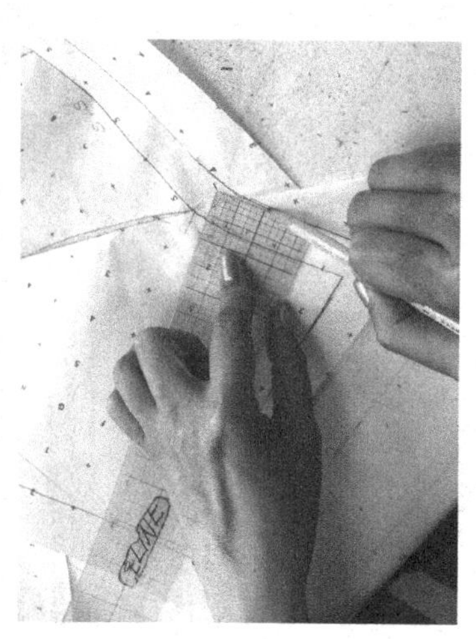

图1-37　直尺的运尺方法和手法的示范图解2

尺子的使用是版师基本功中的基本功，尤其是直尺的运尺和皮尺的运用，值得大家反复练习。所谓运尺，是指手持（拿）尺子时用运行的方式来画出需要的线段的过程。对于与弯尺和曲线板不适用的弧线可以用曲线板或直尺的运尺来完成。当你能运用一把直尺来画出任意款式的版型，它标志着你运尺的能力达到了一定的高度。但这里要强调的是，无论用什么尺子画出版型，都以线条流畅、有力、干净、清晰、符合人体的结构和体态为终极目标。要画出有生命的、生动的、流畅的、准确的版型，同样需要我们用心、用情、用脑、用时间来练习和完成。

第二章
羊毛薄呢女裤的涂擦复制法

第一节　立体裁剪涂擦复制法概述

涂擦复制法是一项在美国服装行业被简称为Rub off的剪裁技术，是一种借助坯布（Muslin）、大头针（Pins）、蜡片（Tailor wax chalk）等在服装上进行立体或平面涂擦或涂扫，然后对涂擦后的坯布进行整理和打版制作，以达到既不用拆开样衣，保留样衣原状，又能准确地复制出样衣的衣服裁片，准确无误地记录样板服装的每一个细节版型位置的优良技法。采用涂擦复制法对服装或样衣进行复制、再版、临摹和记录每一个细节，是不少美国设计师和打版师在打版中常用的技法之一，涂擦复制法的妙用还在于它是学习和借用优秀版型的捷径，是立体裁剪及打版的过程中版师们乐于采用的好方法。

不少设计师喜欢在旧货市场、时装店、名牌坊或利用朋友间借用等方式，淘来能让他们眼前一亮或能启发设计灵感和新构思的服饰，并带回样板间（Sample room）让打版师研究并复制。他们通常会对外来样衣做一些局部的或细节的修改。有的设计师则会以买来的样板为基础，进行变化并再创作出新的设计，最后把样板一起交给打版师，作为打版时的参照物。另一种对外来样衣的复制法是将整件样衣化整为零，拆开烫平，然后一片一片地复制出完整的版型。这种方法虽然更精准，但想退板或缝合还原样衣的机会就很渺茫了，同时新款式的制版费也随之而增高了，所以一般不被板房采纳。

中国版师复制样衣时，常用的是平面量度复制法，即先量出样衣各部分的尺寸细节（Measurements），然后用平面裁剪法（Flat pattern making/Drafting）在纸上量画出相应尺寸的版型。当今在美国服装公司的板房里，版师采用平面量度复制法来复制服饰可以说是踪迹难觅。因为尽管版师可以剪裁出近似或尺寸一样的纸样，但却很难画出与样衣一样准确的形状和线条（Accurate shapes and lines）及造型与结构（Style and structures）的版型。这时立裁复制法的技术就能优势尽显了。立裁复制同样是先量尺寸，再把服装放到立体人台或平面的裁床上进行涂擦复制，根据涂擦出来的裁片与尺寸表进行核实并做出形状和线条及造型与结构均与原样无异的纸样。

在已经出版的本书的姐妹篇《美国立体剪裁与打版实例·上衣篇》里，曾介绍了牛仔布上衣与和服袖女风衣的涂擦复制法，在这本《美国立体剪裁与打版实例·裙裤篇》中，将着重通过介绍羊毛薄呢女裤和腰间缩褶弧线滚边皮裙的涂擦复制实例来让读者学习裤子和裙子的复制操作方法，从而使读者对美国服装行业的复制手法有更广泛和深入的了解。

第二节　羊毛薄呢女裤的款式综述

这是一款用羊毛薄呢（Woolenette/Wool suiting）制作的时装款高腰女裤，如图2-1所示。它有着颇为别致的款式细节（Details）：前身设计成少见的六角形（Hexagonal）分割式结构，下身连接多道特色明显的活褶（Pleats），上半部褶子合并（Closed pleats），并以三组明线装饰（Top stitch），正面两条裤腿下方褶摆则以压烫风琴式褶子（Accordion pleats）敞开；后中的隐形拉链一直拉到腰带顶端（Center back invisible zipper zips up to the waist），高腰连着深裆（High waistband with deep crotch），直筒宽腿（Straight and wide leg opening）的裤管线条流畅；对着装者下身的比例有良好的美化作用，长长的裤腿让穿着者行走起来婀娜多姿，正装晚装皆宜，别具一格。

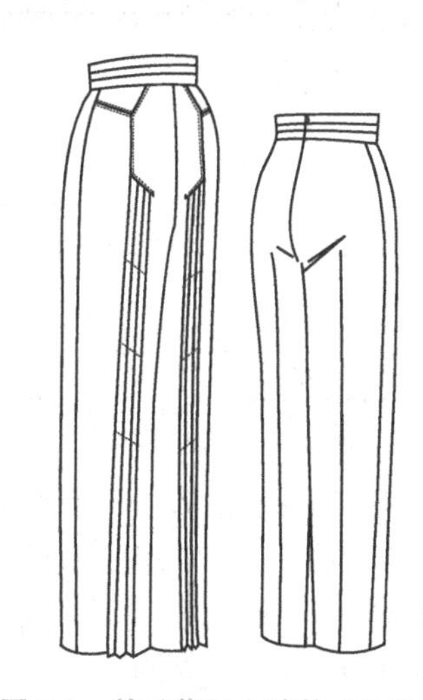

图2-1　羊毛薄呢女裤款式平面图

第三节 女裤涂擦复制的方法与步骤

一、涂擦女裤的步骤

涂擦女裤的步骤如下。

（1）工具准备：6号全身模型、坯布、过线轮、软图纸、蜡块、笔、铅笔、夹子、大头针、直尺、曲线板/尺、剪刀等。

（2）裤子熨烫整理后，把它穿到人台上进行目测，仔细观察裤子的外型，分析其特点和找出版型及制作的利弊。接着把裤子平铺在桌上，按尺寸表的顺序量取尺寸并作记录备用，如表2-1所示。

表2-1 按尺寸表测量的羊毛裤尺寸

裤子的尺寸测量备忘							
款式	毛呢女裤				版师	Celine	
季节	秋季				日期	2014.1.13	
码号	6				单位	cm	
内容	位置	缝份	缝纫说明	尺寸（从何量起）	纸样	样衣	完成
部位	腰线	1		腰围		66.5	
	裤内长	1.3	裤子缝合烫开缝	橡皮筋			
	裤外长	1.3		腰带高		7.5	
	裤腿线	5		下腰线		68.5	
	裆线	1.3		腰下10cm量中臀围		87.5	
	袋线	1.3		腰下20.3cm量低臀围		97.5	
	前门	1.3		裆下2.54cm量横裆围		63.5	
				膝围		61	
				腰下至前裆长		32	
				腰下至后裆长		37.5	
				腰下至裤外长		110	
				裤内长		90	
				47		18	
				袋口宽		15	
				裤脚宽		50	
里布	里布缝份	1.3	全里烫开缝	隐形拉链（高腰）		30.5	
辅料	隐形拉链	1	从裤腰顶端开始				
	纽扣	1					

（3）在裤子的外长（Outseam）、内长（Inseam）以及前后裤裆（Front & back rise）及裤腰等关键的制作部位用大头针定出前后标记。

（4）把样裤放上烫床，用蒸汽熨斗烫出裤腿的中心线，然后用大头针把中心线别出，再把烫出的中心线轻轻烫平，以方便后面操作时的平铺涂擦的复制和定位。

（5）剪出两片长和宽都比裤子的前后片各长出12.5cm的坯布，并在坯布上画出直纹线备用。

（6）准备一块长约2.5m、软硬度适中的坯布或仿毛面料，用蒸汽预缩（Preshrinking）烫平准备裁新样裤用。

二、裤子涂擦方法

裤子的涂擦复制法通常在平面的桌子上进行，遇到裤管对称的裤子复制时只需涂擦它的一半就可以了。操作时先把坯布平铺在裤子的上面，四周及中心线用大头针固定，然后用有颜色的蜡片在前身及后片的结构线上由上至下进行涂擦复制。当右手进行涂擦时，左手也可做些固定和抚平的辅助工作；要确保坯布的平坦，避免坯布的移动而影响到裤子涂擦复制的准确度。假如在某些结构的拐角处或缝线以及一些细节上有涂擦不清楚的情况，可以在该位置加插些大头针作为重点记号，再涂擦时就会清楚多了。

当另外两片小裤腰片也涂擦出来后，裤子的涂擦裁片所有的原稿（Draft）就备齐了。

第四节 描画裤子结构图及复核尺寸

一、如何量画羊毛薄呢女裤坯布的平行线

涂擦复制完成后，需要把裤子坯布上的几条平行线核实并量画出来，以作为后面制图基准的依据。这些线是高臀围线、低臀围线、横裆线和膝围线。其实，这几条平行线也可以在涂擦前标定前后中心线及结构细节时用大头针标出，但是那将需要花费更多时间而且不容易画准。下面我们来看看这几条平行线的量度依据是什么。

人体的臀围线是臀部的最高点，而高臀围线在腰线与臀围线的距离接近中点处，膝围线则可以从横裆线或腰线下直接量出。它们具体在涂擦坯布原稿上的画法如下，画好的四条平行线如图2-2所示。

（1）高臀围线（High hip line），从腰线下量9cm，画平行线。

（2）低臀围线（Low hip line），从腰线下量20.5cm，画平行线。

（3）横裆线（Thigh below crotch），从裆底位下量2.54cm并画平行线（小提示：这是美式的量画方法）。

（4）膝围线（Knee line），从横裆线下量约33cm，画平行线。

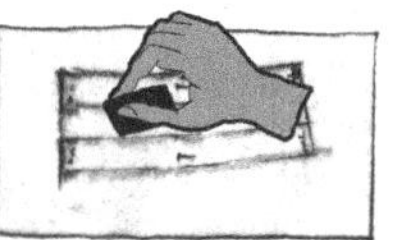

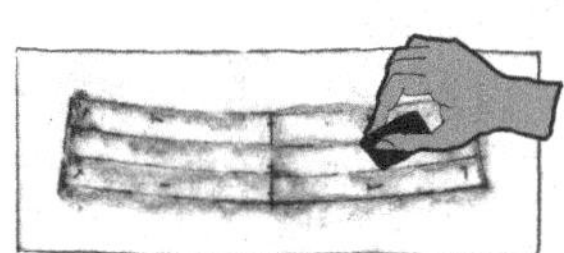

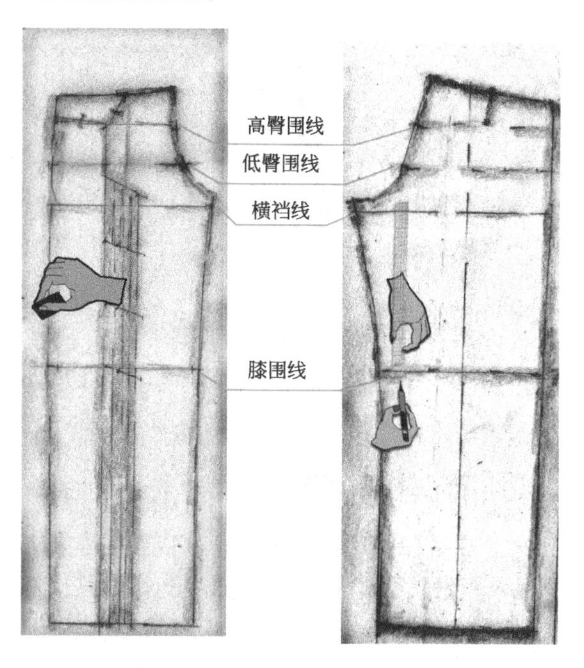

图2-2 裤子涂擦效果原稿示意图

二、复核裤子裁片的尺寸举例

这一步版师需参考尺寸表和原裤样板，使用皮尺等量度并检查各尺寸标准，对坯布上面的各轮廓线和细部做必要的调整。例如根据尺寸表加宽后片裤腿然后收小过宽的前裤腿等。在复制原稿上把各裁片之间的结构关系用蜡块或彩色笔等进行准确清楚的描画。

1.复核裤内长度并调整裤裆的连接弧形

裤后片的内长在后裆顶端位置，应比前片的内长短约0.7cm，假如描画的图纸的裤内长的前后两片是

一样的话，可把后片的后裆尖处的高度减低0.7cm。减低时，要注意不能简单地减去，要往深处画，而且还要把前后裤片拼接在一起，借助曲线板把裤裆前后两条弧线连接圆顺。这0.7cm的短缺在缝纫裤内长前通过用熨斗扒开或以手撑拉使其长度还原成一致。

2. 核对裤外侧长度

首先要确认裤前后片的外侧长度一致；再核对前后全裆（Full crotch）的总长，关键是要把皮尺竖着量裤裆长，前后裁片的裆长相加起来应与总裆长一致。

3. 核对裤腰宽的尺寸

裤腰宽的尺寸应上下有别。腰带宽/裤腰（Top of WB）必须符合规定的完成尺寸，腰带下线宽即与裤身相接的缝份上腰围应比完成尺寸大一些，才能延伸和制作出正确的裤腰尺寸。尤其是女裤，因为腰部小，而腰部以下大。例如最常见的4码裤腰，假如它的完成尺寸约为66.5cm，在没上腰头之前，腰带与裤身相接的缝份应比完成尺寸大约1cm才是合理的。

最后把裤片上各部位的剪口位标定出来。我们可以用这几片涂擦原稿图来进行下一步的描画了。

第五节 描刻裤片和坯布片与软纸样的转换

版型制作的描刻指的是用过线轮把涂擦坯布上裤子痕迹转刻到花点纸上，接着描画裤子的图形，最后转换成软纸样的具体过程。

一、描刻后裤片

取一张比后裤片的长和宽稍大的花点纸，在花点纸的中央用长尺画出直线作为后裤片中心线。把这条中心线对准坯布上的后裤片中线，用大头针固定中心线的上中下位置，接着用过线轮把后裤片转刻到花点纸上。同时把几条横线，即高臀围线、低臀围线、膝围线、横裆线及剪口和褶子等都描刻出来。如图2-3所示。之后用尺和笔把后裤片轮廓画出。

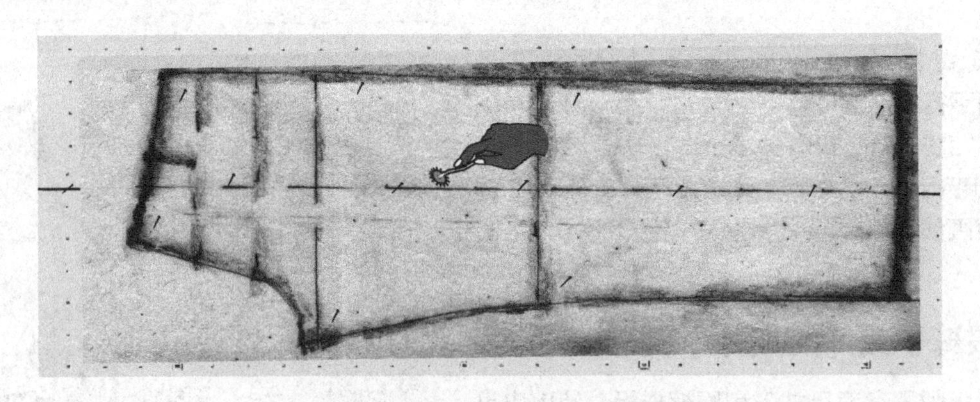

图2-3 描刻后裤片主要结构线示意图

二、画前裤片总图

画前裤片总图重点是先画一张完整的前裤片图，然后再分离裤子的各种结构和小裁片（见下一节详述）。取一张长于和稍宽于前裤片的花点纸，在纸上先画好裤中心线，然后把纸放到前片的底下，用大头针把中心线的上下固定好。接着用过线轮把前片转刻到纸上，用尺和笔画出裤前片总图轮廓，如图2-4所示。

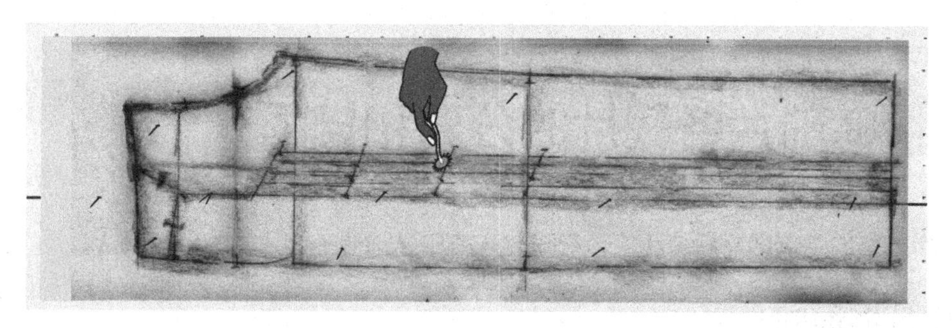

图2-4　用过线轮把前后裤片转刻到纸上示意图

三、前后腰片的转换

前后腰片的描刻转换的方法与前后片基本相同，但在腰片的前后总图描好后，要把它们放到裤腰上作比对，确认裤与腰两片的尺寸是吻合的。

四、对比检查

前片总图完成后要与后片总图的外侧缝及内侧缝的弧形和长度（Arc and arc length）等一一进行量度、对比，力求长短与形状符合下面各项的要求。

（1）裤前后外侧长要相等。

（2）后内侧长应比前内侧长短0.7cm。这0.7cm是用于合缝（Seaming）时把后裆进行“拉伸”（Stretching）的量，拉长后使两裤片的内长相等。如果后内侧长与前内侧长一致，裤子合缝的效果就会在后裆以下出现皱折（Wrinkle）。当然，实践出真知，要真正体验减与不减的效果的差异，我们可以做两条不同的裤子来比较一下，以实践来体会一下不同的处理方法而产生的效果。

（3）描画裤子上所有的弧形和弧长都要运用专业用的曲线板或直尺进行画线。徒手画的线是既不专业也欠精确的，自然也无缘优质的等级。富有经验的资深版师往往能够依靠一把直尺画出所有的弧线和版型，这无疑是十年磨一剑的真功夫，是他们的职业眼光和炉火纯青的画图技巧的体现。

（4）前后裤片大腿部的内侧接缝的形状（Shape of inseam）要尽可能相似。相差越大，缝合出来的裤线就越不平顺。但要强调的是相似并不意味着相同，一样是不可能的。我们可以利用左右互借的方法来平衡调整这两条内侧弧线的差异；要在达到尺寸要求的基础上画出顺畅、相似、漂亮的图形。图2-5是包括裤腰的前后裤片总图的示意图。

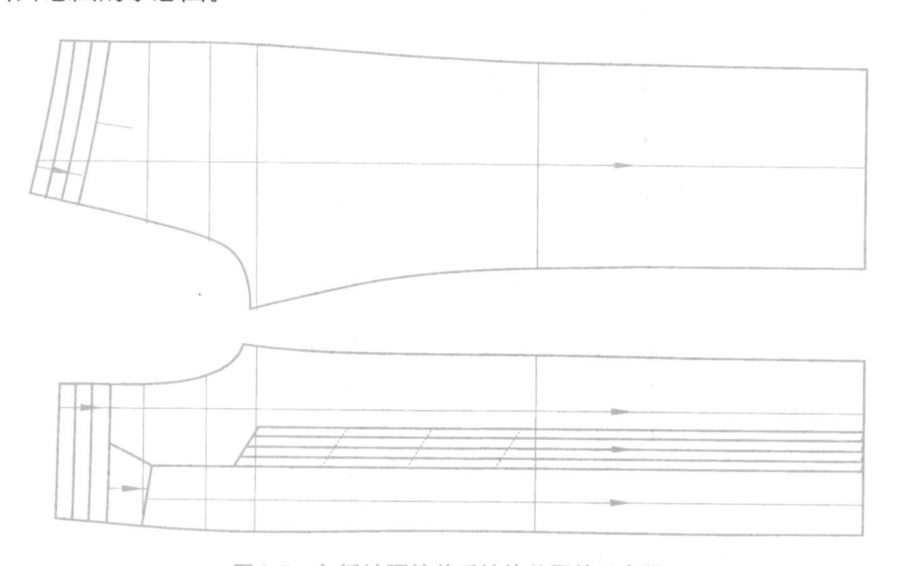

图2-5　包括裤腰的前后裤片总图的示意图

第六节 裤前片各裁片的分离和描画

这一道工序的目的是借助前后裤片总示意图，分离和描画裤子前片中的每块裁片。

一、裤前中片的描画

图2-6是裤前中片的描画。取名为裤前中片是因为该裤片正好在人台中心线旁。剪下一张大于前中片的花点纸，先在纸的中央画出一条垂直线作为直纹纱向。然后把它放在裤前片总图的前中片上面，让上下直纹线吻合并用大头针固定，然后用尺子和铅笔描画出软纸下面的裤前中片形状，如图中的蓝色线所示。

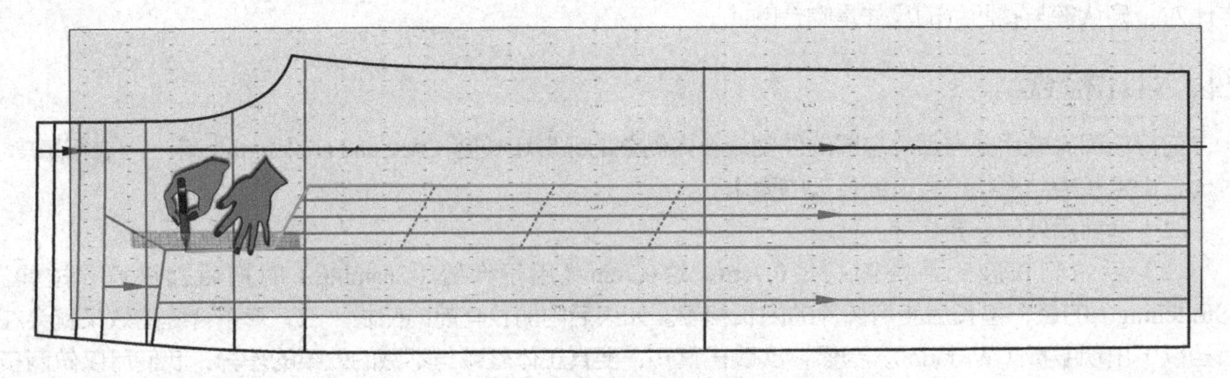

图2-6 裤前中片临摹示意图

二、裤前上侧片的描画

裤前上侧片的描画与裤前中片的做法基本一致。首先取一小片花点纸，在上面画出一条直纹纱向，然后与前上侧片中的直纹纱向拼合再进行临摹。图纸要用大头针进行固定，以免移动而产生误差，然后用尺子和铅笔临摹出软纸下面的裤前上侧片的形状。图2-7中蓝线展示的是裤前上侧片的描画示意图。

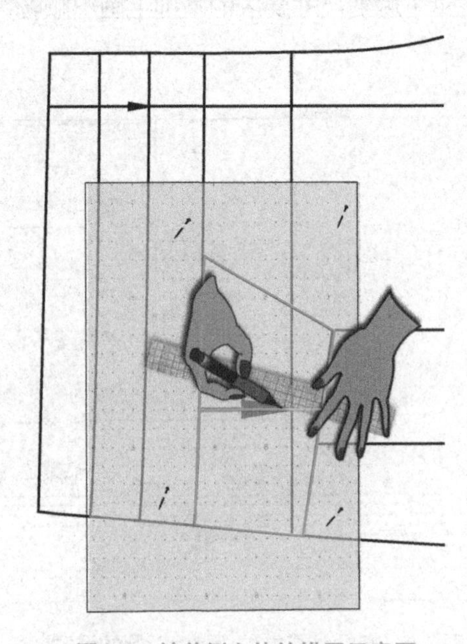

图2-7 裤前侧上片的描画示意图

三、裤前中褶片的描画

裤前中褶片是整个描画中稍有难度的裁片，我们分以下几步进行。

1.首先临摹出裤前褶片的成形总图

取一片大小合适临摹裤前褶片总图的花点纸。在纸上画一条直纹线，然后与前褶片上的直纹纱向对接，用大头针上下固定后即可开始临摹。图2-8（a）的蓝线是临摹中的前褶片，图2-8（b）则是临摹后的前褶片总图。

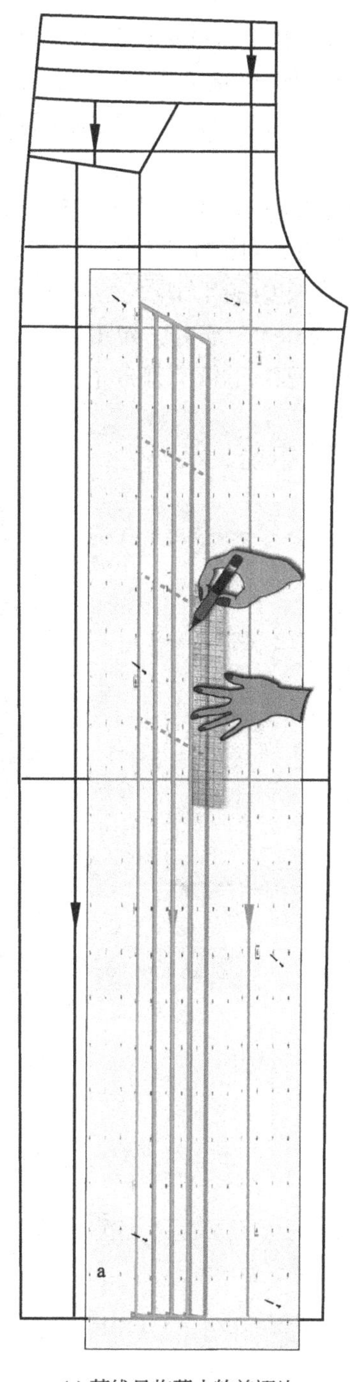

(a) 蓝线是临摹中的前褶片

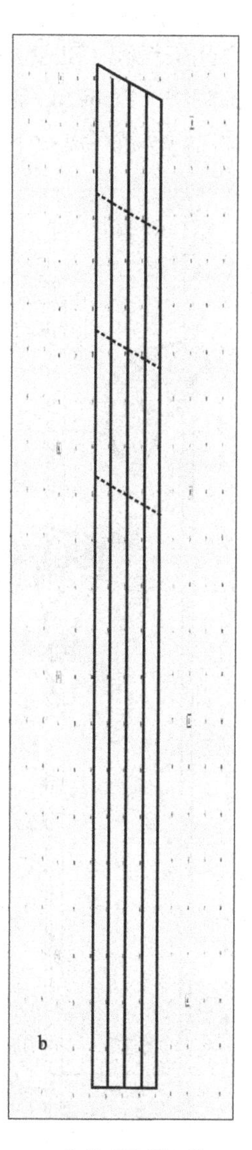

(b) 临摹后的前褶总图

图2-8　裤前片上褶子描画示意图

2. 折出裤前褶片的褶子

第二步要做的是折出裤前褶片的褶子（Folding pleats），需用另一张花点纸来细画并折出前褶片中的褶子。通过仔细分析样板裤子，发现它总共有3个褶子，褶子打开时的宽度是6.5cm，褶和褶之间的褶距约2cm，而三个褶子折好后的总宽度为10cm，具体画法如下。

（1）画褶子。取一张长度长于裤前褶片的全长（约12.5cm），宽度约42cm的花点纸。在纸边的一侧先画出一条直线，接着量画出2cm的褶距画直线，之后量出6.5cm的折褶量/褶宽（Pleats width/Fold width），再画一道2cm的直线（Straight line），成为第一个褶子。第二个褶子紧靠着第一个褶子，再画6.5cm的褶量，如此类推一共画3次。画好3个褶子后，要在褶边再画2cm的褶距（Pleats distance），最后两边加画1.3cm的缝份。如图2-9（a）所示，就是我们看到的3个褶宽被4个褶距所分隔成形的效果。

（2）折褶子（Fold pleats）。折褶子之方法见图2-9（b）。当3个褶子都画好后，就可以开始用手工折叠褶子了。这时要注意看一下样板的右裤脚（因为涂擦样板用的是右边），根据原样板的褶子的朝向折叠，折出相同方向的褶子。

（3）借用褶子的总图来刻定装饰线的位置。当褶子都折好后，可用干熨斗（Dry ironing）熨压一下。把之前画好的前褶片总图覆盖（Lay over）在这些褶子的上方，对准上下结构线，然后用大头针别好固定。用过线轮把上方几条斜线（Slashing line）以及上下脚的长度线用力均匀地刻画在褶子裁片上，然后在中间三道缝纫装饰明线（Picot top stitching）的位置（Placement）描刻，如图2-9（c）所示，在褶子总图描刻装饰线的位置之后，就可进行下一步，打开纸样具体地画它的细节部分了。

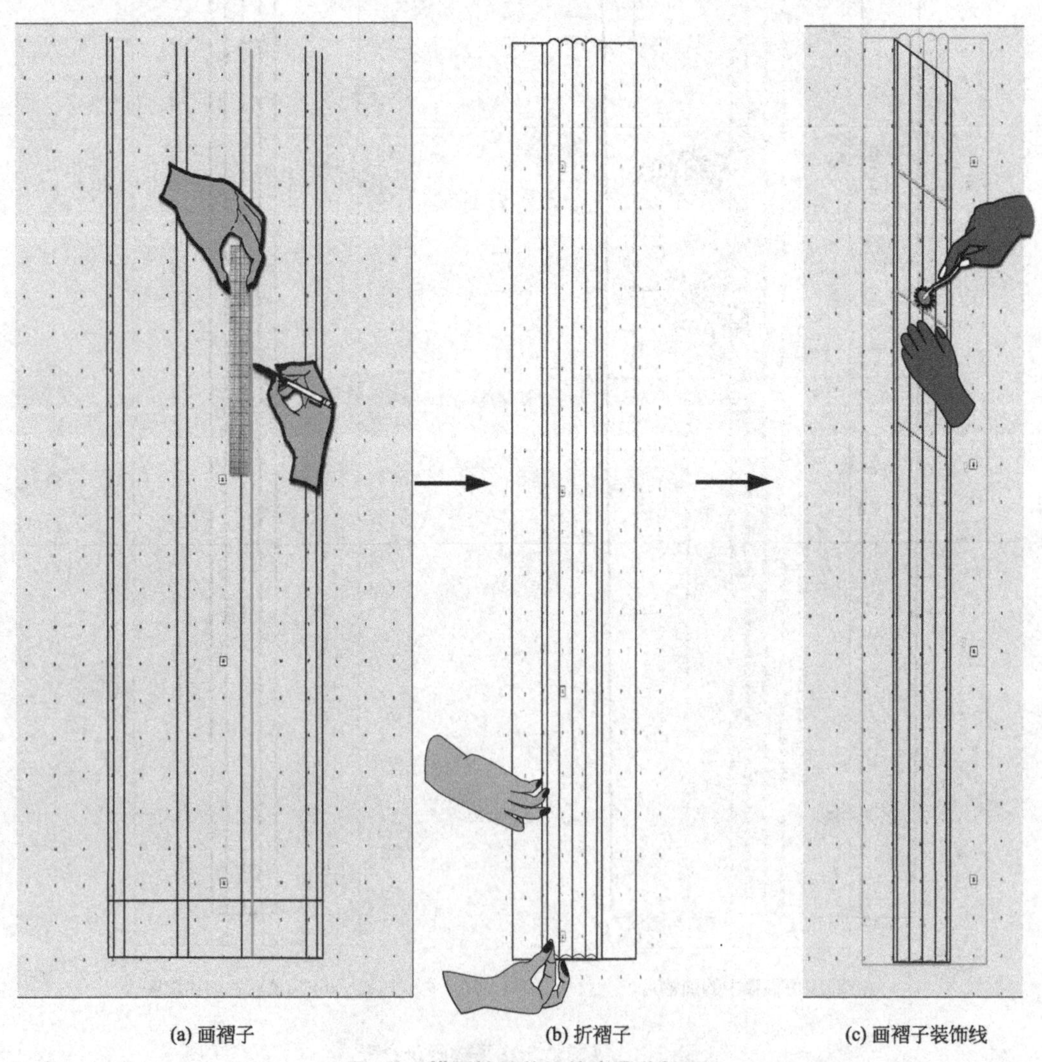

(a) 画褶子　　(b) 折褶子　　(c) 画褶子装饰线

图2-9　描画裤子前褶片步骤分解图

（4）裤前褶片的细节部分的描画。展开图2-9（c）的褶子折合的纸样，用尺子和笔把褶片外形和内部结构及折脚线沿过线轮的痕迹描画清晰，另加上1.3cm缝份，成为如图2-10所示的效果。

四、裤前侧片的描画

取一张比前侧片（Front side panel）稍宽和长的花点纸，在上面画一条直线作为直纹纱向，放在前裤片总图上面，对准上下直纹纱向用大头针别好固定。然后用尺子和自动铅笔直接描画出下面裤前侧片的形状，如图2-11中的蓝线所示。

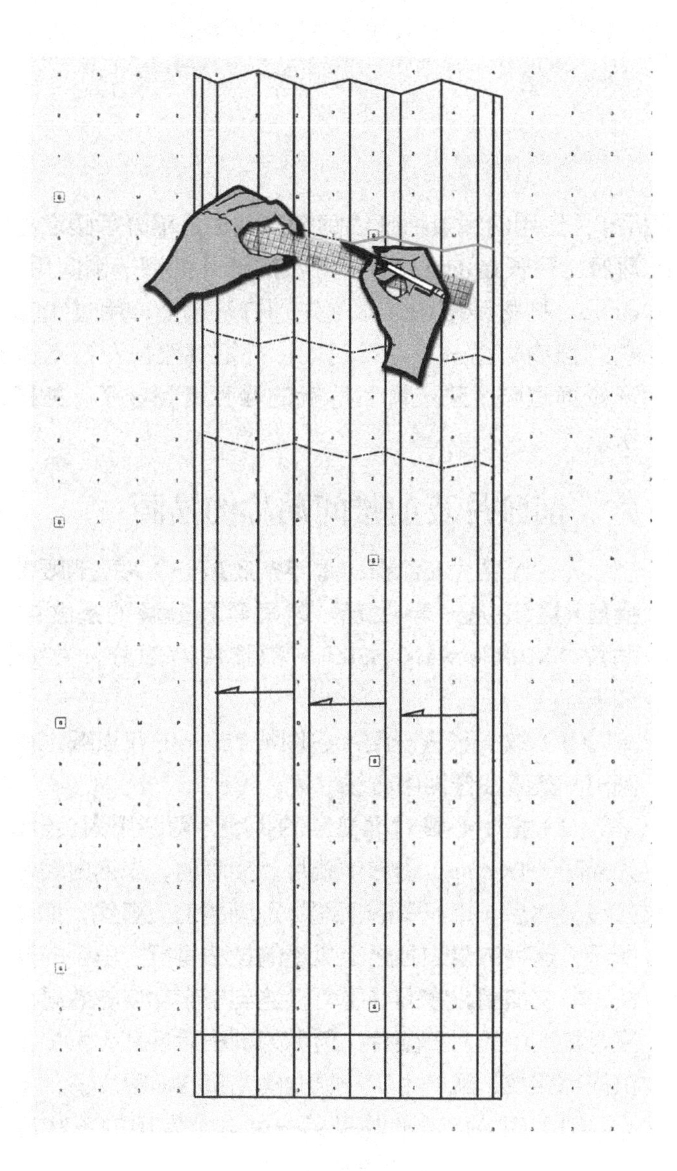

图2-10　裤前褶片外形和细部描画示意图

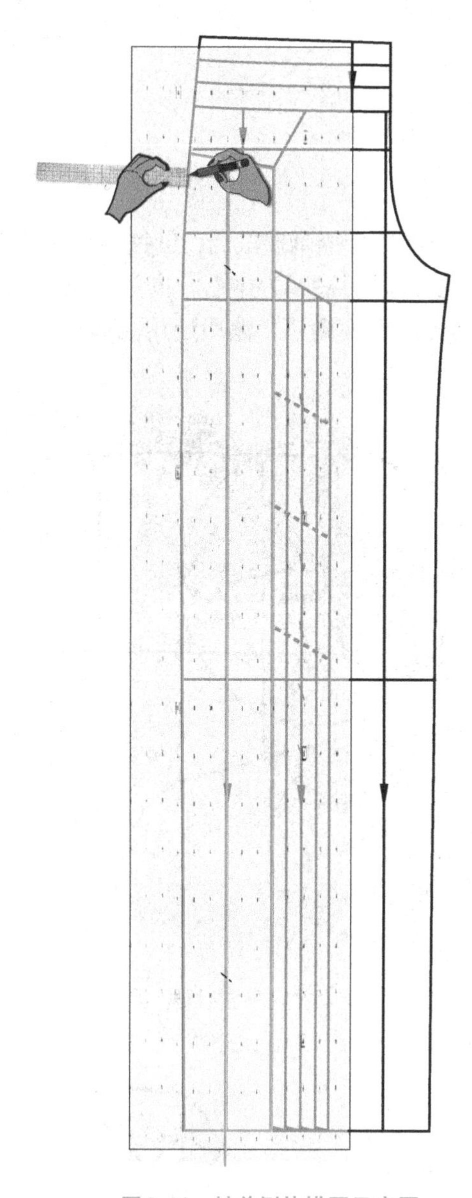

图2-11　裤前侧片描画示意图

五、裤后片的描画

与裤前片的描画相比，裤后片就简单多了。除了裤后腰的腰褶以外，几乎就是一整片，并不需进行任何分割，因此，我们需要做的基本上是照图描画。在开始裤身描刻之前，需要先把总图的裤后腰线的两旁作留出后腰褶量的处理：在原来的裤腰两旁，向两边各画出1cm的后裤腰褶量，完成后就可按新的外形描画了，如图2-12所示。

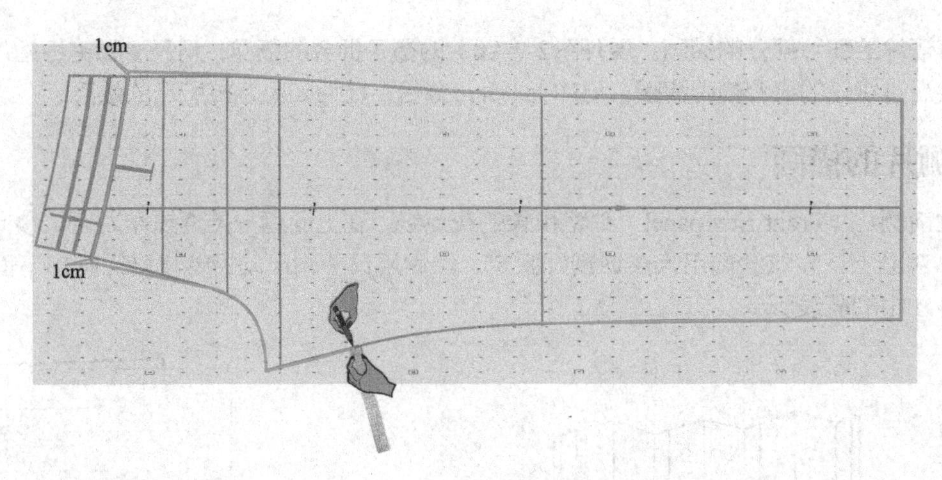

图2-12　裤后片的描画示意图

当裤后片描画完成后，要把后片上的腰褶折好，运用曲线板把腰线画顺，做法是平分后腰定出褶位画直线，以后褶线为中心，向两边画出2cm的褶量，褶长是8cm。用手折好褶子并把褶子倒向后中线，用大头针别好褶子，然后运用曲线板（French curve）把腰线接顺。此刻先别打开裤褶，用过线轮把腰褶的腰线刻画一下，然后才打开把裤腰按左右两边的弧形轮廓画顺，整个裤后片就的描画就完成了，如图2-13所示。

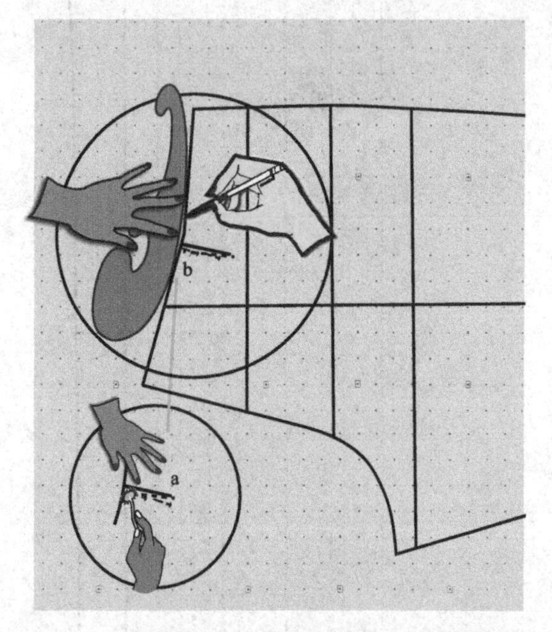

图2-13　运用曲线板把腰线画顺的示意图（先a后b）

六、前腰片及前腰间贴片的描画

无论前腰片在涂擦时是半条还是一条完整的腰带，在描画时都应从一半做起，这里需要分解的是腰中间的贴片（Middle waist patch）和腰片两部分，具体操作如下。

（1）取一张宽于腰片总图约7.5cm的花点纸，在中间画出一条直线作为中心线。

（2）把中心线对准裤腰的中线，两旁用大头针固定，先描画（Tracing）出右半腰片。描画时，先描出腰带的下弧线，然后，用尺子的顶端等距画腰的上弧线，如图2-14所示，这种边量边画腰上弧线的技法是行家里手的专业手法，非常实用，掌握好了可以达到事半功倍的效果。接下来是按前中线对折腰片，用剪刀剪出后展开，再按上述方法描画完成，就产生了一幅准确完整的前腰片了。

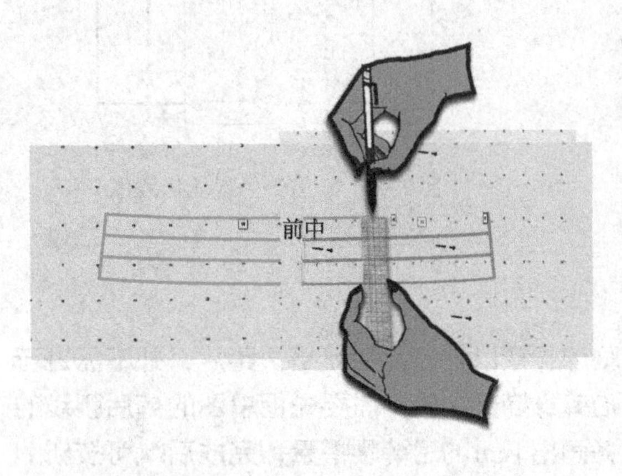

图2-14　前腰片描画手势示意图

（3）图2-15示范的是另一种非常实用的巧妙运尺方法，它主要操尺手法是竖着（Vertical）用尺。运尺时眼睛不必看着笔尖的划线，而是紧盯着尺下的那条蓝线作为尺寸基准，使尺子不偏不离，边运尺边画线，从而保证了腰线尺寸的一致性。除此之外，还能复核腰带间的高度和尺寸的均衡，防止裤子在复制或缝纫时腰形发生变化，因为经过前面涂擦描画等的几道工序，变形（Deform）走样的情况很容易在不经意中出现。同时，版师还应该多画一张图2-15中前腰片的总图，把它留作前腰及前腰贴片

（Front waist patch）的定位实样使用。

（4）画前腰贴片裁片。前腰带的裁片画好后，我们可采用相同的方法，在腰前片上画出中间的2.54cm宽的前腰贴片纸样，如图2-16所示。

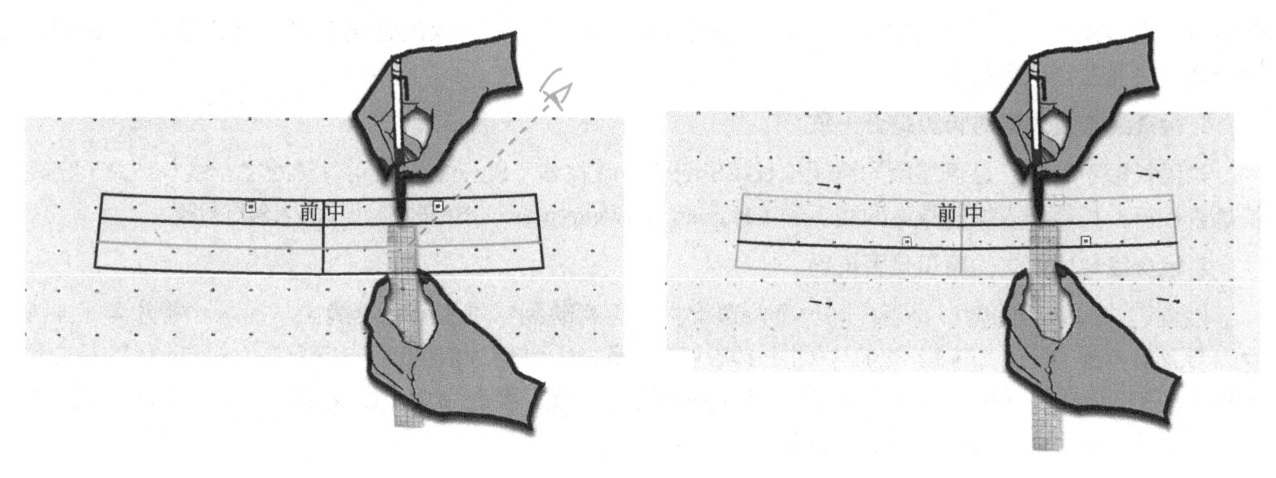

图2-15　竖着运尺眼盯下蓝线画腰贴片的示意图

图2-16　前腰贴片临摹示意图

七、后腰片及后腰中间贴片的描画

后腰片在涂擦时是右半片，在实际缝纫时，由于后腰中间的隐形拉链是一直开至腰带顶端，而裤腰由里外两片组成，所以后腰片必须裁成四片。它的画法步骤如下。

（1）取一张比右半腰片稍大的花点纸，在花点纸上靠近身体的一侧按花点画两条相隔5cm的直线，第一条直线作为后中线，第二条作为直纹线，然后再把这张花点纸放在后腰涂擦裁片上方，对齐和固定之后，先描画出后腰片，见图2-17（a）。也可以用过线轮描刻后，用铅笔和尺子描画出图形。

（2）后腰片画出来后，首先要用前面提到的竖运尺子的手法逐段复查后腰的高度是否与前腰的高度一致。然后分成两等份，在中间用同前腰片的方法把后腰的2.54cm贴片位置画出，如图2-17（b）所示，这是一个可以保证贴条的位置居中和一致的妙招。

（3）用另一张花点纸来描画后腰前贴片了，如图2-17（c）所示。它的步骤和画法前面已详述，在这里就不再重复了。但在缝纫时为了保证裤腰贴条做得均匀和统一，版师要用硬卡纸做定位纸样，让缝纫师对贴条作先烫后缝的处理。

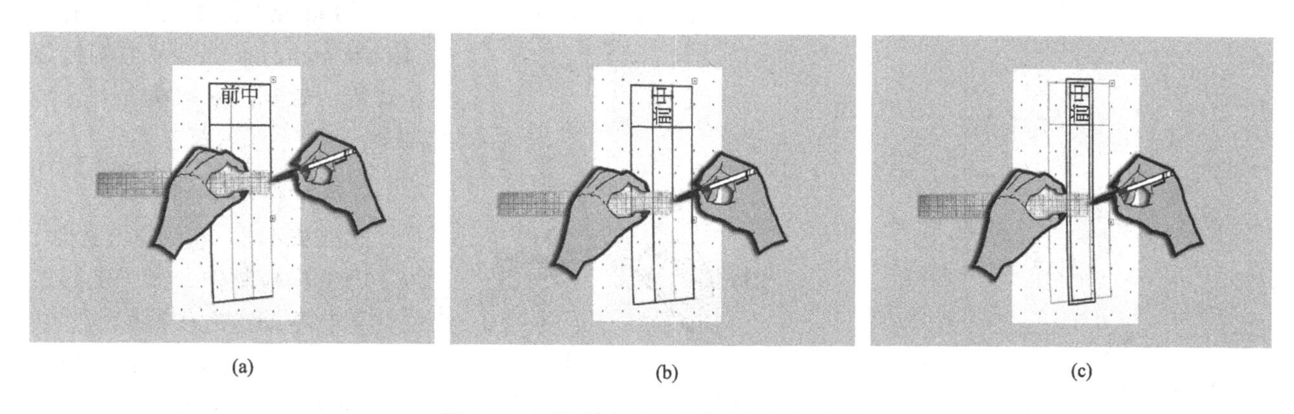

图2-17　后腰片与贴片的临摹过程示意图

虽然裁片分解的工作到此就告一段落，但打版的工作还没到画句号的时候，那么描画完所有的图纸之后必不可少的步骤是什么呢？你猜对了，那就是检查。

第七节 检查纸样

立裁和打版其实都是一项细致而又不能有半点马虎的工作。任何丝毫的误差，都直接影响最终的工作效果，造成版型变异乃至造成整批产品质量的下降，所以，我们反复强调它是一道必不可少的程序。检查纸样主要做到以下几点。

1.检查线与线之间的长短是否一致

如果长短不一时，是否是因为需要拉长（Stretch）或收缩（Shrinking）而有意为之？线与线之间的形状是否相符？是否与人体的身体曲线弧形（Human body curvature）相符合？见图2-18的图解。

2.检查线与线两边的剪口是否正确

检查线与线之间的剪口是否在同一个位置上？是否有缺漏？是否前后混淆（小提示：前片采用单剪口，后片打双剪口）？该裤子的前片因为分割片数较多，所以前片需多加一些剪口，这样的目的是方便车板工缝制时操作。同时，后片拉链要在腰头开始，所以除了要在后中上以文字加以说明之外，还要在拉链截止（Zipper stop）的位置用双剪口表示。

3.检查裁片

检查裁片与裁片相接时，片与片相接后是否顺畅圆滑？如图2-19所示，查出前后片腰位相接不够顺畅，就要用尺子和笔把它们画顺。再如裤后中腰缝份两边相缝时是否水平（制作要求是90度），有没有鼓起小山包的现象？前后裤裆（Front and back crotch）相接是否看上去圆润顺溜又符合人体前后合裆的U字形？

4.检查尺寸的差异

这里要测量的是裤子的各个部位尺寸是否与标准尺寸表相符？是否太大或太小？如果短了或小了就要增加；反之，大了或长了则要减少。图2-20是用皮尺量裤内长的示意图。

5.检查裁片是否齐全

这不仅要看裤子的裁片的数量，还要考虑包括后续制作时的工艺和技术需要的部分，如铺烫黏合衬（Fusible）的型号是什么，衬里（Lining）的做法以及裤钩（Hooks and eyes）的大小和钉缝位置等，做到运筹帷幄，有全局观念。

6.检查裤子的实样裁片

比如裤褶有几段装饰缝线，为了方便样板制作，裤子的版型往往要有帮助定位和缝纫这些装饰线的实样。再如腰带因为在其中有明贴布，因此，裤子的前后腰带就必须有明贴布位置的实样（Marker）版型，如图2-21所示。

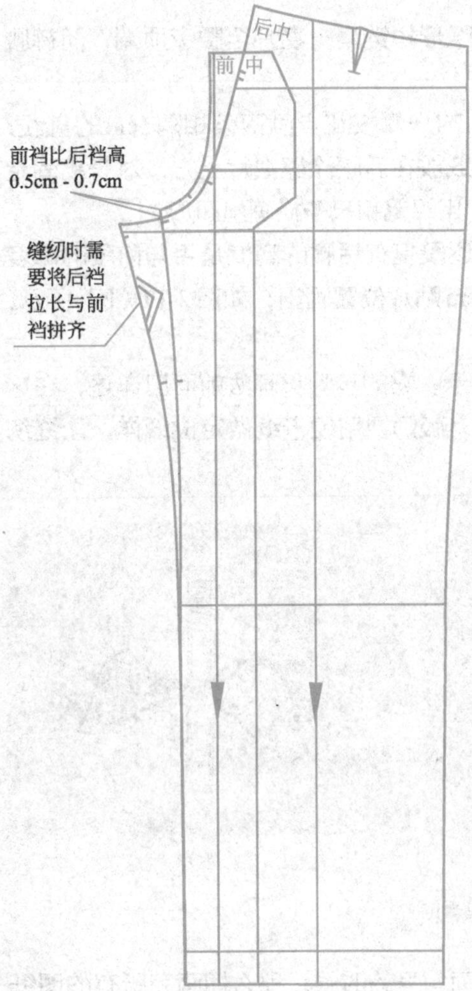

后中
前中
前裆比后裆高0.5cm - 0.7cm
缝纫时需要将后裆拉长与前裆拼齐

图2-18 检查前后裤片的内侧缝长短

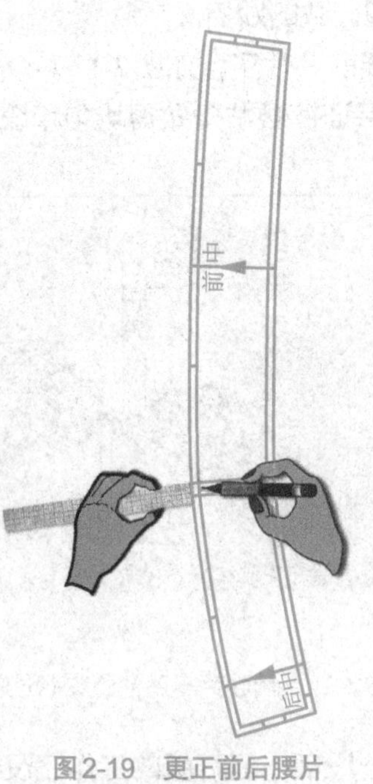

图2-19 更正前后腰片对接的不顺畅示意图

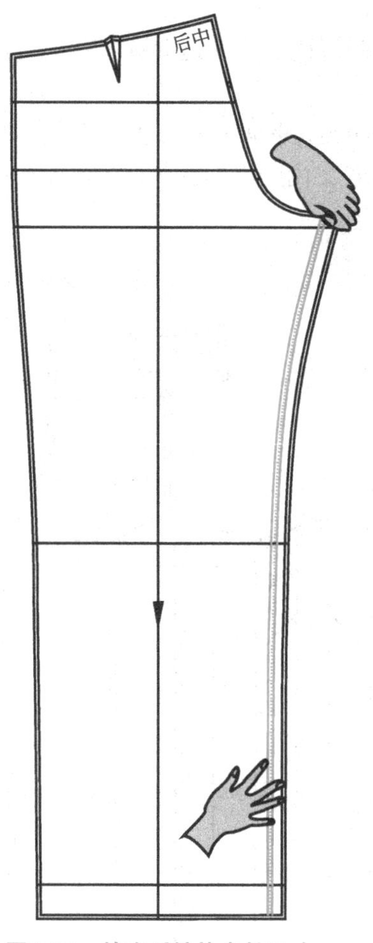

图2-20　检查后裤片内长尺寸

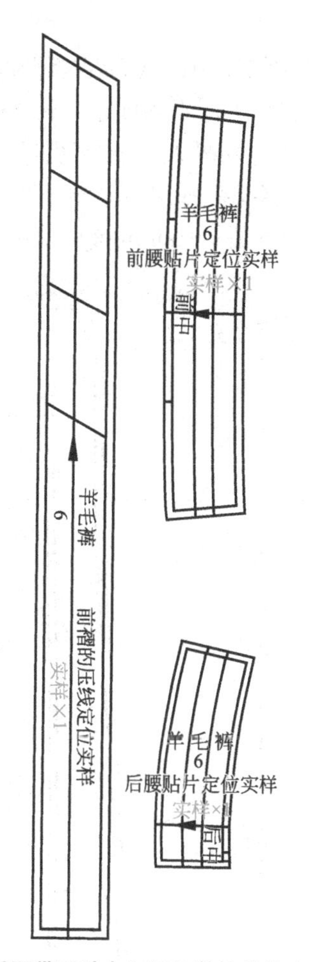

图2-21　前后腰带明贴布和褶位装饰线的实样版型

第八节　各裁片纸样缝份的加放量

因为本款裤子采用的是毛料，所以各裁片纸样的缝份的允许量（Seam allowance）不一样。

（1）腰线（Waist line）加放量1cm。

（2）外侧缝、内侧缝和前后腰贴片加放量1.3cm。

（3）前后裆加放量1.3cm。

（4）前侧面片加放量1.3cm。

（5）前褶片加放量1.3cm。

（6）前后裤腰带的侧边加放量1.3cm。

（7）裤脚折边或锁边不折缝（Merrow but do not fold in）加放量8 ~ 10cm，把长短决定权交给客人。

第九节　有关裤子衬里和版型等问题

高档裤子一般都配有衬里。衬里的作用是提高裤子的档次，减少肌肤对面料的摩擦并保护皮肤。衬里的形状通常与裤子相似，本款的衬里的画法如图2-22的蓝线所示。画裤子衬里的窍门还要考虑裤子衬里耐穿性并设法解决穿久了不产生破缝和烂裆等问题。

方法一是将面布纸样放到备好的花点纸上，将里布的周围画成比面布略大0.16cm，关键是把里布的前后裤裆升高0.7 ~ 0.8cm，这样在裤裆的面与里之间就人为地制造了一定的间隔，这点空间就足以起到减少裆与裆之间摩擦的作用，从而保持了裤裆的耐用性，图2-22中的蓝线示意的是女裤里布的画法。封脚的里布下脚可以在留出适当的预缩量后与裤脚缝合（Closing）。

方法二是衬里可稍为画大一点，面料和衬里之间可上下用宽0.65cm×长4.5cm的小编织牵拉（Small tape）在两裤缝间用缝纫机固定。另外一种方法是里布做成与裤子等长，由顾客根据各自的需要作改短处理。不配衬里或配半衬里（Half lining）的精做和半精做裤子也很常见。

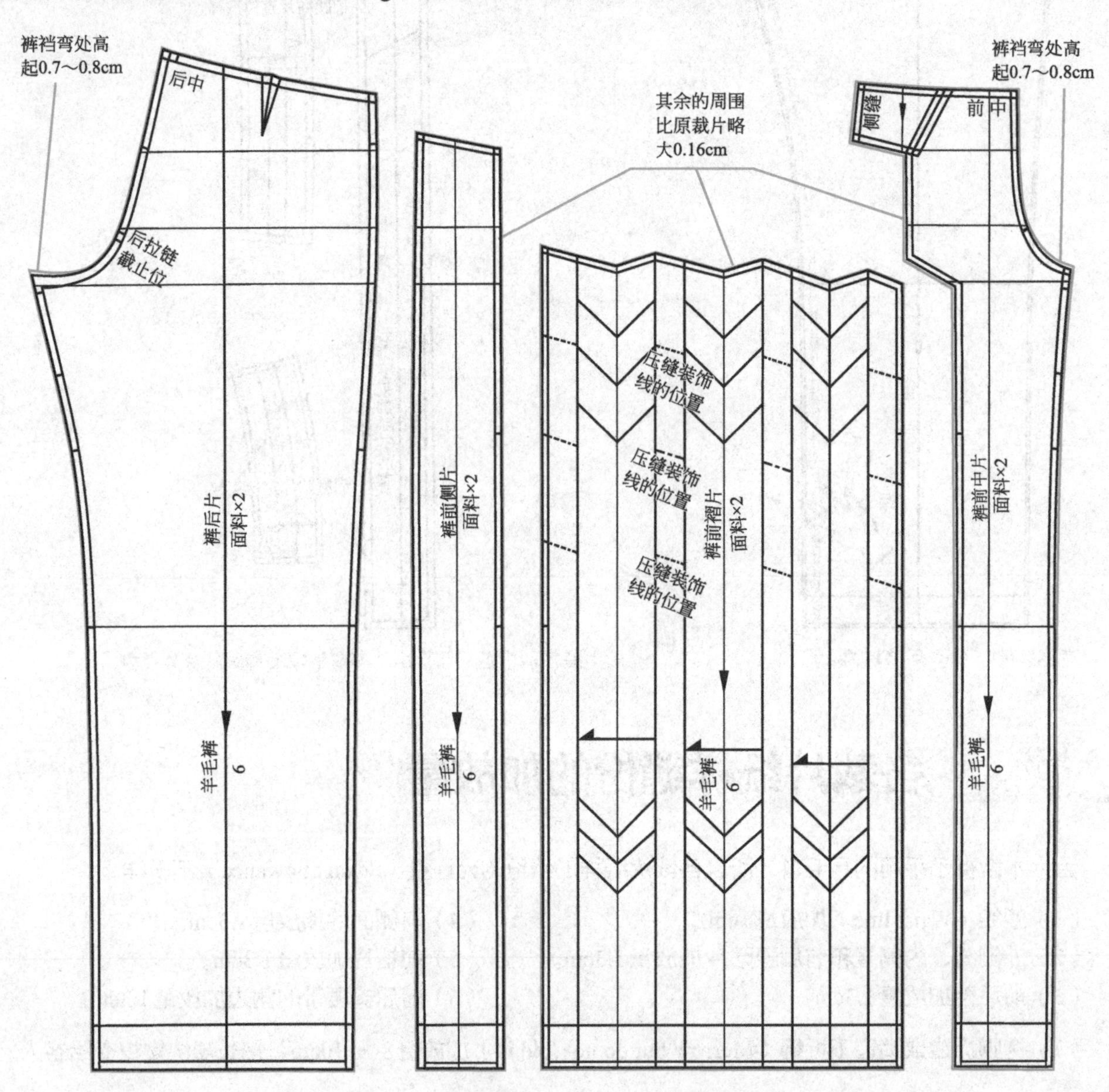

图2-22 蓝线示意的是羊毛薄呢女裤里布的画法

其他处理上打版师通常很喜欢用衬里或色丁布/缎子（Satin）裁成的斜纹滚边布条（Bias piping），用作滚包缝份、裤腰、口袋前门等。在腰头的贴面加缝印有公司品牌（Brand name）的装饰腰带，以增加裤子的内容和档次，张扬品牌的特色及知名度。所有的图纸完成后，就可用新的坯布或代用布把裤子裁出。有把握的打版师通常还会让样板工缝纫出整条裤子，在人台上试穿并察看还有什么问题。经过修改后的版型就可以作为完成的版型或做成硬纸板版型备用。新手如自觉把握不大，可把裤子先用坯布或毛料裁出半条，用大头针或缝纫机重拼缝合，再回到模型上比比看，对裁片和版型进行校正，直到满意为止。

以上就是打版师如何把一条裤子由平面涂擦到立体的裁片，再从立体的裁片向平面版型转移的演绎过程和步骤的演示描述。

表2-2是羊毛薄呢女裤的裁剪须知表（Cutter's must）。

表2-2　羊毛薄呢女裤的裁剪须知表

此表需结合下裁通知单的布料资讯才能完整			
尺码：	4	打版师：	Celine
款号：	涂擦后留版备用	季节：	2012年春季
款名：	羊毛薄呢女裤	生产线：	2

裁片	面布	数量	烫衬	款式平面图		
1	前中裤片	2				
2	前上侧片	2				
3	前裤褶片	2				
4	前裤侧片	2				
5	后裤片	2				
6	前腰片	2				
7	后腰片	4				
8	前腰贴片	1				
9	后腰贴片	2				
	里布					
10	后裤片	2				
11	前裤侧片	2				
12	前裤褶片	2				
13	前中裤片	2				
				缝份		
				1.3cm：所有裁片		
	黏合衬			8～10cm：裤脚折边		
6	前腰片		2			
7	后腰片		2			
8	前腰贴片		2			
9	后腰贴片		2			
	斜纹包边					
14	裁宽4cm×16m斜纹用于裤内缝份包边	16cm				
				数量	辅料	尺码/长度
	定位实样					
15	前裤摺片定位实样	1		1	隐形拉链（从后中腰头开始）	30cm
16	前腰贴片定位实样	1				
17	后腰贴片定位实样	1				
缝纫说明						
1. 请用＃15、＃16和＃17定位实样对裤前摺片、前腰贴片和后腰贴片进行标定后缝纫						
2. 把裤片合缝后，先作小烫开缝，然后做0.6cm宽的斜纹包边完成						
3. 按设计图标示在裤子的前上身及前后腰贴片压上0.6cm宽单明线						
4. 前裤摺片需先预烫好摺子后，再与其他裁片合缝						
5. 隐形拉链直上腰头，拉链缝份两边需要用斜纹做0.6cm宽包边						
6. 其他制作细节可与打版师商定或查看来板						

图2-23是羊毛薄呢女裤款式版型的示意图，图2-24是羊毛薄呢女裤里布版型的示意图。

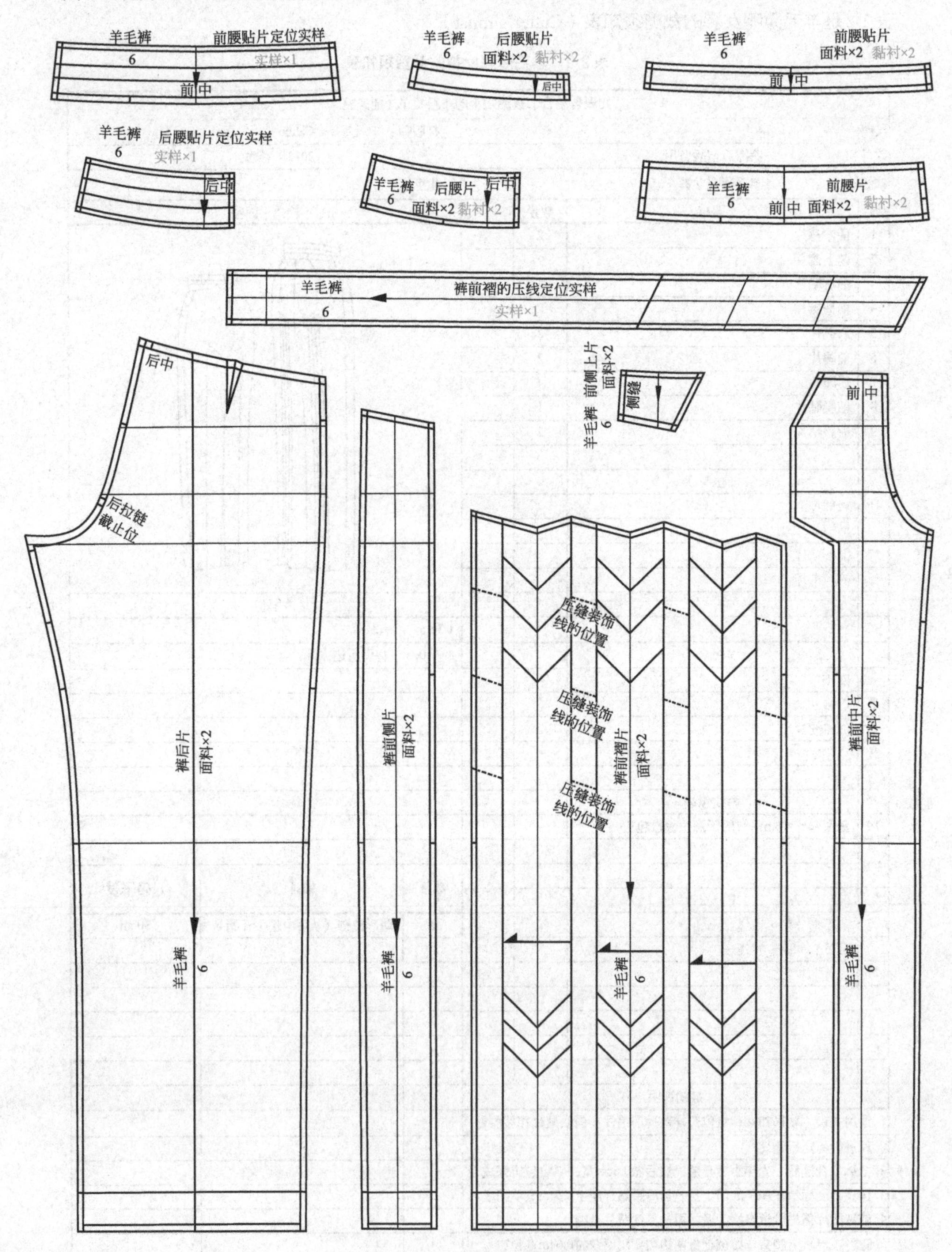

图2-23　羊毛薄呢女裤版型的示意图

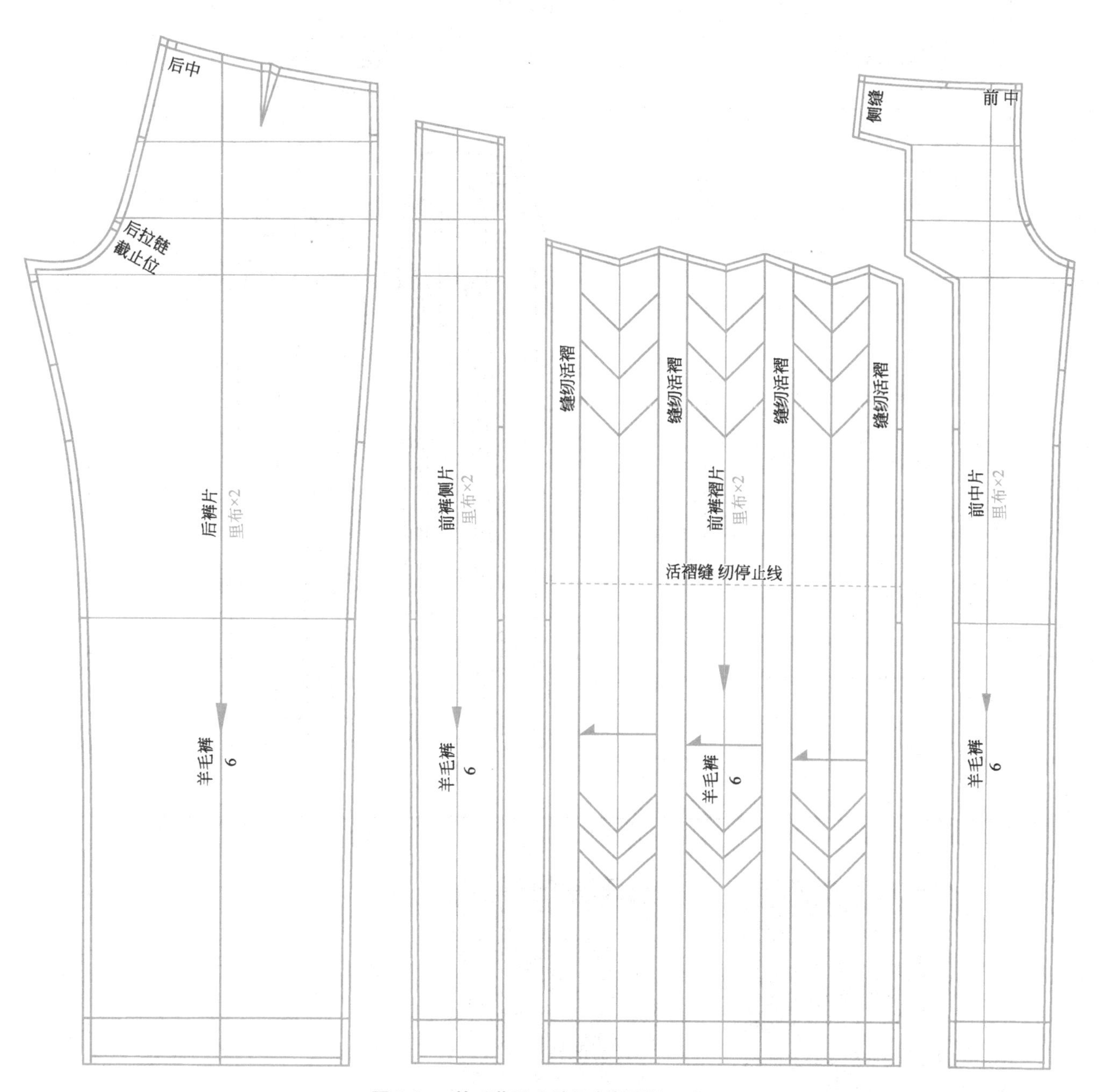

图2-24　羊毛薄呢女裤里布版型的示意图

图2-25是羊毛薄呢女裤的下裁通知单。

下裁通知单		
款式：羊毛薄呢女裤 季度：2012 春季		裁剪者： JOHN 裁剪日期：06/20/2011
裁剪数量 1 件		
布料来源		
布料 面料：羊毛薄呢		
颜色 面布：深灰色		
衬里 中国绸		
布料小样：羊毛薄呢	布料小样：中国绸	备注：

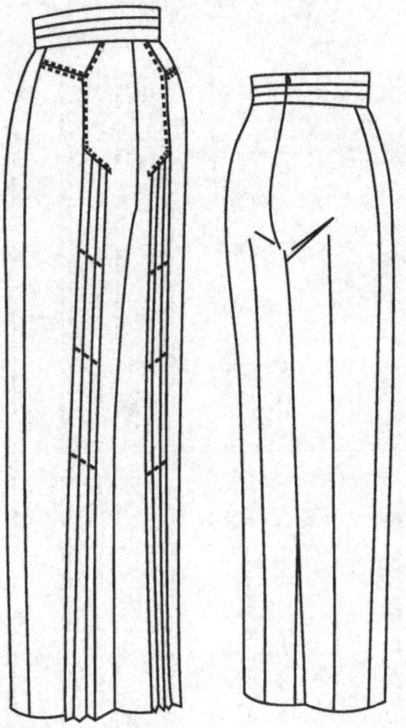

图2-25 羊毛薄呢女裤的下裁通知单

思考与练习

思考题

1.复习本章内容，思考用怎样的方法能把裤子的涂擦版型做得更好？

2.做裤子的立裁要注意些什么？复核裤子的尺寸时要注意什么？

3.怎样才能把两条不够协调的弧线用互借加减的方法来调整？

4.你注意裤子尺寸表中尺寸量度法的叙述了吗？你了解美国式和中国式的裤子的尺寸量度法有什么区别吗？

动手题

1.请按尺寸标出裤子的量度部位，特别是如何用大头针标出高臀围、臀围、横裆、前裆、后裆和膝围的位置。

2.选一条男装长裤，根据裤子尺寸表中尺寸量度法的叙述，以平铺的方式量取裤子的内长、外长、上腰围和下腰围，每一个尺寸量5次，看结果是否一样。

3.找一条有一定特点的裤子，男女或长短不限，参考本节裤子的涂擦法的步骤进行复制。完成后写出自己的心得体会。

4.怎样才能把两条不协调的弧线用互借加减的方法来调整，即在保证尺寸准确的前提下，同时令线条更完美？动手试试看。

第三章
腰间缩褶弧线滚边皮裙的涂擦复制法

第一节　款式综述

这是一条让人眼前一亮，过目难忘的半腰裙。它的设计虽然仅为区区几笔，但整体设计既简洁明快又重点突出。正面造型以弧线（Curve）为主，裙面由大左弧线盖小右弧形，上下及前身边缘以深色皮料滚边（Leather piping），腰间以一条细长的深色皮质腰带系成的蝴蝶结（Bowknot）为装饰重点，束腰后的裙腰宛如荷叶环腰玉立，优美而生机勃发，背面饰有一条由腰到裙底端的双明线。图3-1是腰间缩褶弧线滚边皮裙的平面效果图。

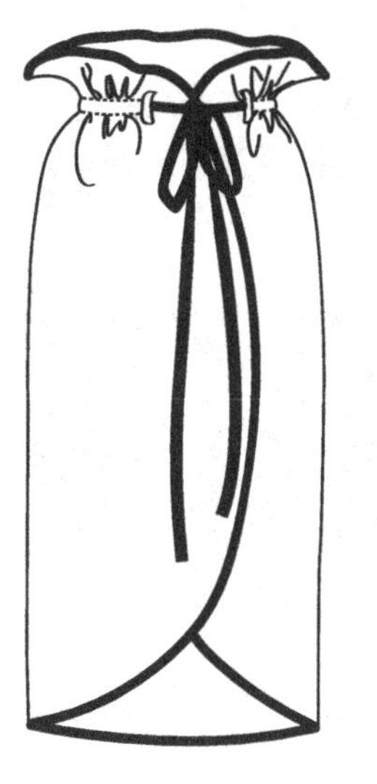
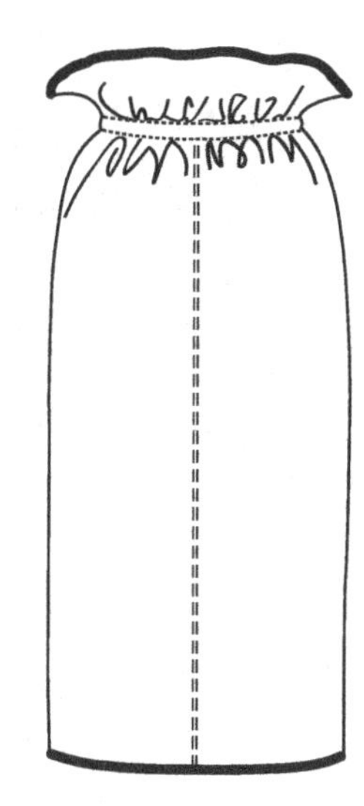

图3-1　腰间缩褶弧线滚边皮裙的款式平面图

在涂擦这条裙子前，版师首先要清楚地了解它造型和细部的来龙去脉。这是一条用超柔软的皮料（Soft leather）制作而成的高档半腰裙（High waist skirt）。裁片的组成分为左前片、右前片、左右后片、里布和皮质腰带。正因为这是皮质裙子，所以惯用的涂擦复制法就不是最理想的方法了。为了避免因使用大头针划伤皮料样板，我们改用小夹子夹住坯布和样衣来固定两者，然后进行平面涂擦复制，之后用涂擦了的坯布来进行立裁校正和纸样制作。

设计师的意图是把皮裙按样板涂擦复版，然后看是否能把涂擦版型改成用仿皮布料（Faux leather fabric）来试做新版。这里顺便提一下，仿皮布料通常以织物为底基，涂压层由合成树脂添加各种塑料添加剂制成的配混涂料制成，它近似于天然皮革，具有光亮、耐磨等特点。了解设计师的想法，在涂擦复制时版师就可按未来版型的需要，对皮裙进行涂擦并先做原版，之后再更改原版制作成适合新的仿皮布料裙子的版型。

工具的准备：坯布、蜡块、小夹子（Clip）、大头针、过线轮、软图纸、彩色笔、铅笔、直尺、曲线尺（French curve）、剪刀等。

第二节　皮裙的涂擦复制

首先取两块长和宽都长于皮裙10 ~ 12cm的坯布，剪出并画好直纹线，用蒸汽熨斗预缩烫平备用。把皮裙样板正面朝上平放在桌面上，用坯布覆盖在正中，四周用小夹子固定，在坯布两旁上下同等的距离扎上大头针以表示剪口位置，并把宽余的坯布折到皮裙下面。在确定平顺、不跑偏和松紧适度后，就可借用蜡片进行裙身各轮廓线的涂擦了。操作时，左右手要配合，协助平伏和固定坯布，等涂擦完成时，裙子的外形与内在的弧线清晰可见，有助于轻易地描绘转化成平面纸样，如图3-2所示。

图3-3，是把坯布转换绘制成软纸裁片的过程示范。我们把展示了整条皮裙的前后结构图称为初稿（The draft）。画出了初稿即完成了裁片的总结构图，但并不代表打版工作告一段落，相反，这只是整体制版工作的第一步。图3-4是前后皮裙裁片总结构图的示意图。要特别提醒的是，在还没开始对初稿进行下一步裁片分解前，要用皮尺复查并确认它的尺寸与样裙一致。如有出入，可用笔和尺子先调整准确后再开始下一步。如果跳过这一步，基础没打好，到后面才发现尺寸有问题，就耽误时间（工期）了。对生产链上的每一环，缩短工时及避免浪费等是每一个参与者都要考虑和重视的。

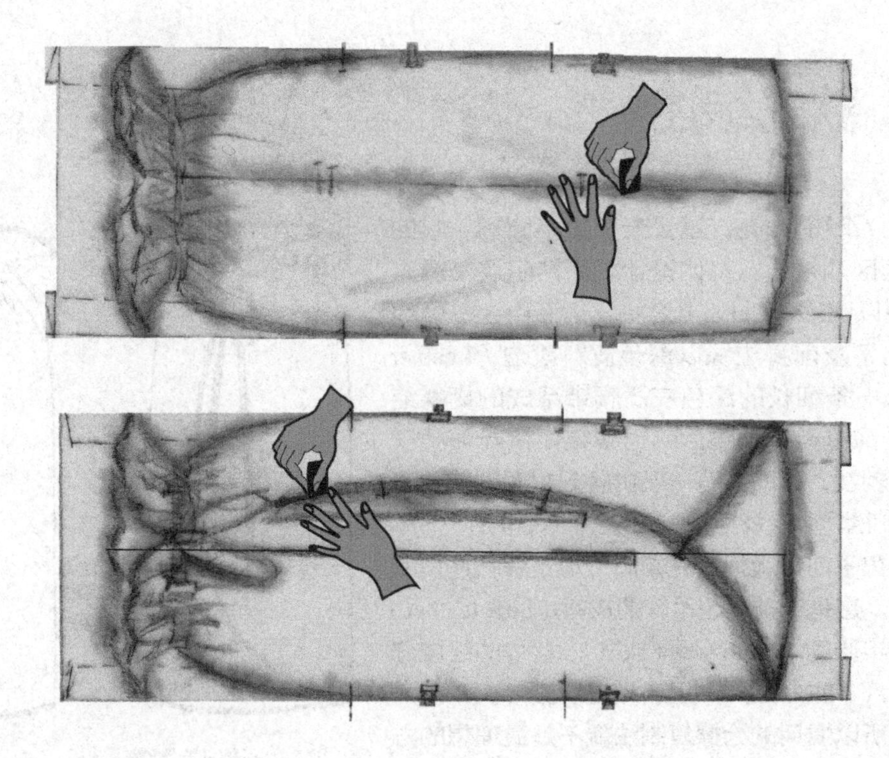

图3-2 腰间缩褶弧线滚边皮裙涂擦示意图

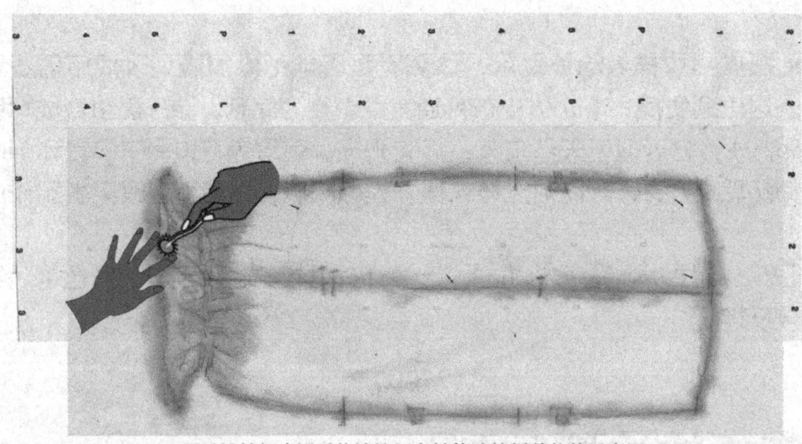

用过线轮把皮裙后片涂擦坯布转换成软纸裁片的示意图

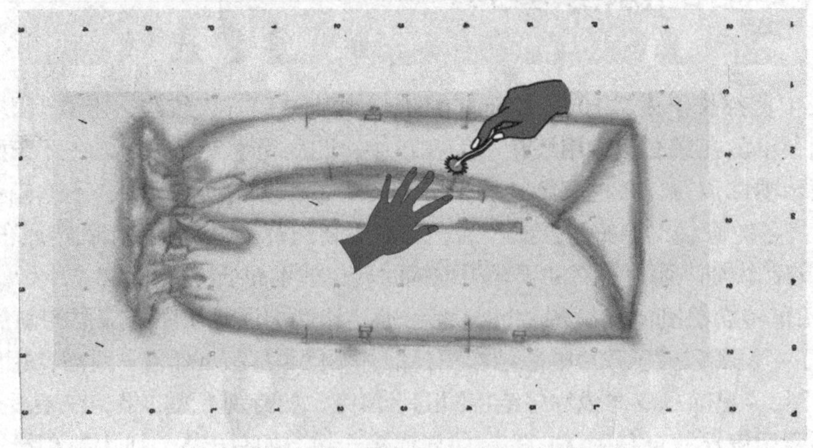

用过线轮把皮裙前片涂擦坯布转换成软纸裁片的示意图

图3-3 坯布转换绘制成软纸裁片的过程示意图

第三节　皮裙结构总图的描画

皮裙纸样的描画（Tracing）包括了皮裙前后两部分，是把刻画完整的前后裙片的裁片总结构图，按过线轮的痕迹用笔和尺子等描绘出轮廓线，并把中心线、结构线等画准、画顺、画清楚，成为该款式的纸样结构总图。我们做这一步的目的是先完成纸样总图，再设法通过总图来分解出其他裁片的图纸（图3-4）。

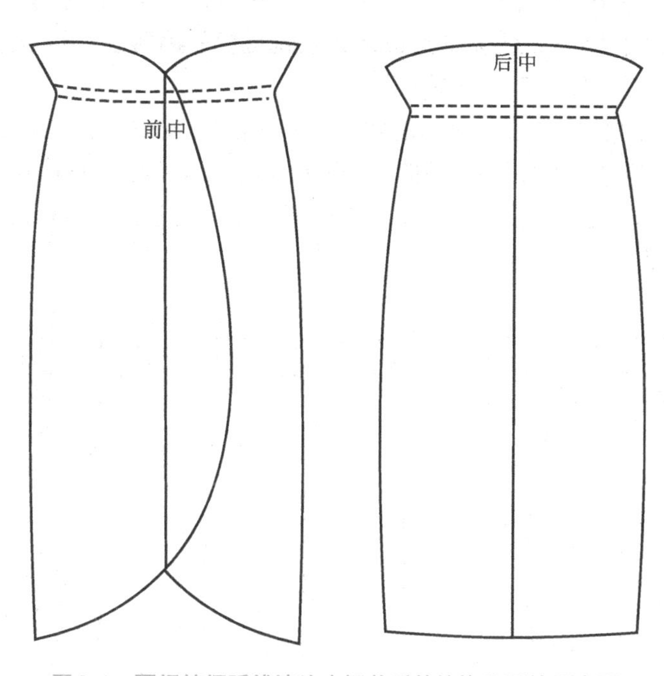

图3-4　腰间缩褶弧线滚边皮裙前后的结构总图的示意图

观察皮裙裁片的总结构图，也许你会问：这展现的只是裙腰扎了腰带后的效果，样裙又不允许取出腰带，怎样才能得到在上腰带之前的裙腰的样子呢？直接用涂擦的方法是很难将纸样上裙腰（Skirt waist）间的缩紧量（Shirring volume）画准确的。对这个问题，我们可以用以下的途径取得。

量度样裙取得必要的数据，然后利用对涂擦后的结构总图的划线、剪开、扩展来画出新图纸。图3-5是皮裙腰部系腰带前后腰围的尺寸效果。它的腰围是从紧缩时（Tighten）的63cm扩展到最大的（Maximum）103cm，而这中间相差40cm。

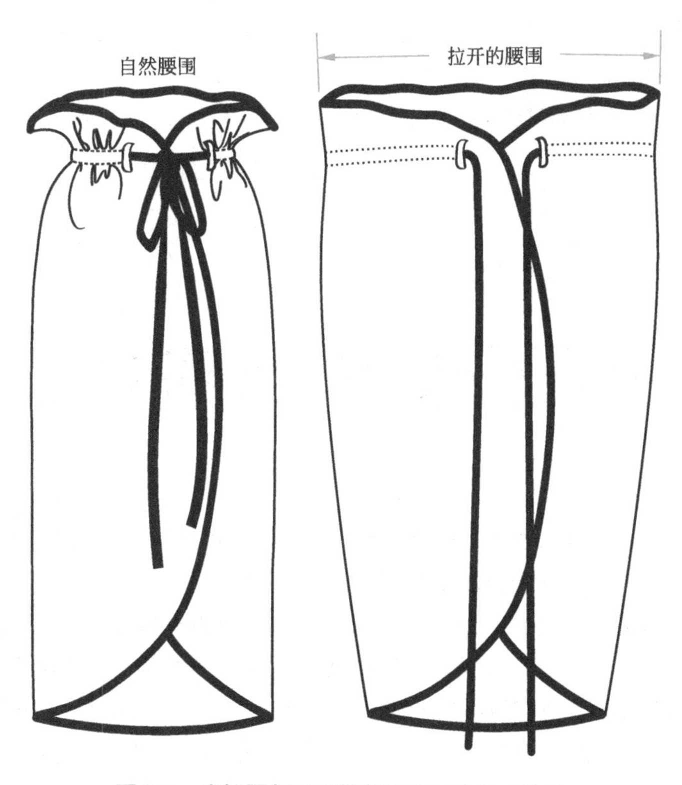

图3-5　皮裙腰部系腰带前后腰围的尺寸效果

第四节 利用结构总图画皮裙纸样

得出了裙腰需要扩展的数据，如何把这40cm合理地分配到裙腰并画出纸样呢？方法是平分展开量：前腰加20cm，后腰也加20cm，也就是说前后腰左右两边腰围各增加10cm。下面我们进一步看看怎样把这些数字转化到示范图上。

对款式扩展的具体需要进行分析的结果是，皮裙腰间最需要扩展的应该是两侧的腰位，而不是正中，在加放时，必须保持前面弧线的位置及形状。作出这个判断很重要，假如扩展的位置不对，就不可能实现裙子原设计的效果。这里将采用剪开扩展法（Cut and split）来作图，图3-6是该图纸的版型制作过程。

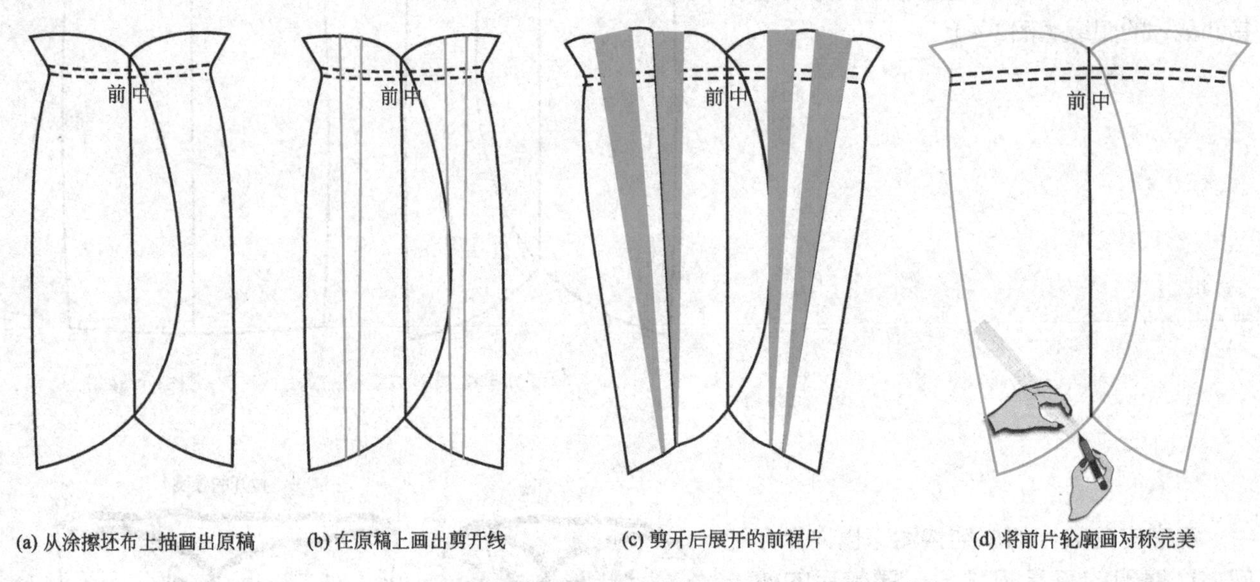

图3-6 腰间缩褶弧线滚边皮裙前片纸样的制作步骤示意图

第五节 皮裙前片的画法

如图3-6所示，皮裙前片画法可分为以下四个步骤完成。

（1）先从坯布上描画出裙前片的外形轮廓，然后把图纸对折（Folded in half）以检查该描图稿的对称性，并把它调整成为左右对称（Symmetry），成为原稿（Master copy）。

（2）在裙子原稿靠近腰位的两侧（Both side），各对称地画出两条剪开线（Slash line）。

（3）把裙前片剪开，版师考虑分配用量时，把10cm作不等分分配：靠腰的位置加6cm，靠前中的位置放4cm，制作时均匀地在前裙片的左右剪口之间展开，如图中蓝线所示。

（4）取一张新的花点纸，把展开后裙前片的外轮廓重新连线画好，对折后调整至对称，成为新的前片版型。

第六节　皮裙后片的画法

皮裙的后片画法也同样分四个步骤完成，虽然后片的结构与前片有所不同，但是我们同样可以采用先剪开后展开的方法来处理，如图3-7所示。

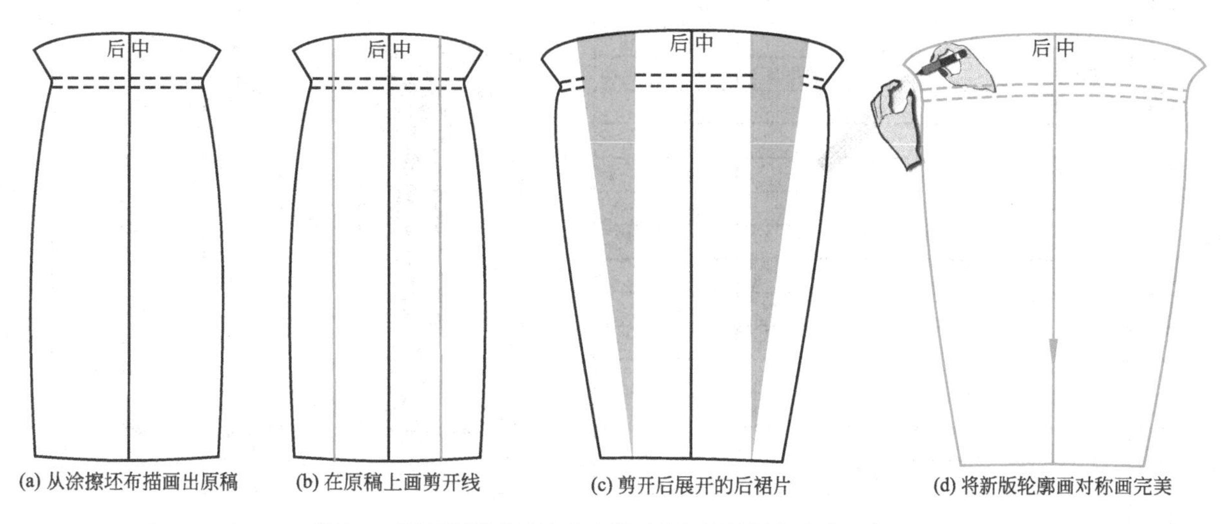

图3-7　腰间缩褶弧线滚边皮裙后片纸样的制作步骤示意图

（1）先从坯布上描画出裙后片轮廓的原稿，然后把图纸对折以检查该描图稿的对称性，并把它调整成为左右对称。

（2）在后裙左右两边腰位（Left and right sides of the waist）的中央对称地各画上两条剪开线（Slash line）。

（3）均匀地展开左右后裙片的腰部，两边的展开宽度均为5cm。

（4）另取一张花点纸，把新的后片外轮廓连线画好成为新后裙片纸样。

在给版型加缝份（Add seam allowance）之前，再细心地检查该图形的尺寸、结构等的合理性。加上剪口，最后给这一以弧线分割为特点的版型留出1cm给皮料（Leather），或者留出1.3cm给其他布料的缝合份量。

第七节　皮裙的面布、里布和仿皮裙版型的处理

皮裙面布版型的完成，给里布的描画提供了依据。做皮裙的里布相对简单，把皮料左右前片合拼起来后，将里布做成与皮裙尺寸相同就可以了。但在裁样板里布之前，裁剪师需要把里布用蒸汽进行预缩，以避免里布在制作的过程中遇热后变形和缩短。此外，另一种做法是版师对里布先做热缩的试验，把里布热缩的数据找出，然后制作出里布纸样。第二种方法更适合批量生产时里布版型的制作。另外，本皮裙腰部的拉伸设计为裙子的穿脱提供了方便，免去了装拉链的必要。

表3-1是腰间缩褶弧线滚边皮裙的裁剪须知表，图3-8是腰间缩褶弧线滚边皮裙的皮料版型示意图。在裁剪样裙时如果遇到皮料长度不够，版师可考虑在前后腰间的虚线位置作断开接皮处理，这种方法的运用既能避开皮料的疵点和长度不足的问题，又能更好地节省和利用皮料。当然，版师也可以请教设计师，听听他们的想法。选择皮料时，应以选质量好的皮料为主，不需过分地考虑皮革的横竖纹向。如果皮料面积足够富裕的话，当然是以动物的头部朝上方排版剪裁为首选。

表3-1 腰间缩褶弧线滚边皮裙的裁剪须知表1

此表需结合下裁通知单的布料资讯才能完整

尺码：	4	打版师：	Celine
款号：	涂擦版	季节：	2014年春季
款名：	皮料裙子	生产线：	1

裁片	面布（皮料）	数量	烫衬
1	左裙片	1	
2	右裙片	1	
3	后裙片	2	
4	裙带挂耳	1	
	里布		
5	前裙里布	1	
6	后裙里布	1	

款式平面图

缝份

设计图中所有需有装饰边的位置不留缝份，压缝完成宽1cm

1cm：侧缝、后中缝

数量	辅料	尺码/长度
外购	皮料装饰带	1cm×8cm

缝纫说明

1. 侧缝及后中缝一需先合好缝后烫开缝，请用双面胶条固定缝份
2. 外购的皮料装饰带，需压缝在设计图指示之处并作腰带之用
3. 请用裙挂耳遮挡腰带缩褶的出口，如设计图所示
4. 请在裙腰处连裙里一起缝压一道宽约1.5cm的腰带通道
5. 倘若皮料的长度等不够，可考虑在腰带位置断开拼接
6. 其它的制作细节请查看来样

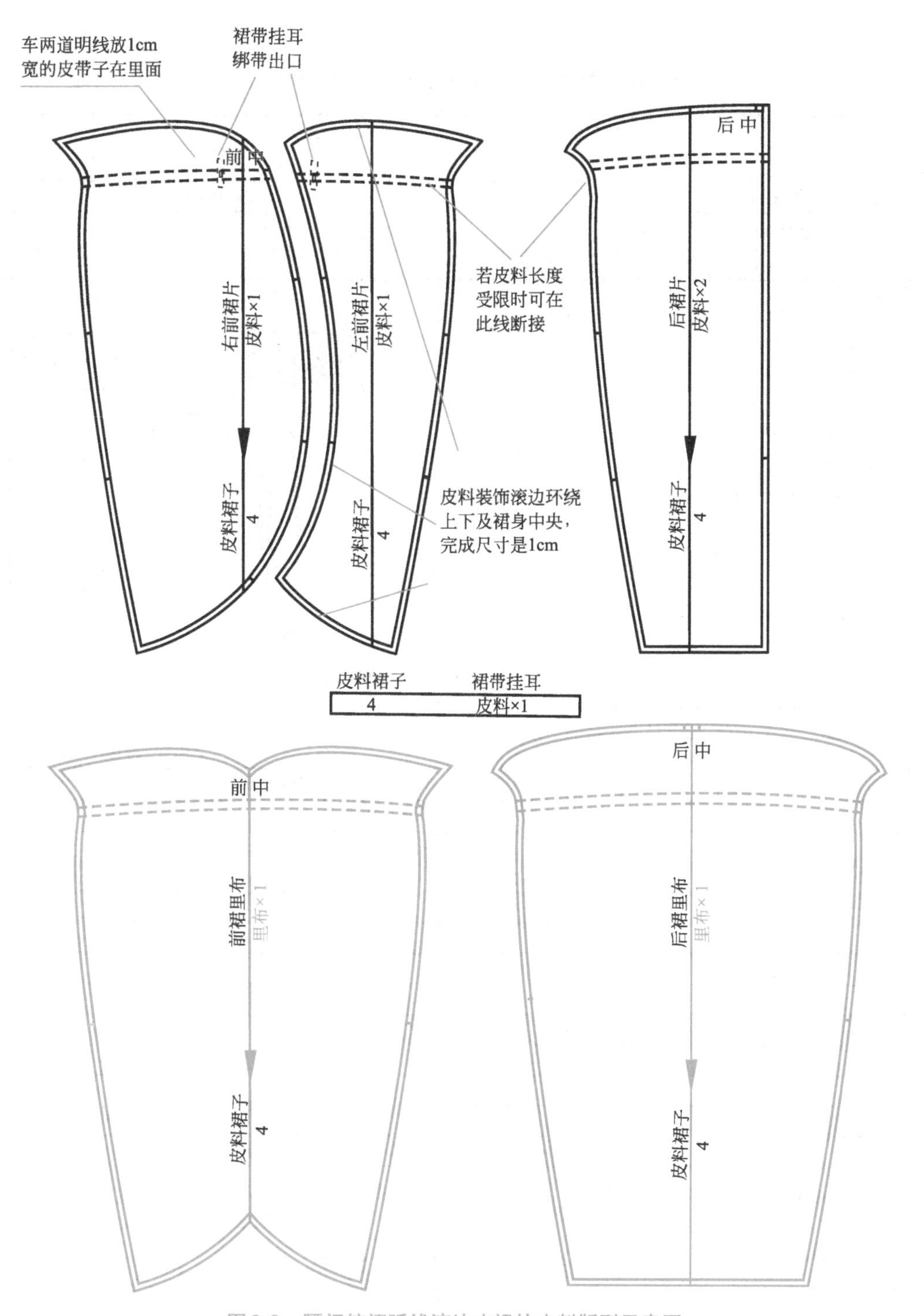

图3-8 腰间缩褶弧线滚边皮裙的皮料版型示意图

表3-2也是该仿皮裙的裁剪须知表，图3-9是为仿皮料（Leather like fabric/Faux leather fabric）或者是梭织面料而制作的版型。请注意裙子的前片和衬里的前后片是连成一片的。而前片中间有双虚线，表示前裙身装饰线的定位，腰位的两条虚线表示腰带的位置。车板前可借用定位纸样（Marker），通过画粉的刻画，把原来需要以色皮滚边或压边的位置缝纫到仿皮料的定位上，以帮助裙身上的装饰线缝制。此外，该版型还需增长衬里的长度约1.5cm，以防止里布因太紧或洗后缩水而产生吊里。裙腰上的双明线可以用缝纫机连同里布一起压缝双明线而成为一条隧道（Tunnel），隧道的前中出口位置可开两个小直眼（Small eyelets）或小圆孔，把外购的装饰带（Decorative tape）穿进里面就可以了。图3-10是仿皮裙的下裁通知单。

表3-2　腰间缩褶弧线滚边仿皮裙的裁剪须知表2

此表需结合下裁通知单的布料资讯才能完整			
尺码：	4	打版师：	Celine
款号：	涂擦后改版试用	季节：	2014年春季
款名：	仿皮料裙子	线号：	1

裁片	面布（仿皮料）	数量	烫衬
1	前裙片	1	
2	后裙片	1	
	里布		
3	裙前里布	1	
4	裙后里布	1	

款式平面图

缝份

0cm：所有的装饰带位置

1cm：侧缝

数量	辅料	尺码/长度
自制	仿皮料装饰带	1.2cm×8cm

缝纫说明

1. 两侧缝需先合缝后烫开缝
2. 斜纹的仿皮料装饰带需压缝在设计图指示的位置上方
3. 请用裙挂耳遮挡腰带缩褶的出口，如设计图所示
4. 请在裙腰处连裙里一起缝压一道宽约1.6cm的腰带通道
5. 后中位置连里布压缝相隔0.6cm的双明线
6. 其它的制作细节请查看来样

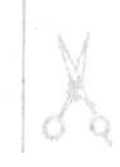

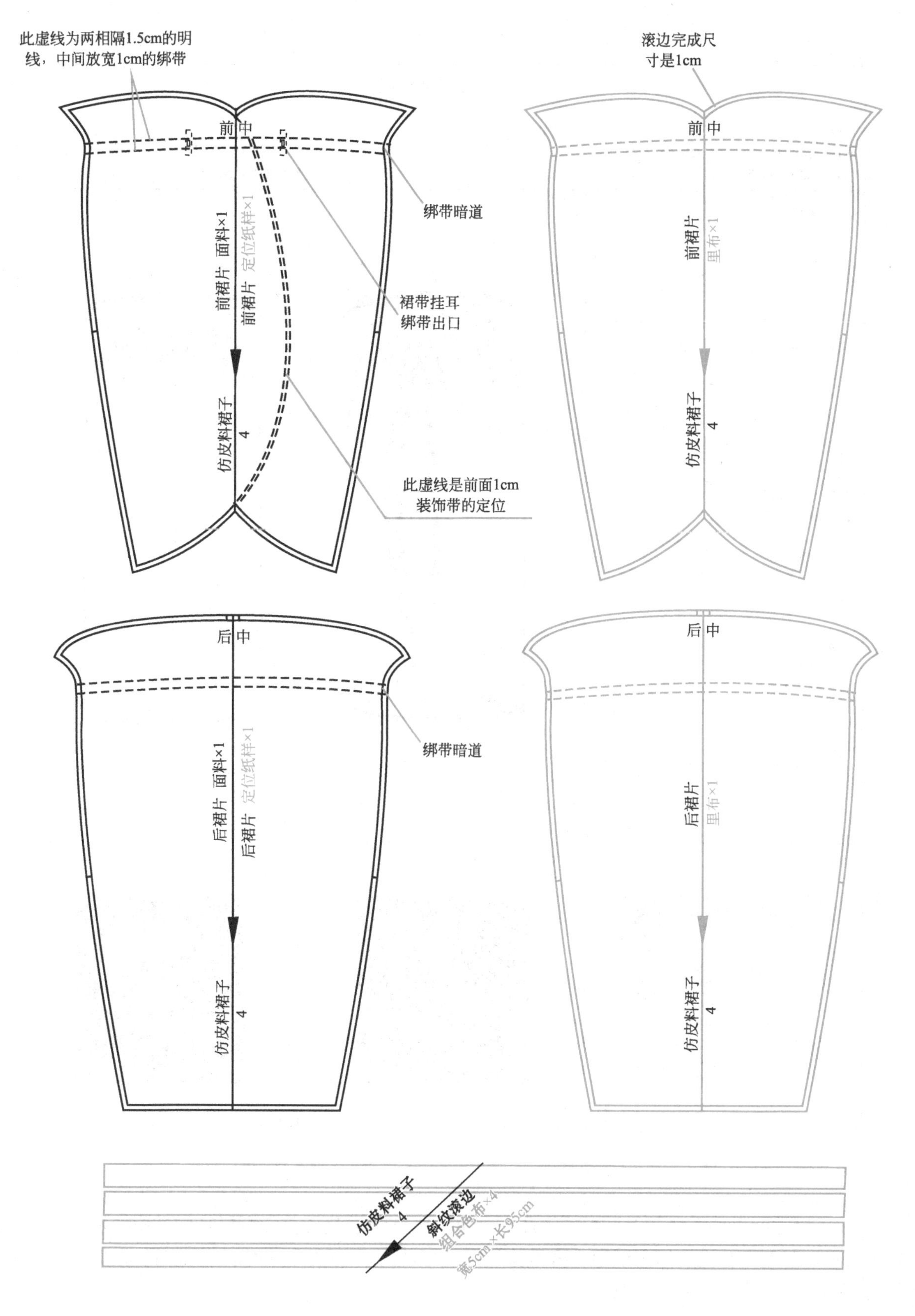

图3-9 腰间缩褶弧线滚边仿皮裙者或梭织面料制作的版型示意图

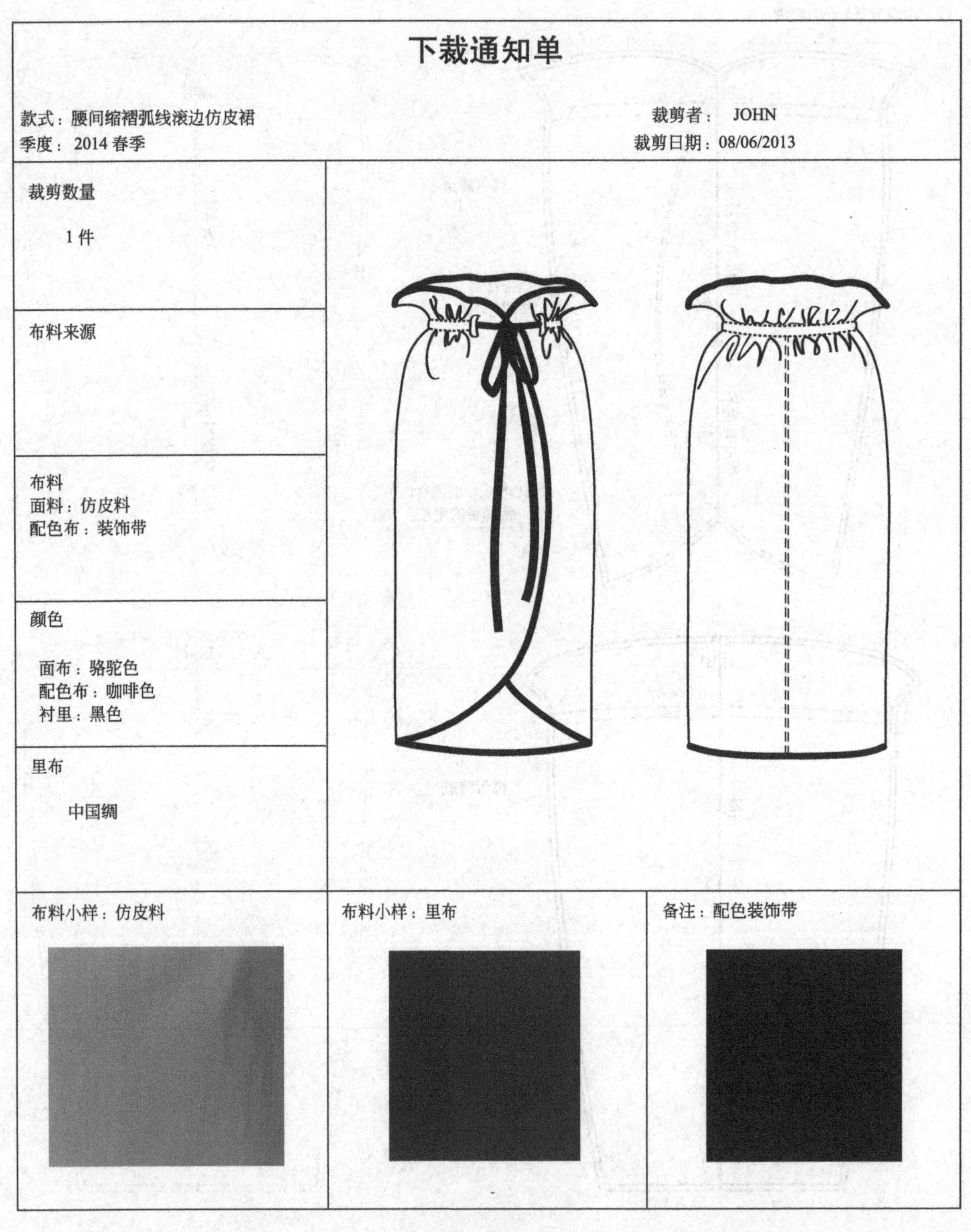

下裁通知单

款式：腰间缩褶弧线滚边仿皮裙　　　　裁剪者： JOHN
季度： 2014 春季　　　　裁剪日期：08/06/2013

裁剪数量

1 件

布料来源

布料
面料：仿皮料
配色布：装饰带

颜色

面布：骆驼色
配色布：咖啡色
衬里：黑色

里布

中国绸

布料小样：仿皮料	布料小样：里布	备注：配色装饰带

图3-10　腰间缩褶弧线滚边仿皮裙的下裁通知单

下一步该做的是准备合适的面料或者坯布把这一版型裁成裁片。让板样师傅做出样板，然后把样裙（Sample skirt）在人台或人体上试穿，再检验（Double check）任何需要修改的地方，根据情况再修改版型，以便使版型变得更合理和方便制作。

思考与练习

思考题

1. 皮质裙子的涂擦技法要点是什么？要注意些什么？凡是皮裙都要用同样的方法来涂擦吗？

2. 怎样才能确认和量出已经被橡皮筋或其他缝纫方法缩小了的部位的实际尺寸，请用照相机拍出两个例子，然后以图文说明。

动手题

1. 自行找一条皮裙或一件皮背心（小提示：可以几个人合用一件样衣，然后各自做出自己的涂擦复制），按本章女皮裙涂擦法进行练习，先涂擦，后立裁，再画版型。

2. 自行找一条皮裤进行涂擦复制练习，在涂擦的过程中，体会皮料涂擦方法的要领。

第四章
软缎与雪纺加珠绣裙裤的按图立裁法

第一节　款式综述

裙裤（Culottes/Skirt pants），它既是裙子又是裤子，是集裙子和裤子的特点于一身的结合物。这款裙裤的设计出自一位波兰籍女设计师之手，她是一位皮料类服装设计师，在设计皮革的同时也喜欢设计一些极富民族色彩的着装与她的皮革服饰相配。她的构思经常与众不同，例如这款软缎与雪纺加珠绣裙裤的设计灵感也许就来源于中东地区或是伊斯兰民族服饰。

本款裙裤里里外外共有三层，外轮廓类似敞开的雪纺裙子，而且雪纺面料上沿边绣满了叶子形状的珠片（Leaf shape sequin/Leaf-shaped beading）图案，裙片当中点缀了星点般的小亮片；中间夹层的裙子要比外面的裙子长，同样是采用雪纺面料；可最里面的裙裤却是一条立裆相当长的软缎哈伦裤子（Satin harlan pants）。哈伦裤是伊斯兰民族服饰的一种。这一款与哈伦裤组合的多层裙裤正面看如裤状，侧面却呈裙形，既是休闲装也可搭配成为派对裙装穿用。图4-1是裙裤正和反面的设计平面效果图。透过图4-2的裙裤内、中、外三层结构的分解图（Exploded view），我们能更清楚地了解这一款式的结构组合构造。

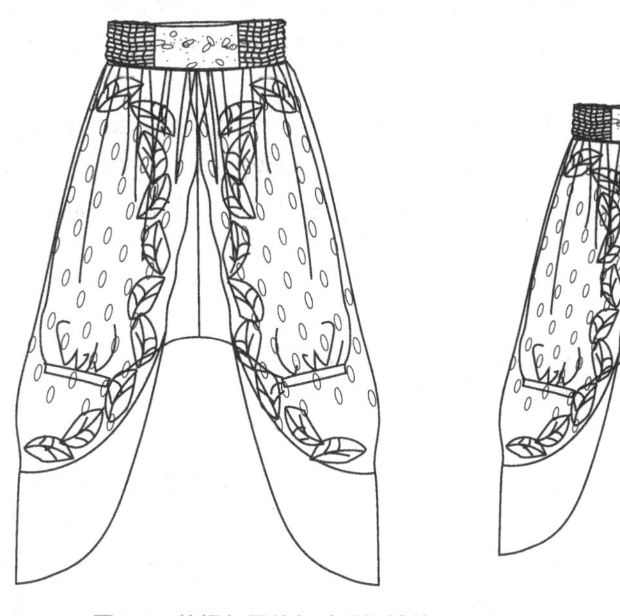

图4-1　软缎与雪纺加珠绣裙裤的正面和反面平面效果示意图

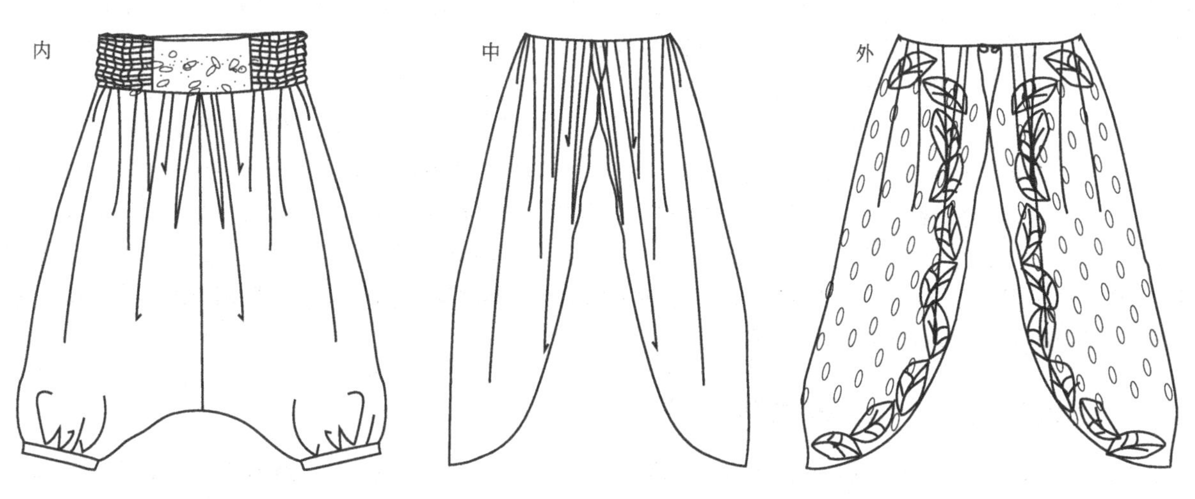

图4-2　裙裤内、中、外层三层结构的分解图

第二节 哈伦式裙裤立裁前的思考

根据设计师希望本款哈伦裙裤的裤裆要松动、要宽大的效果要求，这条裤裙就必须用斜纹布料（Bias fabric）进行立裁。假如用直纹布（Straight grain fabric），就无法很好地体现出它的宽大与松动的效果。按照设计的另一结构特点，该款式的裤裆（Crotch）最好采用无分割线（无接缝线）的自然裆（Natural crotch），它能增强款式特色（Style features）效果。自然裆的专业英语术语是“Bottom rise without seam”，翻译过来就是裤子裆底没有开缝的裤子，从而达到宽松、自然和悬垂感超强的穿着效果。基于这一款式的特殊性，我们需要通过在人体身上以及全身模型（Full body figure）的立裁相互结合来完成。

有经验的版师经历了多年的实践，深深懂得在动手立裁之前，对选定将要使用的面料作定型处理的重要性。所谓经验都是无数失败和挫折后的顿悟、再实践、再总结后找到的解决问题之道。所以，建议大家也培养自己养成一个良好的工作习惯，千万别图快或偷懒，直接取布立裁。因为偷步会使你的版型和样板产生麻烦和导致出错。考虑到款式的外观效果，立裁所选用的必须是悬垂度较好的软性缎子布料，而普通的棉质坯布就不适用了。选定用料后用蒸汽熨斗来做缩水整形及烫平。

工具和材料的准备：真人模特（Fitting model），也可以是同事或朋友，4号全身人台，悬垂度较好的软缎2.5m，宽1.3cm的橡皮筋（Elastic band）2m，大头针，剪刀，针线，划粉，铅笔，剪口钳，透明胶条和直尺等。

因为设计效果的需要，在布料方面我们首先考虑150cm以上幅宽的面料，手感和悬垂度要经设计师认可，不要自作主张，否则会前功尽弃。因为不同质地和肌理的面料，立裁效果迥异，视觉差异也相当大。第二步是准备四块约合4m雪纺薄纱。当然，作为立裁用的坯布就算是颜色不一样（With different color）或有疵点（Defect）也没关系。

第三节 按设计图裁剪出斜纹布

细看设计图后，需要在真人模特的下身（Lower torso）用皮尺估量出裤子的裤裆深（Crotch depth）和总裆长（Total crotch），版师估量出的全裆长约为122cm（从前后腰线以下绕裤裆量出）。听上去这一全裆（Full rise）长得有点不靠谱，但这正是本款的一大特点。而裆底（Bottom rise）呈弧形，需有一定的弧度，即呈反转U形的裤裆。在裤腰加上缩褶和松紧带后，裤裆的长度也会相应地缩短。通常，在做立裁时不妨采取宁长勿短的策略，这样版师就有了进可攻，退可守的弹性，最后就算是太长了，只需略把它修短，总比在看大效果时发现短了而无救药要好许多。

剪出立裁用斜纹布时，版师要刻意预留出一定的坯布长度和宽度。这并不意味着把什么都做大，而是在某些关键部位留一些可预备加放的缝份，万一设计师要求加长和改宽时，所留的余量就有了发挥的空间，从而避免了被迫以七拼八凑来救场的窘局，甚至还可能不得不推倒重来，这些都是过来人的谏言。

前面提到这款裙裤要选用斜纹布，而斜纹布的布纹及其准确性的拿捏，在斜纹款式的立裁中举足轻重。假如选用大于或小于45度角的斜纹布料，裙裤的悬垂效果就会不自然，就会出现左右不一或者扭纹现象，其结果不但不美观，且把整个作品的美感破坏殆尽。我们在这里暂且放慢操作节奏，先谈谈两种有关如何正确选择斜纹布和缝纫斜纹布的实用技巧。

一、全幅宽布料的45度对角线定位法

先取一块幅宽142cm的布料，用它的整幅宽（Full width）斜线对折出与其幅宽一样的等边三角形，如图4-3所示。三角形的斜边就是一条标准的45度对角线（45 degree diagonal）了。用皮尺复核该三角形，

确认两边长度相等后，就可利用以下方法的任意一种来标示（Mark）出那条45度的斜纹线了。

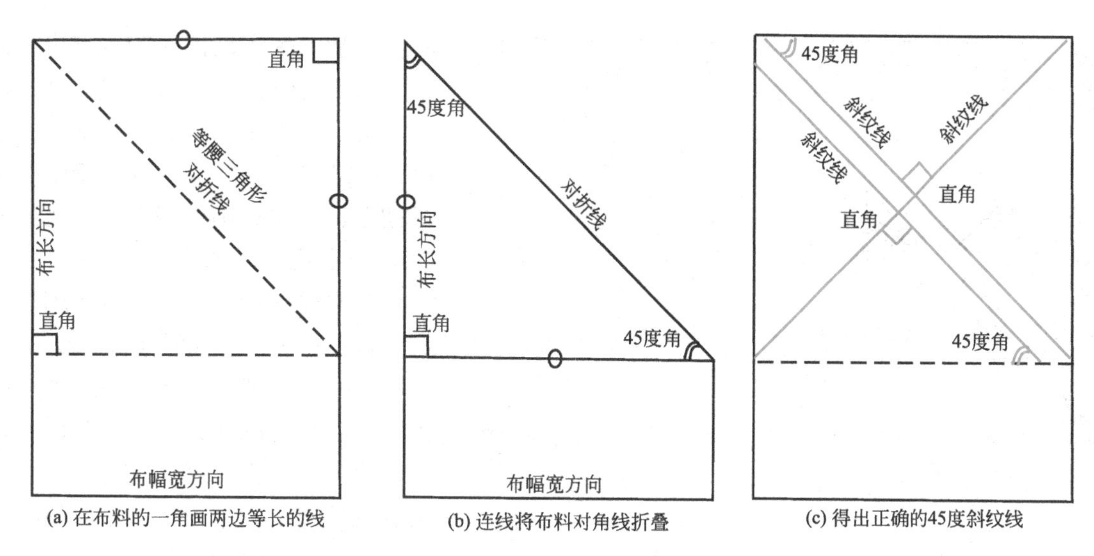

图4-3　全幅宽布料的45度对角线的定位方法示意图

（1）使用大头针。

（2）手针和线。

（3）用蜡片涂擦把斜纹线涂擦出来。

（4）用尺子和划粉画出。

（5）用蒸汽熨斗轻轻地喷气成形。运用图4-3的方法进行斜纹线的标定，得到的是两个方向的45度对角线的斜纹纱向定位，对本款的立裁操作而言是较为理想的选择。

二、无布边布料的45度对角线定位

立裁过程中如遇到一些没有布边的小块布料，它们的45度对角线怎么定位？以下方法供参考。

（1）先把布片烫平，细看织造纹理，再找出经纬纱向，可用手把布片朝三个不同的方向（XYZ座标方向）拉伸，找出它的横直纹。通常横直纹向是没有拉力和伸缩感的，而最有拉伸力的方向就是斜纹方向（弹性织物例外）。

（2）在没有拉力的方向用目测查找出横直纱后，用直尺和笔画出它的横直纹线，接着在这条直线上画一条90度的垂直线，用直尺量出两条等长的边线，把边线两点连成斜线，就能定位出标准的45度角的斜纹线了。小片的斜纹布在立裁中也时常需要，如裁荷叶边，有立体感下垂的口袋，腋下的补丁和包肩棉的里布等，如图4-4所示。

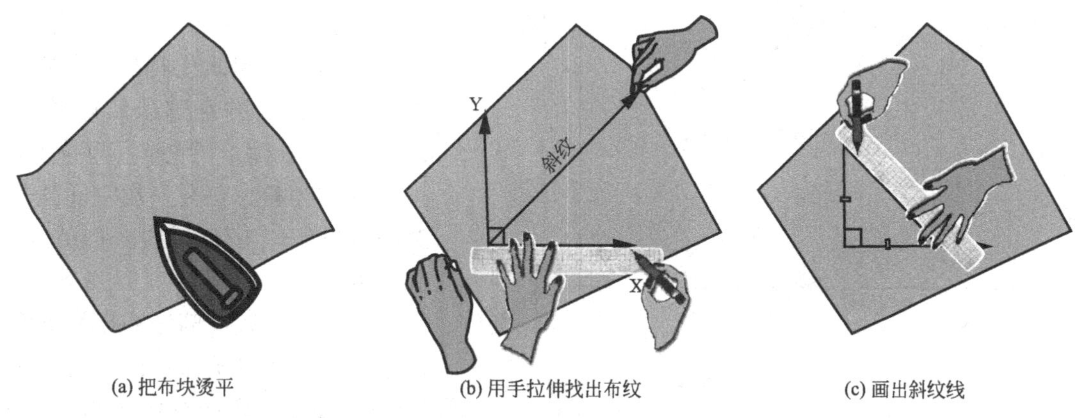

图4-4　在小布块上定位45度斜纹线的示意图

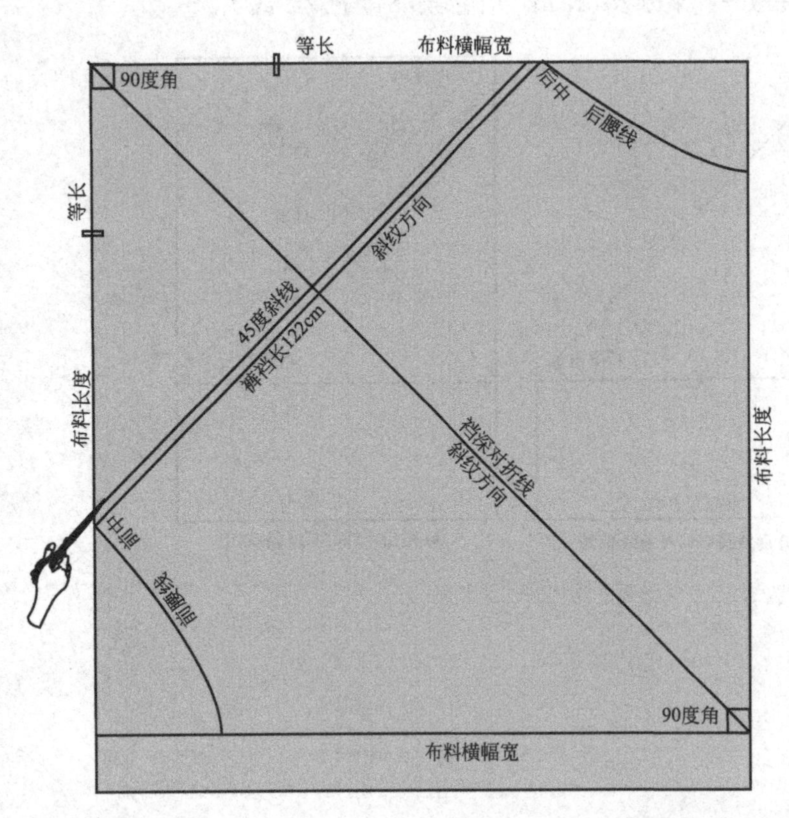

图4-5 在布上用尺子画出斜纹线并画出2.5cm折边的示意图

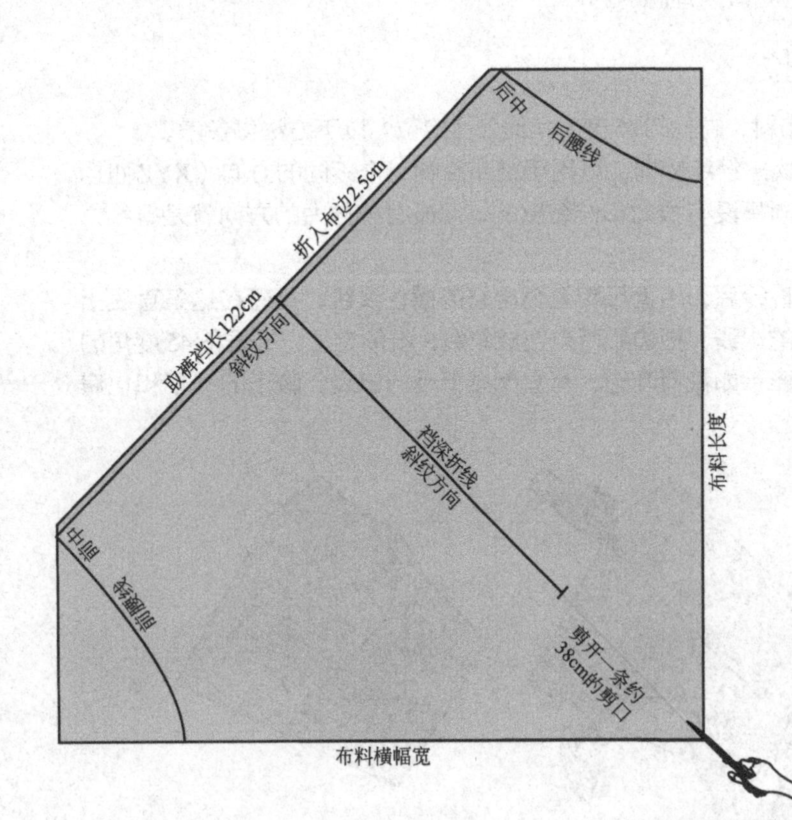

图4-6 在布料三角处剪开约38cm长的剪口的示意图

三、裁剪和缝纫斜纹布

从款式图和设计师的表述中得知，这款裙裤的全裆线是以斜纹拼接（Bias seam）完成的。斜纹布有悬垂性和动感极好的优点，但缺点是在立裁尤其是缝纫时特别不好把握，很容易错位和变形。有经验的车样板师会用纸垫在斜纹布下面，用大头针别起来同时缝纫；有的也会用很薄的软纸（Tissue）垫在下面一起缝合，完成后再把软纸撕掉；或是结合下调缝纫机的牙床和减少压脚杆的压力；或者在斜纹布边沿先车缝一道线作为缝纫定位，又或者借用人台立裁方法，用大头针顺着斜纹布的自然悬垂走向，拼接好后进行缝纫。总而言之是加强了尺寸和布料形态控制后才进行缝纫。

由于斜纹裁片所占用布料面积较大，遇到布料幅宽不够时，需要拼接才能达到用料要求（具体请看第九节）。幸好，这款裙裤有内中外三层，外面的一层还有不少珠绣（Beading embroidery）遮挡，中间层雪纺布用不着拼接，所以最里边的裙裤哪怕是有拼接线也不会影响总体外观。虽然如此，万一真的要拼接的话，最好能选在侧腰或裤脚口（Leg opening）的外侧缝进行拼接。要提醒的是，拼接要谨慎，要避免拼接到显眼的位置，否则就属于犯大忌。

现在让我们言归正传，开始立裁的工作。裙裤是对称的款式，立裁时只需裁一半就可以。裙裤要用斜纹，怎样定位才能最大限度地利用布料呢？以下方法可供参考。

（1）如图4-5所示，先量画出布料的斜纹线，用直尺量画出相当于总裆长122cm的45度斜线，并在这条线以外画一条宽2.5cm的折边线。用剪刀剪掉2.5cm折边线以外的布料，在右下角中间剪开一道约38cm的剪口，留作裤脚开口的立裁使用。如图4-6所示。

（2）用这块刚剪好的布片的两端作为前腰和后腰，在剪腰线时，缝份可预先加2.5 ~ 3.5cm，留作立裁预放用，如图4-7所示。

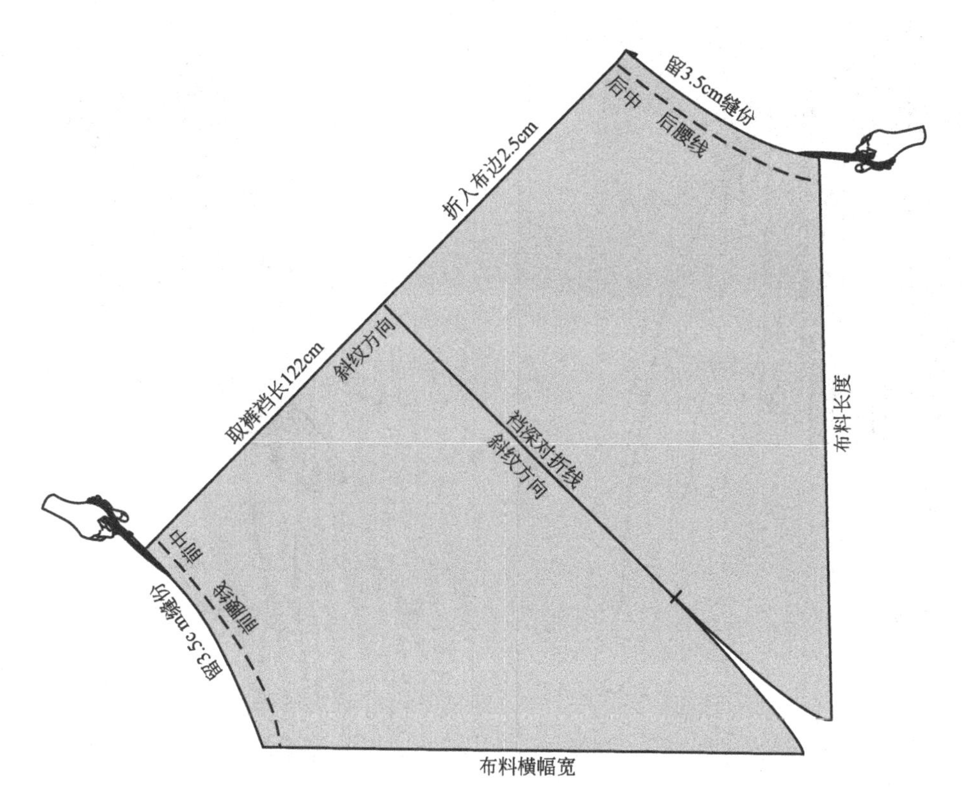

图4-7　在剪裙裤腰线时要多预留缝份的示意图

第四节　在人体上立裁哈伦裙裤

先在真人模特的腰部系上松紧带打结系好，然后把图4-7的坯布从模特两腿之间穿过，把前后腰的坯布均匀地掖进（Tuck into）松紧带里并缩好细褶，然后检查一下褶子的均匀度，待前后腰褶调整理顺后，再去处理裤脚的位置，如图4-8所示。在裆深接近原设想要求的前提之下，假如腰褶量不够密集，建议考虑把裆深减短（提拉）进而加宽裤腰位的宽度（缩褶量）。但是，如果腰褶的量不够而裤裆的深度又没有长度可减的话，拼接也许就是下一个选择了。拼接位可以考虑在左右两边腰部侧缝进行，但拼接的布纹要相同，尽管在腰侧加进了拼缝，因为有了外裙的遮挡，所以不对整体美观性产生负面影响。把先前剪好的开口在膝盖上绕一圈，观察效果，然后用另一条松紧带系到膝盖以下的位置，把裤脚的前后掖进松紧带里边移动边观察褶量效果。侧缝可用手针缝合或大头针别合起来看效果，如图4-9所示。

在大多数情况下，立裁的成败凭借的全是版师的眼力和经验，它既没有标准可查，也没有尺寸可依。版师唯一的老师就是手上的设计图，你的靠山、教练和裁判首先是你自己的专业眼光，最后才是设计师和老板。这就是按设计图进行立裁所需的见招拆招的本领吧。

面对真人模特，作为版师不能胆怯，也不必缩手缩脚，一定要自信并细心，再加上果断。除此之外，还要运用人体比例与造型的概念，设想和营造设计图和立裁人台之间的比例关系，协调从设计图到立裁版型的转化过程。这也应该是按图立裁的点睛之处。

在用大头针把侧缝拼接起来之后，版师要做的事情是要花点时间仔细地打量人体上的裤子造型，对比设计图，看看有哪一个部位还不够完美，或者比例和尺寸有与版师心中的那把标杆对不上号的地方，然后进行修改，再接着往下用麦克笔在裁片的轮廓上用点和点的排列做标记。

图4-8 用剪好的坯布在人模上观察的示意图

图4-9 调整腰褶的密度后再处理腿部立裁的示意图

第五节 在人台上复核裙裤成型效果

在点好完整的裁片标记（Mark）后，把立裁的坯布铺开，我们看到的是一片很有趣的图样，如图4-10所示。

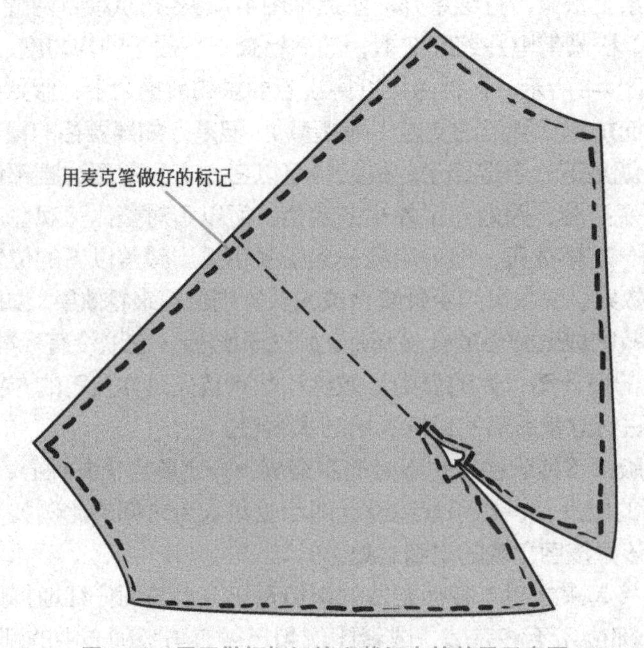

图4-10 展开做好标记的立裁坯布的效果示意图

先把这一裤片用无蒸汽的熨斗小心地烫压平整，用大头针把坯布固定在花点纸的下方。用过线轮、铅笔和尺子把裤子的外形图描刻在花点纸上备裁，图4-11是该裙裤的初版效果示意图。为了进一步明确这片裤子的纸样是否合适，建议用同样布料裁出整条裤子，让样板师把哈伦裤子缝合起来，并在裤脚和裤腰内侧缝上透明松紧带进行预缩，看看大效果是否符合版师心目中的想象。把缝好的裤子让真人模特试穿，版师看到的是裤脚的开口还需要加大一些，把问题记录下来，待立裁完成时再对纸样进行修改，在确认没问题后就可以把裙裤重新穿在全身人台模型上，如图4-12所示，它是哈伦裤子拼合外形的人台前后效果。用大头针作一些固定后，就可以开始往下做它的外层裙子和腰带的立裁了。

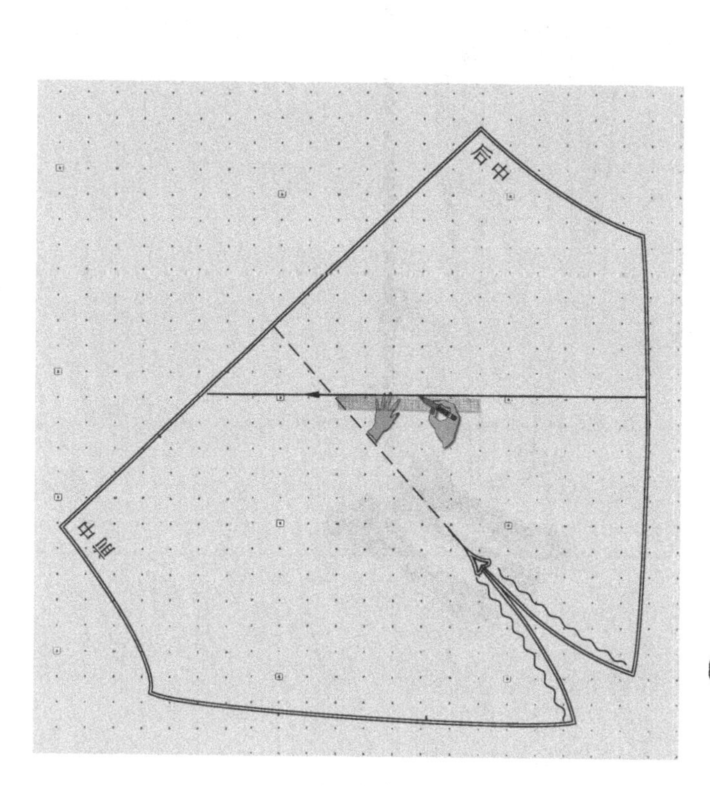

图4-11 裙裤的初版效果示意图

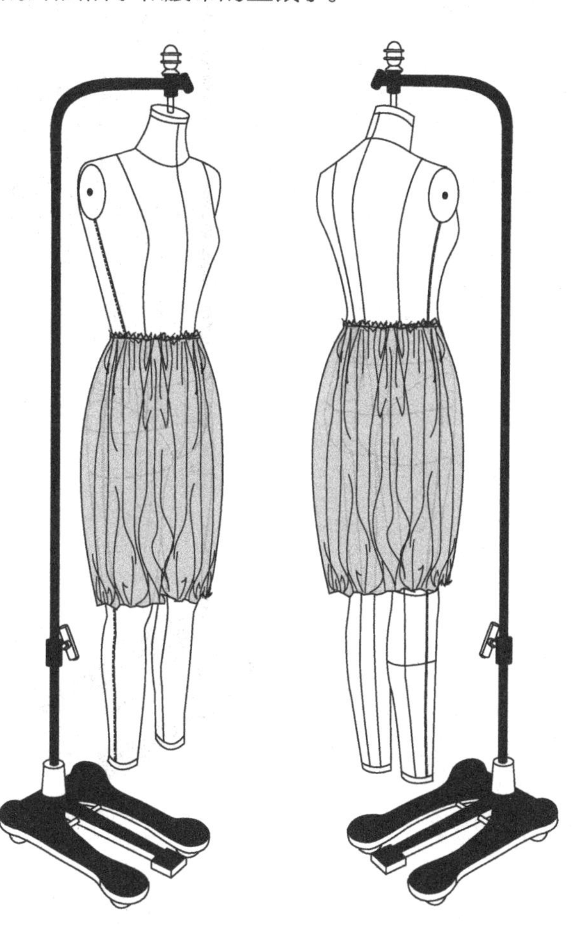
图4-12 哈伦裤子拼合外形的人台前后效果示意图

第六节 中间层前后裙片的立裁

内层裙裤完成了，现在开始中间夹层雪纺裙片的立裁。人台腰部中间夹层裙片估计长度为100cm，用于坯布立裁时需要上下各加长5cm，总长就是110cm。腰宽的尺寸可以用皮尺在人台的腰上直接量取，量出尺寸后加大2倍（2倍的缩褶量），剪两块长110cm、宽50cm的雪纺布料，用缝纫机在雪纺的一头车缝两道约0.3cm行距的大针距明线，剪线的时候要前后端分别留出约7cm的线尾。用手抽拉线尾的两端，使雪纺顶端的腰位收缩至前腰17cm，至后腰15cm，前后半腰宽总长尺寸为32cm。然后把它用大头针拼接到右裙裤的腰上进行观察。假如长短和宽窄以及缩褶量都合适，下一步就把侧缝用大头针别合，暂时不用修剪下摆的形状，等裙腰立裁完成了再一起进行修剪，如图4-13所示。

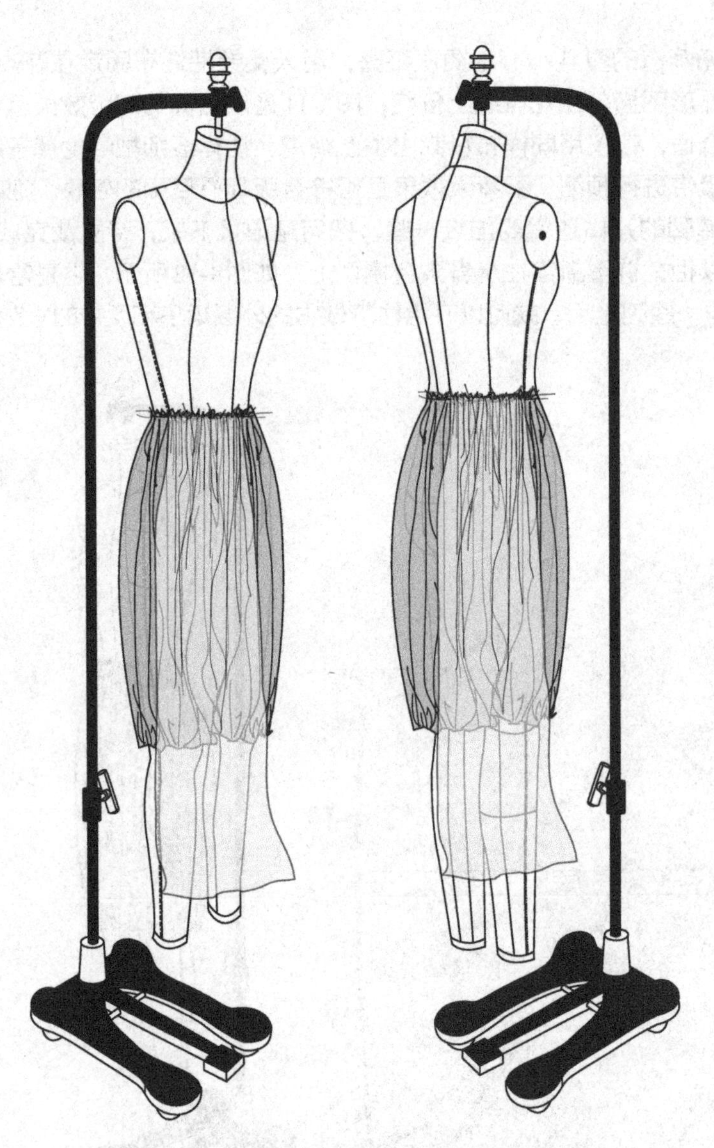

图4-13　哈伦裤子前后与雪纺裙片的组合示意图

第七节 右腰片的立裁

本款裙裤以斜纹制作，设置拉链不是上策，为了方便穿用，裙裤腰的两侧需加上松紧带。裙裤腰部的松和紧之间的尺寸最好能控制在60 ~ 110cm，即平放时是60cm，拉开时最大为110cm。才能合理地贴合腰部并轻松通过臀位。版师要做的是保证前后腰的外观完美，并且计算出合理的腰部尺寸。

怎样合理地计算腰部的尺寸呢？假设4号人台的总腰围是61cm，它的一半就是30.5cm；而腰部拉开后的总腰围是105cm，取它的一半就是52.5cm，52.5cm与30. 5cm之差是22cm。那么，这22cm就是前后松紧带右侧的伸缩量了。版师在立裁腰带时，暂且把放松后的腰带长短问题搁置一旁，而把人台原样的形状先立裁出来，然后再作松紧位的放大处理（图4-14）。剪出一条长约37cm、高约15cm的长形布条，在两端加画2.5cm的布边和上下各1.3cm的缝份，然后用大头针放在前和后中心线的右腰侧面。如图4-15所示，对着设计图把前后腰要绣珠的部分的形状和装松紧带的位置用蜡片定位到人台的坯布上。前后腰的两侧是将要被展开至22cm的松紧带作为伸缩位的。

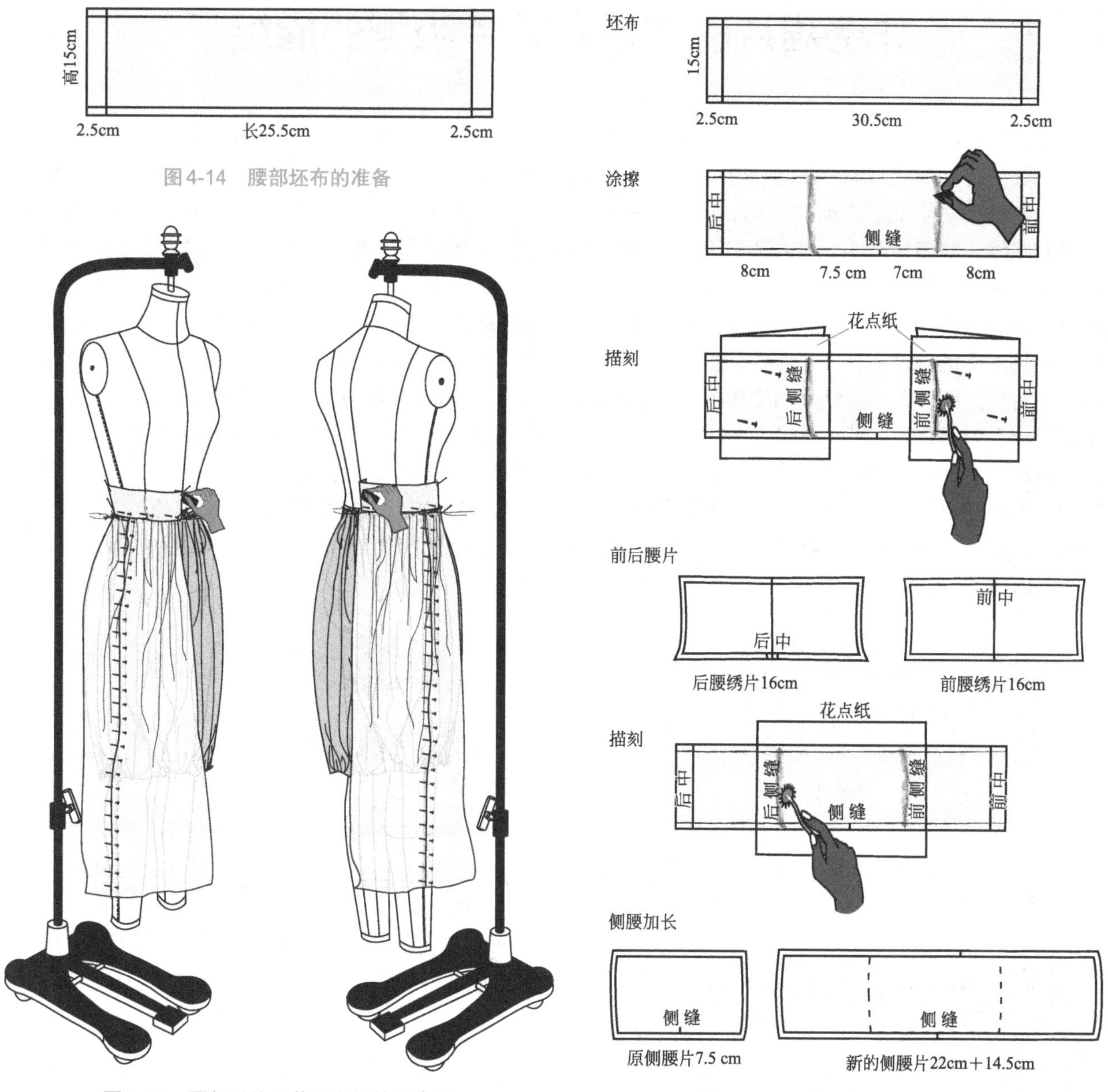

图4-14　腰部坯布的准备

图4-15　腰部绣片立裁及定位的示意图

图4-16　腰片制作过程分解示意图

腰片的分割和比例都决定了，接下来的纸样要在这里分段，加上必要的标识和文字提示，好让下一道工序知道哪一片是放松紧带的，哪一片是要绣花的，以方便认版和制作。

图4-16是腰片制作步骤过程的图解。把腰片坯布从模型上取下，用熨斗小心烫平，然后用两张23cm×15cm花点纸对折后分别垫在腰的前中和后中之下，把前后腰片的涂擦线用过线轮分别描刻出来。用铅笔描画清楚，把前后腰片中心线画出加缝份后剪出。前腰片写上前中，后腰片写上后中，中间部分是侧腰片，这一段因为要加缝松紧带，所以在原来的尺寸要加上展开的部分。腰带尺寸的计算方法如下。

半腰围30.5cm=前半腰（绣片8cm+前侧腰7cm）+后半腰（后绣片8cm+后侧腰7.5cm）。

新侧腰片36.5cm＝松紧加放量22cm+原侧腰片14.5cm。

腰片做好后，可以用样板布（面布）剪出来，让缝纫师试做一条，缝上松紧带，再拼到腰上试一试。

至此，我们就可以把中间裙子的下摆形状根据设计图的设计做适当的修剪了。

第八节 珠绣裙片的立裁和绣片版型的描绘

三层裙裤的最外层是珠绣裙，它由左右两块相同的绣花裙片组成，所以立裁打版时只需做出一块，最后在版型总图写上“x2”的字样就可以了。在美国服装公司里，珠绣的图案通常是由设计师的助理绘画的。有的公司则把它交给打版师，而打版师的主要任务是把图案的位置和图案的花样画清楚。比如哪里是完成线，缝份留多少？如图4-17所示。对要外发的绣片要用彩色的麦克笔把不需绣花的位置画上斜线，表示不用绣花的空间。这是一道不可或缺的步骤，假如送外包绣花公司的绣品图案没有排列在一起的斜线组合绘图，就被误认为整片都需要绣花，导致收到的绣片成品变为废品而无法缝制，后果不堪设想。珠绣图案的设计图纸样要制作两份，一份寄到外包的专业绣品公司加工，另一份作为备份。目前美国珠绣外发加工最普遍的去处是印度和中国。有的设计师会采用到印度或国内外市场购买现成的绣品，用到新的设计上，当有了订单，批量生产时再发外复制（绣）的做法。本款裙裤的外裙裁片正是采用了两片买来的绣珠成品，因而立裁时可以直接在绣品的上方，即裙腰间缩一些细褶，把它围到人台上，用划粉把外裙的轮廓线标定出来。完成后把珠绣片放回到裁床（Cutting table）上，把绣片的外形和绣花布局涂擦及描绘到花点纸上，用彩色的麦克笔把没有珠绣的空间画上斜向颜色的排列线以示提醒，这是行业的习惯做法，如图4-18所示。

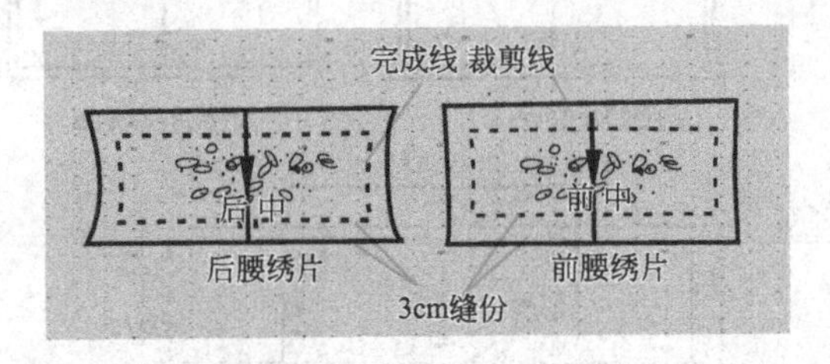

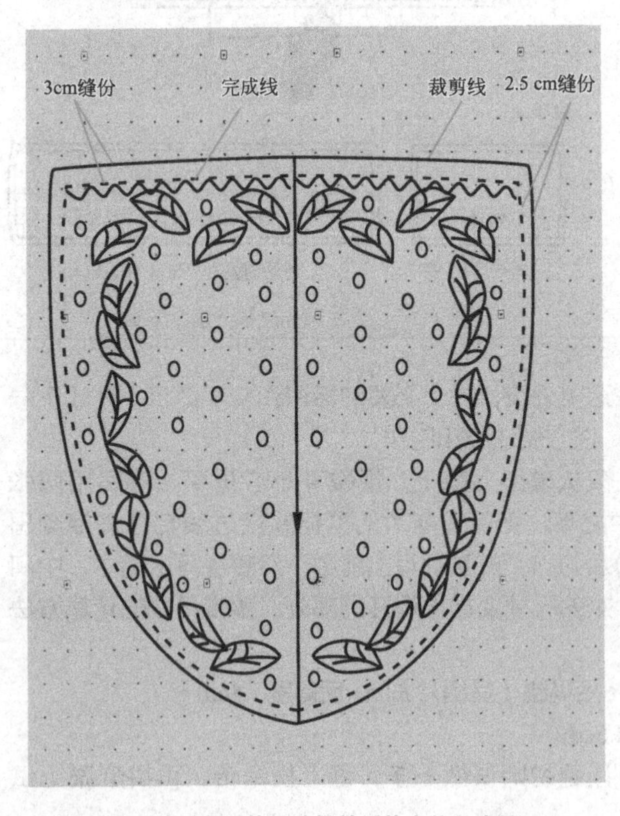

图4-17 前后腰绣片及外裙的绣片定位示意图

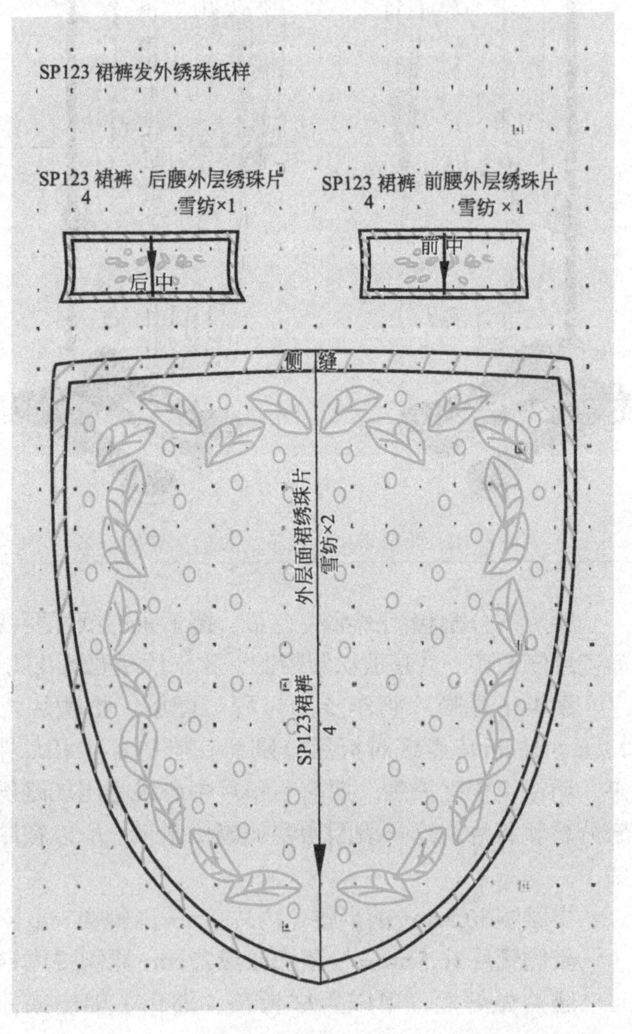

图4-18 珠绣裙的珠绣版型示意图（蓝色斜向排列线表示没有珠绣的空间）

另外一种处理有绣品图案裁片版型的方法是，版师根据设计要求先立裁和画好裁片的外形和图案的位置；把复制的纸样交给设计师去设定图案和其细节的布局，再由设计师将纸样寄到绣品公司。版师还可用照相机或扫描仪等把珠绣片拍照备份，留作存档用和再发外加工用。最后用剪刀把绣片外形修剪出来，但必须留出2.5cm的缝份，连接裙腰的位置缝份可留至3.5cm，等样板制作接近完成时，在绣花片外围的边沿作缝小细边（Baby hem）的处理。这样，外层珠绣裙片的立裁打版的工作就完成了。图4-19是软缎与雪纺加珠绣裙裤的模特着装效果图。对所有的纸样进行整理，同时把裙裤的裤脚口稍为加大，就基本完成了裙裤的版型。

图4-19　三层软缎与雪纺加珠绣裙裤的模特着装效果图

第九节　解决布料幅宽限制的方法

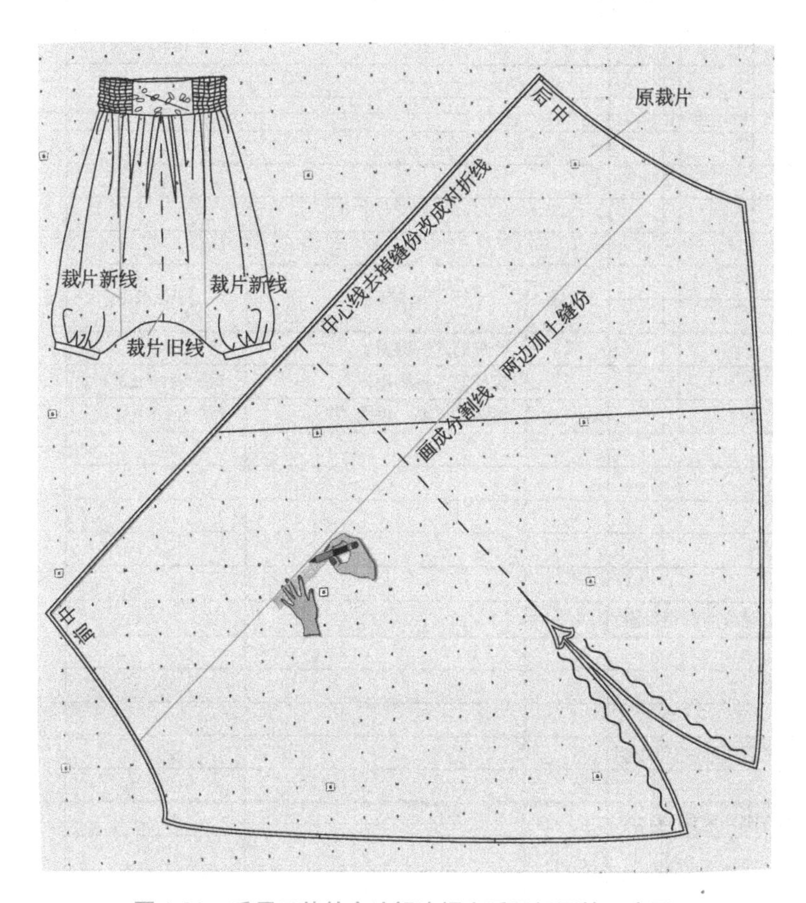

图4-20　采用三片的方法解决幅宽受限问题的示意图

立裁哈伦裤时，假设因为幅宽受限的原因而无法按本章介绍的方法开裁，这时候版师的创意机会又降临了，这里介绍用三片连接的方法来解决布料幅宽受限的问题。如图4-20所示，这样的裁法比在侧缝拼接合理得多，而且能解决侧缝褶量不够的问题。三片连接的裁剪法不需重新立裁，只需在原裁片的基础上画线分割并另加缝份。这个案例告诉我们，版师练就临场应急能力很重要，因为在实际的制作过程中，各种意想不到的情况时有发生，机会是留给爱动脑子和有准备的人的，能见招拆招，才是版师应具备的能力。而有关如何画出新的图纸，就作为动手题留给大家。

软缎与雪纺加珠绣裙裤的裁剪须知表见下表。

软缎与雪纺加珠绣裙裤的裁剪须知表

此表需结合下裁通知单的布料资讯才能完整

尺码：	4	打版师：	Celine
款号：	SP123	季节：	2014年春季
款名：	三层珠绣女裙裤	线号：	高级

裁片	面布（软缎）	数量	烫衬
1	里层裙裤前片和后片	2	
2	裙侧腰松紧带裹布	4	
3	后裙腰面层和底层贴布	2	
4	前裙腰面层和底层贴布	2	
5	前后脚口	2	
	雪纺		
6	中层裙子前片和后片	4	
	外发绣珠裁片－雪纺		
7	前腰外层绣珠片	1	
8	后腰外层绣珠片	1	
9	外层面裙绣珠片	2	
	黏合衬（黑色软薄）		
3	后裙腰面层和底层贴布	2	
4	前裙腰面层和底层贴布	2	

款式平面图

缝份

0.5cm：所有雪纺裙的裁片外沿缝份

1cm：其他缝份

数量	辅料	尺码/长度
2	橡皮筋（裤腰用）	宽7.5cm×长18cm
2	橡皮筋（裤脚用）	宽2.5cm×长35cm
1	透明橡皮筋（缩腰褶用）	宽0.5cm×长63cm

缝纫说明

1. 外层的绣珠裙片及中层雪纺裙子的侧缝、里层的裙裤的裤裆及侧都用0.5cm宽法国式缝边缝制完成
2. 绣珠外层面裙边及中层雪纺裙边沿用细卷边完成
3. ＃7、＃8、＃9纸样需发外进行绣珠加工
4. 腰间橡皮筋缝制前要用蒸汽预缩，用面布包起来后压缝5行等距明线。裤脚在包好橡皮筋后需压等距明线一周
5. 先用透明橡皮筋将裙裤腰围缩小，然后把裙裤腰围完成到60cm～110cm（缩小及拉开）之间
6. 请试烫粘合衬，以确定粘合衬型号

图4-17加上图4-21是三层软缎与雪纺加珠绣裙裤的版型示意图。写好图4-22裙裤的裁床下裁通知单后，头版（First pattern）的第一步工作就可画上句号了。

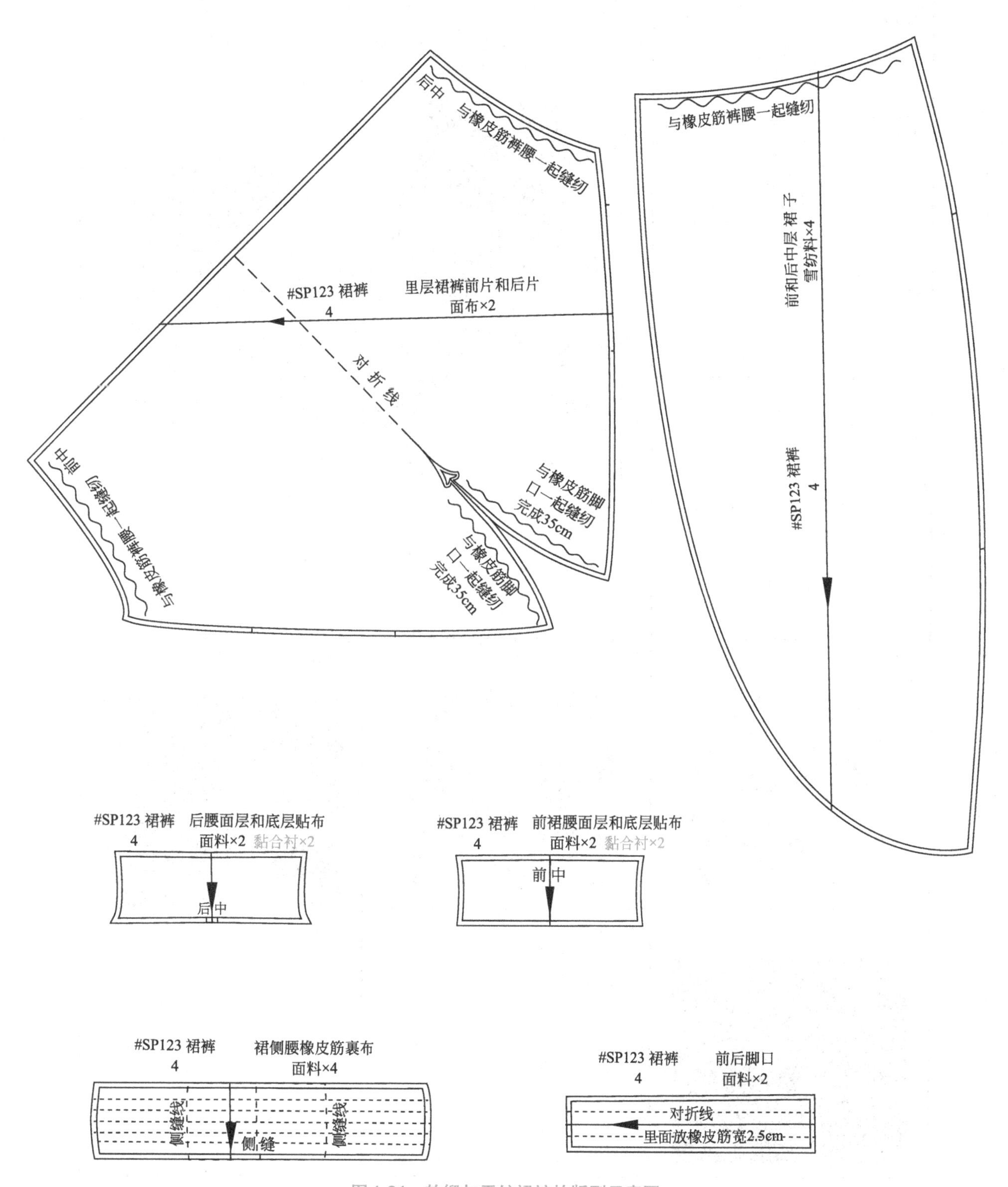

图4-21 软缎与雪纺裙裤的版型示意图

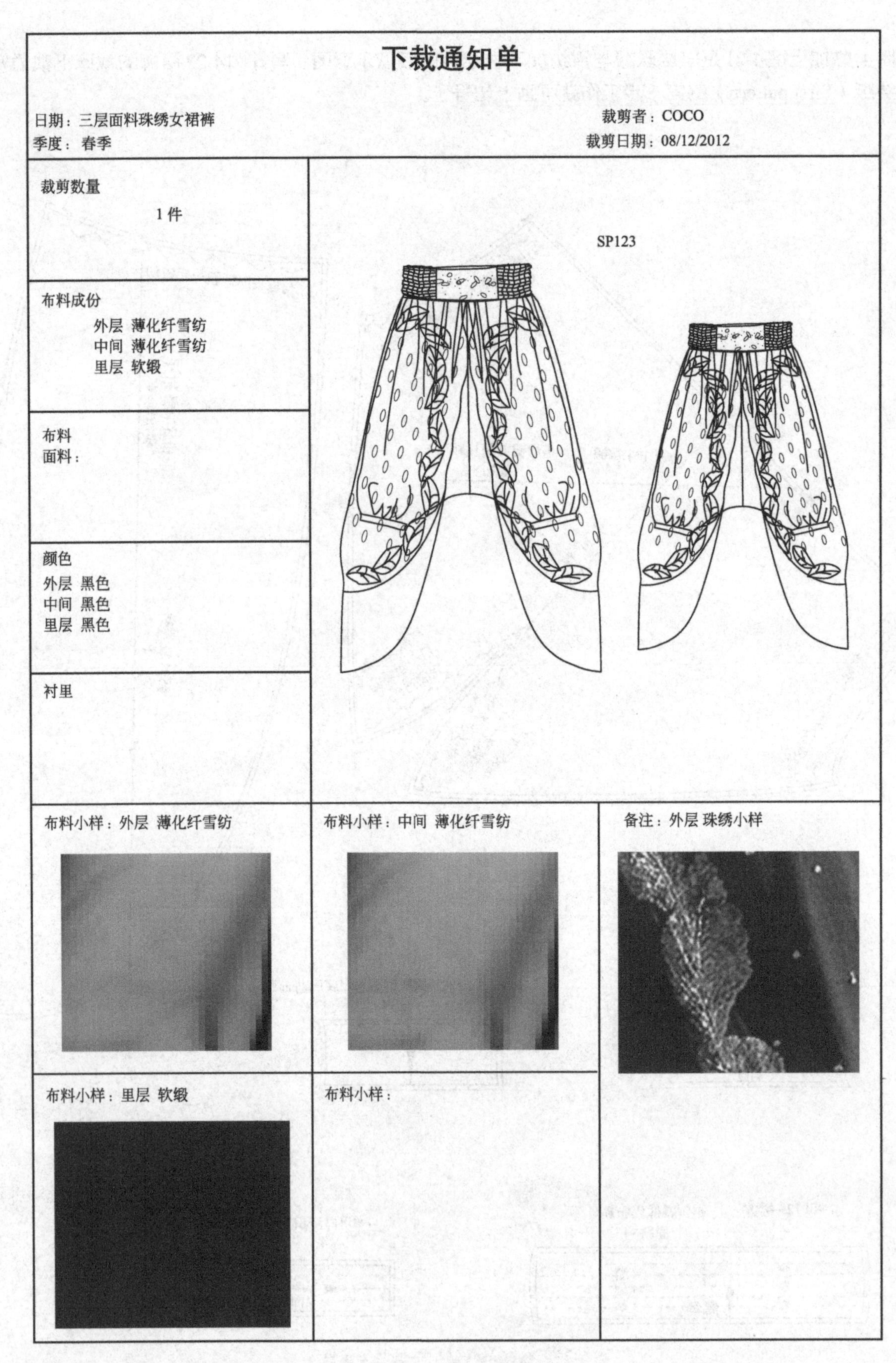

下裁通知单

日期：三层面料珠绣女裙裤　　　裁剪者：COCO

季度：春季　　　裁剪日期：08/12/2012

裁剪数量

1件

SP123

布料成份

外层 薄化纤雪纺

中间 薄化纤雪纺

里层 软缎

布料

面料：

颜色

外层 黑色

中间 黑色

里层 黑色

衬里

布料小样：外层 薄化纤雪纺

布料小样：中间 薄化纤雪纺

备注：外层 珠绣小样

布料小样：里层 软缎

布料小样：

图4-22　软缎与雪纺加珠绣裙裤的下裁通知单

图4-23是版师多年前为两位美国设计师制作的连衣裤和裙裤的版型效果。

图4-23 为两位美国设计师制作的连衣裤和裙裤的版型效果
（照片源自 www.chrishagconletion.com 和 www.pamelleroland.com）

思考与练习

思考题

1.在立裁实践中，如何利用他山之石，多快好省地完成立裁工作是一个大课题。本章利用橡皮筋的特性帮助立裁，是立裁技巧中非常实用的一种。请复习本章内容或总结过去的经验，列举几个利用不同材料及手法辅助立裁的方法，如利用橡皮筋帮忙缩褶，用绳子绑吊夹子来设定布纹线，用彩色笔勾画和示意滚边，用蜡片涂擦结构和绣花，用网纱支撑内裙或物体等。

2.复习本章内容，分析用真人模特进行立裁的好处，设想在同学间相互进行的话，做一个什么样的款式才能更好地发挥人体的优势。找出疑点并把它们列出，以便继续探讨和研究。

动手题

1.按本章最后的提示，用三片连接的方法来解决幅宽受限的问题并画出新的纸样。

2.在人体上可以量度到很多在人台上不太明确的部位和尺寸。根据本章设计图在自己和别人的身体上量出所需尺寸，再回到人台上进行比较，定出合适的尺寸重做一次本章裙裤的立裁。

3.根据以下元素设计，画出前后平面图。

a.结构简洁。

b.用斜纹及直纹布混合立裁。

c.包含绣花或珠绣，自行设计出绣珠的图案。

d.内外多层的款式。

五人一组，选用同一个款式进行立体裁剪和打版，相互帮助，相互指点，相互评判。

第五章
露肩雪纺派对裙的借鉴立裁法

第一节 款式综述

图5-1　露肩雪纺派对裙的平面效果图

图5-1是一款以印花雪纺（Print chiffon）为面料，用油光涂料布（Water repellent fabric）做衬里制作的露肩晚装（Strapless evening dress）/派对裙（Party dress）。裙长在膝盖以上，以显露女性柔美的身材和玉腿；上身是露肩（Strapless）胸围，外层胸罩以密褶覆盖（Covered with gathers），胸罩下面的里裙是彩色布料制成小A形里裙（Under dress），外层裙子的雪纺缩着细碎褶，就如同一帘薄薄的悬幕；裙子最外层环绕着优美动人的斜纹波浪装饰（Bias wave-like decoration），轻柔飘逸。正前中有瀑布式荷叶边褶饰（Waterfall-like ruffles），使得整条裙子悬挂飘动，浪漫性感，亭亭玉立，女性魅力呼之欲出。

这条礼服裙的设计层次分明，飘柔性感，出自一位在纽约闯荡的韩裔女设计师之手。这款短派对裙是她为纽约时装周春装系列而设计的。要完整地理解设计师的意图，聆听她的设计陈述就不难找到打版答案了：我的愿望是把着装的女性塑造成出水芙蓉，她既漂亮又不落俗套，且女人味十足。在颜色上，我选择亮眼的玫瑰洋红（Rose pink）防水油光布作裙子的里布，而裙子外层的雪纺选用的是大理石纹样的墨绿加草绿流动的合成图案。她接着详细补充说，上身的胸罩曲线造型要小且性感，但强度要好；从前胸到后背的边沿线形要优美，胸罩后中可缝上几对小挂钩（Hook and eyes），后裙身装隐形拉链（Invisible zipper），考虑到小胸罩没有肩部吊带，也许需要考虑在胸罩上沿加上带乳胶的牵带（Rubber tape），以加强胸罩的挺立能力，贴身稳固，让着装者更自信和更有安全感。胸罩下方的瘦身小A形底裙不用打褶，而外面雪纺裙子的褶子要细但不密集。因为我不想让裙子显肥，裙子在膝盖上就好，突显性感和青春感。左右侧的波浪式装饰不需一致，要有变化，要讨人喜欢，走起来要显飘逸，有仙气。

第二节 软立裁和硬立裁

在美国服装行业里，人们习惯把做雪纺和真丝类软性面料的立裁称为软立裁（Soft draping），反之把其他硬挺面料的立裁视为硬立裁（Structure draping）。大多数普通的男女日常服装属于硬立裁。而晚装如软缎（Satin/Charmeuse）、丝绸类（Silk）、透明雪纺（Light chiffon）、薄软针织（Thin soft knit）等则被归纳到软立裁。

通常能驾驭硬立裁的版师对软立裁并不见得轻车熟路，因为这是两种截然不同的操作技法和感觉，

制作工艺也相差甚远。比较起来，硬立裁来得硬朗、挺阔、粗犷和自然，易控易塑，相对容易把握。软立裁显得柔软、细腻、飘逸、弹滑，线条优美，难控难塑，因而不易掌控。如这款由多层雪纺面料做成的派对裙，它在立裁中的可变性比较大，要做好做美，具有一定的挑战性，不但要求版师要有耐心，而且具备相应的技巧。要完成这样的款型，版师塑造软材料及其版型技术的本领缺一不可。

当下版师行业的行情与旧时代相去甚远，标志之一就是新时代对版师要求的多面性，软硬兼备就是一项。当然，能胜任上述两种不同类别的立裁于一身，靠的是多年经验的积累和在不断地对失败教训的总结，不断地磨炼和提高技艺，亦软亦硬，得心应手。这就如同医生看病一样，临床实践越多，经验就越丰富。不必畏惧是软是硬，只要能用心、虚心、专心、细心地去做去学，就能找到感觉，就能逐渐积累，练就精湛的技艺，再接再厉，直至炉火纯青。

第三节 款式的借鉴和立裁准备

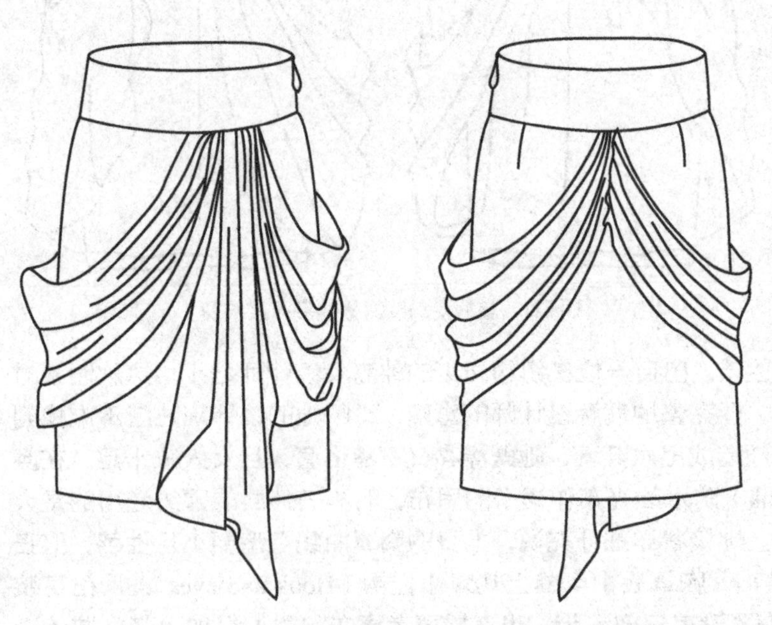

图5-2 借鉴款式参照物波浪加瀑布装饰短裙示意图

按设计师的要求，进行立裁时要参照她提供的款式（图5-2），这是一条左右以波浪加正中瀑布装饰的短裙（Skirt with waterfall-like panel over its surface）。据设计师的陈述，该裙可视为她本季系列设计特点，这款派对裙版型要借鉴这一条短裙的风格去塑造。其实这条短裙相对简单，它仅仅是由一条紧身的小短裙，外加了两边斜纹波浪及前中瀑布状装饰，裙左侧装有隐形拉链，上至腰带顶端，整体风格简洁雅致。

这一款式立裁的互借，有别于之前讨论过的版型互借，它属于设计风格及其特点的借鉴（Style sharing）。设计风格及特点的借鉴也是互借立裁法中的一种，都是有参照物作为参考的。其实，对版师而言，有了参照物在手，便能直截了当地了解设计师的意图，方便版师快捷地做出设计师满意的版型效果。

根据设计要求及面料的选用，本款要做的是软立裁，我们把它分解成六个部分进行。

（1）前后内胸罩（Front and back inside bra），它其实分为里、中、外三层。

（2）前后里裙/内裙（Front and back under dress/Lining）。

（3）前后中层缩褶裙（Front and back outer gathered dress）。

（4）前后外层密褶胸罩（Front and back outer gathered bra）。

（5）右外层斜纹波浪装饰（Right bias wave-like ruffles）。

（6）左外层斜纹波浪装饰（Left bias wave-like ruffles）。

实际操作开始了，准备好四号（Size 4）人台，一些款式胶条（Style tape/Graphic tape），仿绸里布（Imitation silk lining），素色雪纺面料（Chiffon fabric）作为代用布，加上大头针、手针、线、剪刀、笔、尺等工具。下面按部就班地从立裁内层胸罩开始动手。

第四节　内层胸罩的立裁

用立体剪裁的技法来裁内胸罩（Inner bra），可以说是一个既实际而又合适的方法。它比平面剪裁的计算裁法更加合理，它既看得见，摸得着，既有胸可依，又有形可塑，其贴身度容易把握。

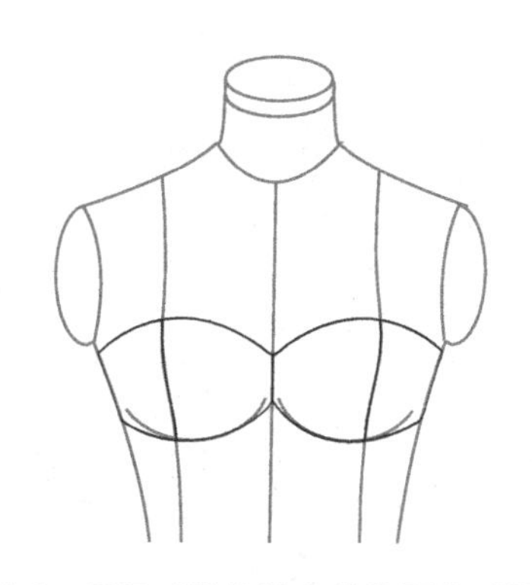

图5-3　用款式胶条设定前胸罩造型轮廓

一、内胸罩的外轮廓及公主线分割法

内胸罩的结构总共分三层：衬里（Lining）、里衬支撑片（Interlining stay）、面布（Self）。先用款式胶条把胸罩的前后外轮廓造型设定出来。注意正面胸罩要做左右成双的立裁，因为这是下一步外胸罩密褶固定扭拧造型的依托。胸罩后面可以单裁右边，然后利用右边坯布裁出左边纸样。图5-3和图5-4是用款式胶条把前后胸罩定型的示意图。在继续下一道工序之前，建议让设计师看一看，确认刚刚设定的胸罩的轮廓线是否符合其设想，如果不满意，务必做适当的调整。胸罩轮廓的设定是重中之重，胸罩造型线条的美和顺缺一不可，它对该款版型的成功与否有着一锤定音的功效。这一步做得好，成功就有了几成的把握。

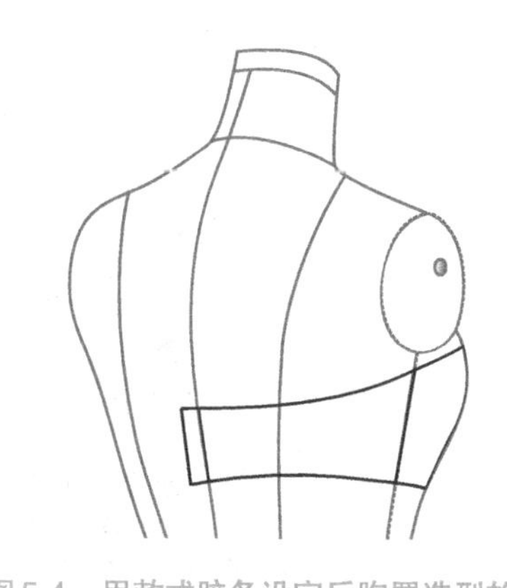

图5-4　用款式胶条设定后胸罩造型轮廓

二、胸罩后片的立裁

胸罩后片的立裁也分衬里、里衬支撑片、面布三层。它们的外形是一样的，但里外层及其功能各有区别：衬里是为了清理、遮蔽缝份，美化内面，增强穿戴的舒适度；中间的里衬支撑片不为别的，就是为了支撑，增加胸罩厚度和挺立能力，后侧也因此而加了分割线；面布自然是装点和包裹外层了。

用皮尺量胸罩的背后，从后中量到后侧，把长和宽各加长8 ~ 10cm，剪出坯布并在其上画出直纹线。把后中坯布边折入量2.5cm，再在后端延长2.5cm作为后挂钩的叠门，用大头针把其固定在人台后背上。用蜡块把胸罩后片的痕迹轮廓涂擦出来，用剪刀修剪出后片的形状，留出约2cm的缝份，这样后片衬里立裁就完成了。图5-5是后片衬里的画法步骤的示意图。

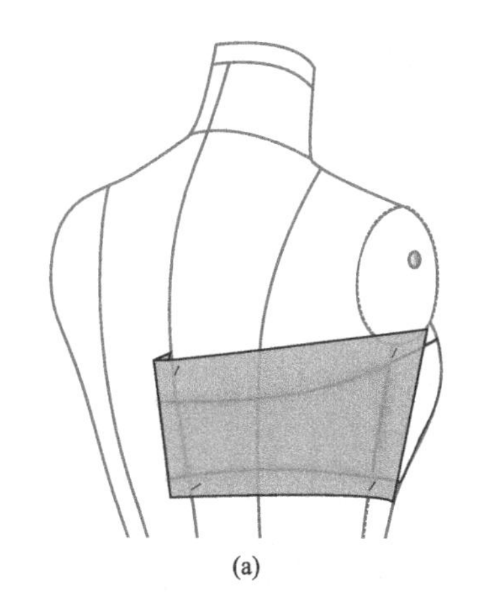

(a)

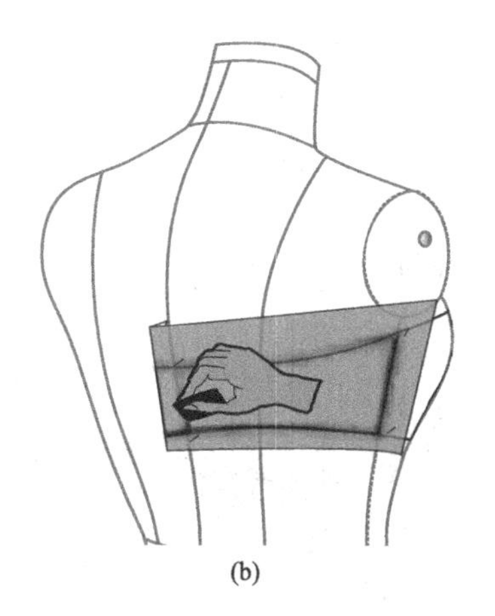

(b)

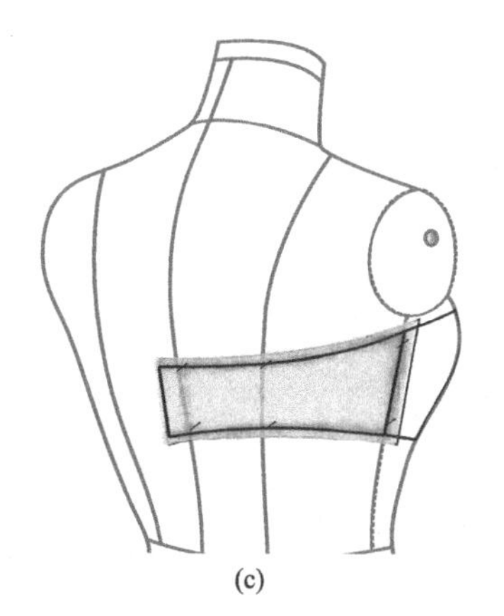

(c)

图5-5　胸罩后片衬里的立裁画法步骤示意图

接着做里衬和面布的后中、后侧两片；其方法与前面胸罩后片衬里的做法相同。图5-6是后侧胸罩支撑片（Interlining）及面布立裁的做法步骤示意，图5-7是后中胸罩支撑片及面布立裁的做法步骤示意图，图5-8是把胸罩后片的所有裁片拼接起来的效果。

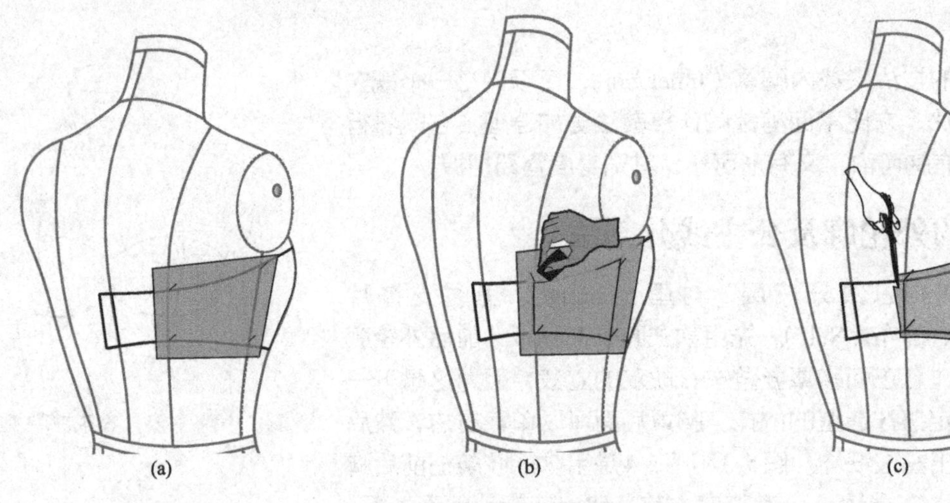

图5-6　后侧胸罩支撑片及面布立裁的步骤示意图

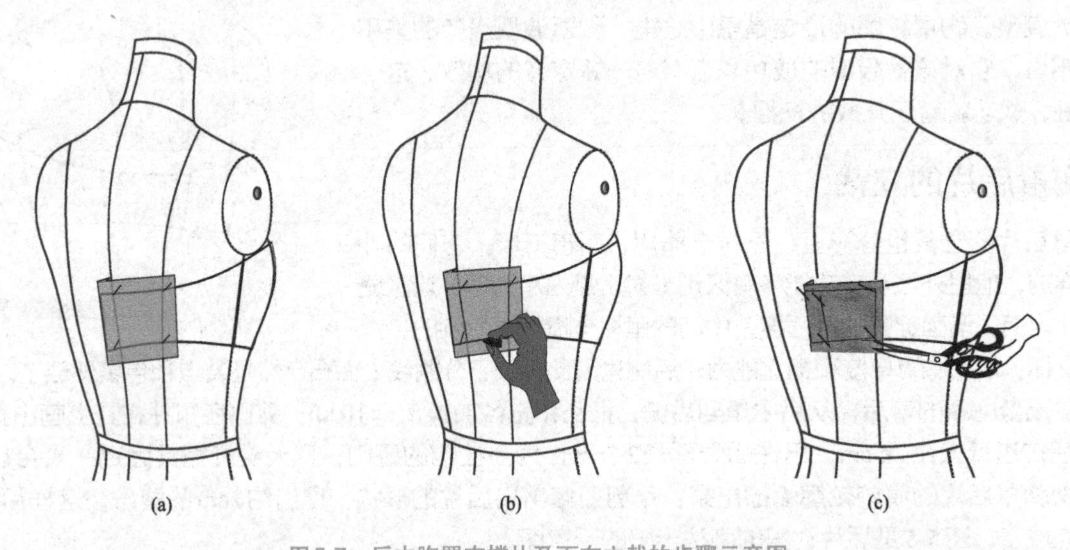

图5-7　后中胸罩支撑片及面布立裁的步骤示意图

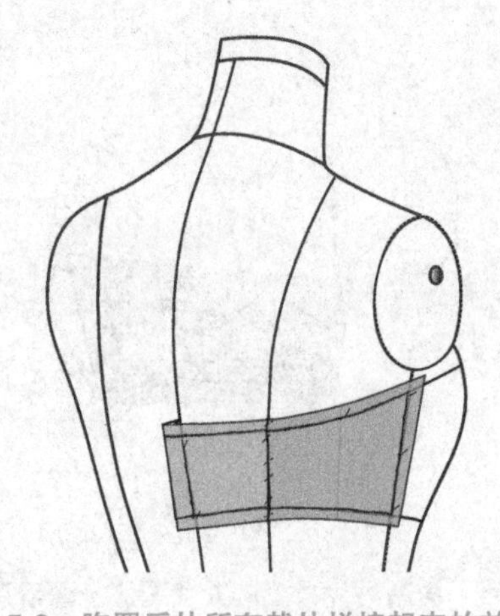

图5-8　胸罩后片所有裁片拼接起来的效果

三、胸罩前片的立裁

胸罩剪裁一方面旨在塑造胸罩的轮廓外形，同时是确保派对裙始终如一地紧贴在胸上的关键。利用公主线分割（Princess line），加垫胸罩杯（Bra cup）的衬托，中间层加烫有纺衬（Interlining）等，都是塑造胸罩的造型与着装功能的工艺手段。与后片的结构一样，前身胸罩结构由里到外也分为衬里、里衬支撑片和面布三层。胸罩前面的立裁可从前中片开始。

1.胸罩前中片的立裁

先用皮尺量出前中片的大小后，在长和宽都各加长约10cm，然后在坯布的边上画出2.5cm直纹线并折叠后，把直纹线与人台前中线对齐，用大头针插好固定，以蜡块把先前用款式胶条定位的前胸罩外轮廓涂擦出来，并用剪刀修正和打出斜间隔剪口，留出约2cm的缝份。图5-9是胸罩前中片公主线的立裁步骤示意图。

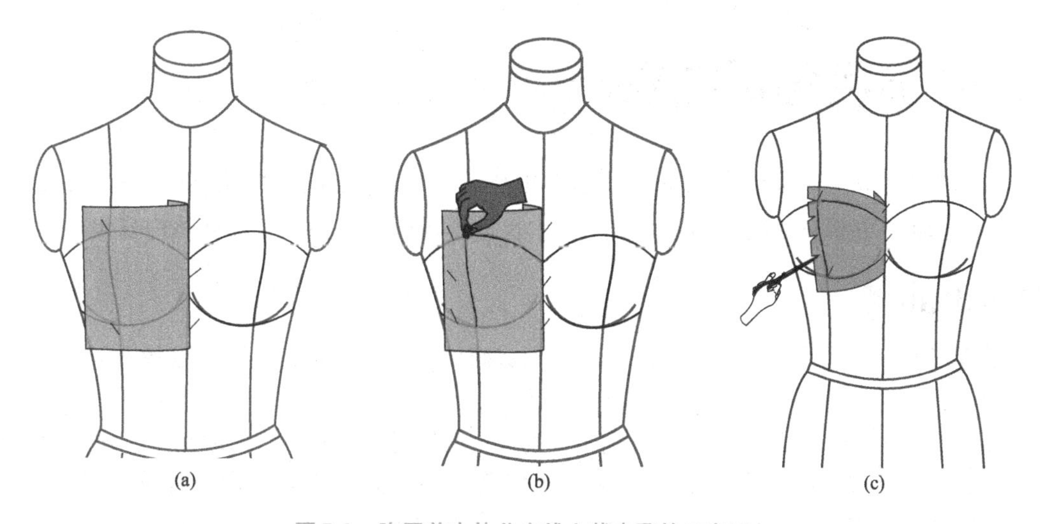

图5-9　胸罩前中片公主线立裁步骤的示意图

2.胸罩前侧片的立裁

用皮尺量出小胸罩前侧片的宽和高，再加长约10cm，剪出坯布，在坯布上画出垂直的直纹线。目测把这片直纹线作为垂直线的定位基准，这时就可以用蜡片把款式胶条所设定的轮廓线扫擦出来。用剪刀修正和打出斜间隔剪口，同样留出约2cm的缝份。图5-10是胸罩前侧片中片公主线的立裁步骤示意图。

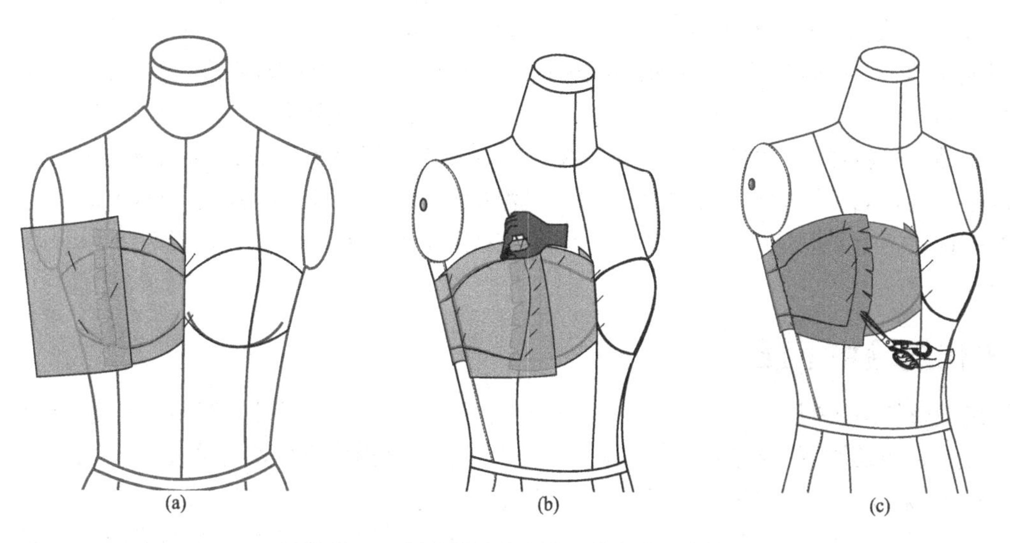

图5-10　胸罩前侧片公主线立裁步骤示意图

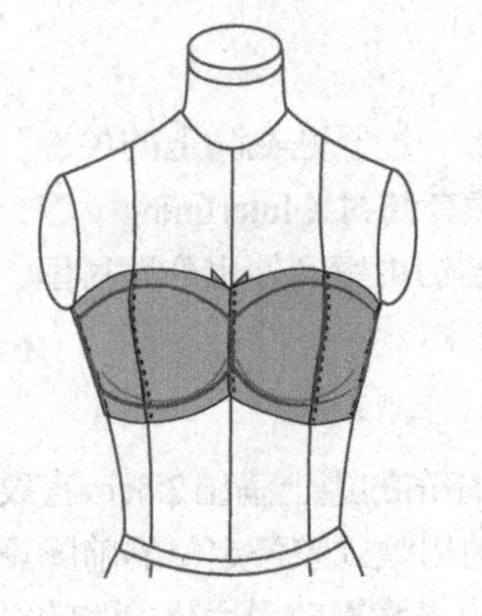
图5-11　胸罩左右前后拼接完成的效果图

3.胸罩前后裁片的拼接

在用剪刀修剪出外形并留好缝份之后，把坯布从人台取下并复制出同样大小的另一半胸罩的坯布。复制完成后按照后片别向前片的方法，把左右前胸罩的裁片用大头针别合起来。考虑到后面还要再把表层密褶胸罩覆盖在上面，所以在处理上需把前公主线和前中心线的大头针拔掉，改用手针进行缝合。图5-11是胸罩左右前后拼接的效果图。

胸罩的造型立裁完成后，不用急于做胸罩外层的密褶，而是把精力集中到下身前后内裙的立裁，完成后再回过头来做它的外层密褶。

第五节　前后里裙的立裁

里裙的中文称谓有内裙、衬裙和底裙等，英文里裙叫法也不是单一的，比如Under skirt、Skirt lining和Slip等。这款从胸下围线开始的内裙是一个稍微内收的小A形，它同样可以从后片裁起。

一、立裁前的准备

操作时用皮尺量一下后片的长度和臀围，给长和宽都加长15 ~ 18cm，剪出仿绸坯布，准备就绪，就可以开始立裁了。

首先在坯布靠后中的一侧画出一条2.5cm的折叠线，然后把这2.5cm的布边刮平，再把坯布对准后中线并固定在人台上，上下用大头针固定，用手拨平仿绸布并顺势向侧缝平扫，调整好坯布的上下位置，布面均匀且平服之后，在侧腰沿线加插大头针固定，如图5-12所示。

现在用蜡块把后胸罩下线扫出，接着把缝份折到里面。由于此处后胸罩下线呈弧线形，若要均匀地把坯布缝份折叠准确有一定的难度，立裁时可用剪刀在缝份上多打几个剪口，情况就会大大改观，折叠起来就顺畅和容易多了，如图5-13所示。

二、立裁前里裙片

前里裙片的做法基本与后里裙片方法相同。先用皮尺量一量人台前片的长和下摆宽，之后各加长10cm。在准备放在前中线的一侧，画出2.5cm的平行折叠线并把它折叠刮平，用大头针固定折入部分。把这片仿绸的坯布扎到人台的前中线上，坯布的边沿要与人台的前中线对准，用大头针把它们固定起来。前中线固定好后，接着要固定的是侧身和前胸罩下线，即前胸罩底线。先用手把仿绸坯布的上方往胸侧拨正，用针把其固定后，用蜡块或划粉把胸罩弧线涂擦出来，用剪刀修正并留出2cm缝份，像后片一样在此打上剪口若干，用手指把缝份折向里面，用大头针拼接到前胸罩底线上。图5-14（a）是胸罩底线与里裙立裁的第一步。

3. 处理里裙侧缝和下摆

本里裙是没有任何腰褶的瘦身小A形裙。立裁时有把握者可以根据目测直接估算而别出裙身的外形。但假如心里没底，可运用另一种方法，就是借助大头针先把缝份别到外面作为定位。因为设计师强调了裙身不能有膨胀感，所以，即便是小A形，也要略收一点腰线才能更显优美。图5-14（b）是里裙的缝份往外别的示意。等裙身的倾斜角度确定后，可用划粉点出大头针的痕迹，用剪刀修剪一下侧缝缝份，把侧缝的大头针拔掉，再把缝份重新往里别。别针时仍然是后片拼向前片，插针的方向是斜向，针指向后片，每隔4 ~ 5cm下一针，进针吃布量不要太多。图5-14（c）是前后衬裙裁片的拼合示意图。图5-15是派对裙前后裙衬里裁片纸样成型的示意图。

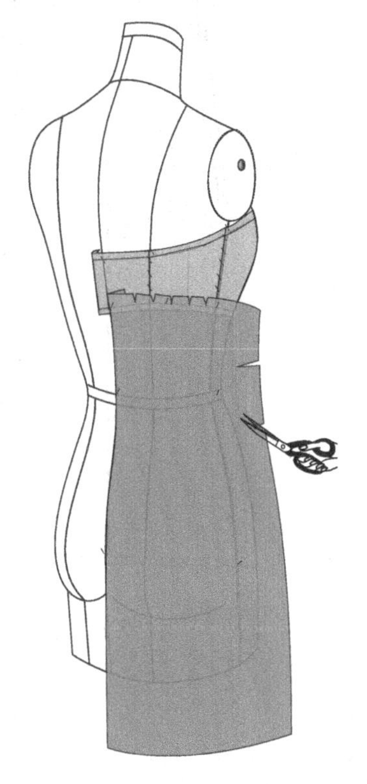

图5-12　派对裙后里裙坯布裁剪示意图

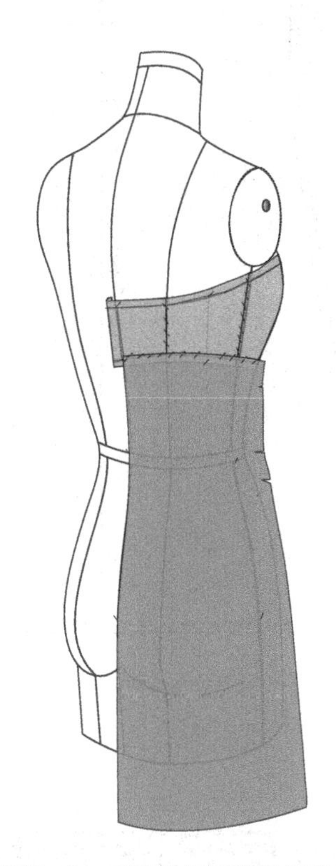

图5-13　后里裙与后胸罩拼接示意图

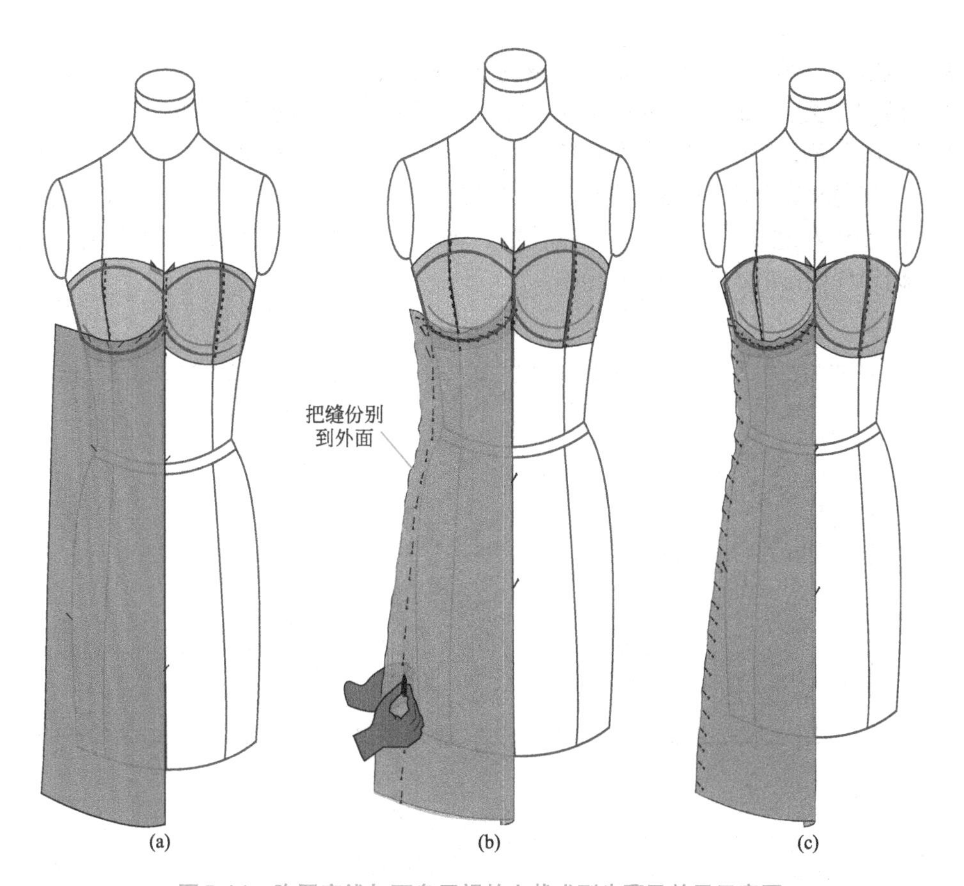

图5-14　胸罩底线与下身里裙的立裁成型步骤及效果示意图

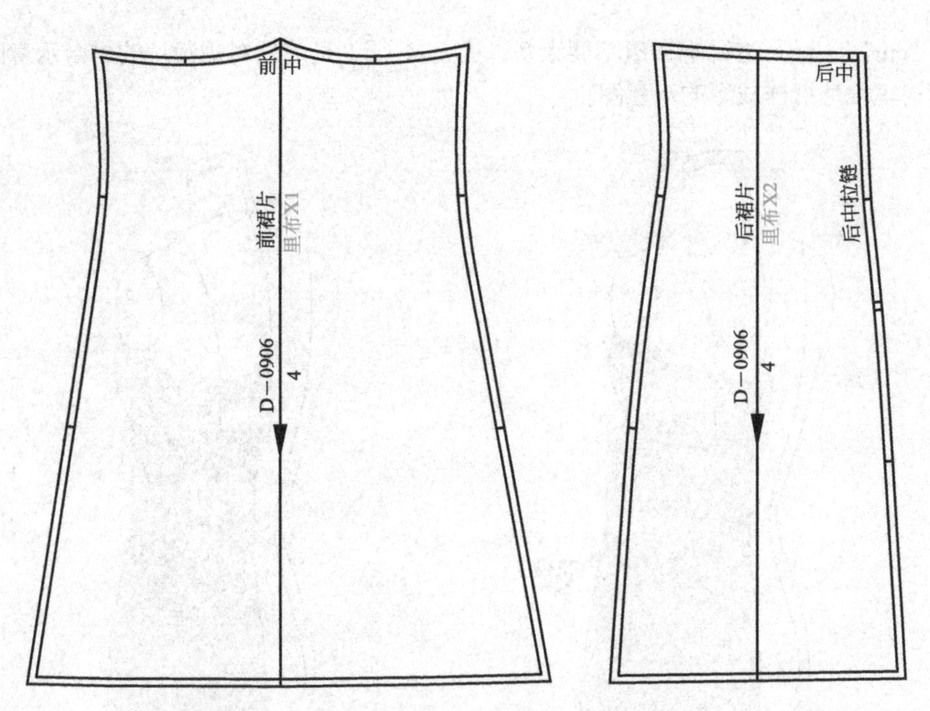

图5-15 派对裙前后里裙裁片成型的示意图

第六节 外层胸罩密褶的立裁

对于从来没接触过密褶款式的版师来说，遇到这一款式有可能会一筹莫展。但是，若掌握了缩褶的原理及了解了缩褶的比例（Shirring ratio）和方法后，问题就迎刃而解了。我们把它简单地概括为缩褶量的加与减。如图5-16所示，我们以原裁片高度作为基础加成了5倍的缩褶量。操作上也特别简单，只要在雪纺坯布的两边各车缝两道行距为0.3cm的大针距明线，然后利用这两条线抽拉出所需要的褶子堆积密度就可以了。考虑到要更好地塑造出揉美的胸部曲线，前后外层取斜纹面料应该是首选。这是为了确保密褶外观的一致性和后片相接的纹向相同的抉择。

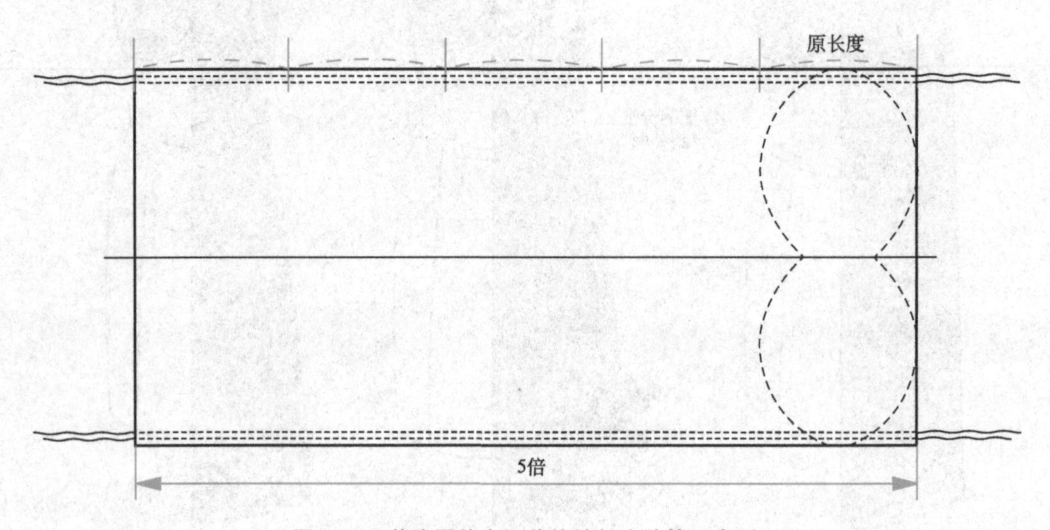

图5-16 前胸罩外密褶裁片的长度计算示意图

假设胸罩的完成高度为14cm，想达到密集的缩褶效果，可以把裁片的尺寸加至5倍，即70cm。若想显得不疏不密，就可以选3.5倍或4倍，这里设定为50cm。其实决定多大的缩褶量或者想知道真实的效果，最好的办法当然是自己动手剪一块斜纹料子，在5倍到3倍容缩量之间做试验，比较不同量的缩褶效果。俗话说实践出真知，多练习，心里就有数了，以后遇到类似的情形，就能胸有成竹，应付自如了。

我们来分享一些缝制的小秘诀：想得到细密均匀缩密褶的褶子，操作时要在一定的拉力的辅助下才能展现出其褶子的张力和达到柔美自然效果。所以，版师要提醒车板师缝制时注意把褶子绷紧；有些款式胸罩上的密褶子还需要用手针穿上透明的丝线（Transparent thread），在密褶适当的位置做些暗缝（Blind stitch），这是帮助保持褶子的均匀度并确保褶子不轻易挪动的暗招。但纯手工（Hand make）暗缝则是一项较精细和费时的手工技艺，这种旷日费时的制作通常适用于高档时装，因为它要求有一定经验的板师为其精心缝制。如果为中档的品牌制作样板，那褶子的做法和缝纫的途径则建议相应地调整，以减少繁复的手工耗时比例，从而有效地控制制作成本。这些议题听起来跟版师头衔关系不大，殊不知它不是题外话，版师在生产/投产总体制作方案所扮演的角色举足轻重，他/她肩负的责任除了协助设计师把一张画图变为现实，还要在立裁构思中把怎样做得多快好省融入其中。那些认为能做出来就行了的观点与一个合格与胜任的版师背道而驰。因此，在打版的同时必须考虑服装加工的工艺及成本，要选择适合批量生产加工的，既省工省时，又达到设计效果的操作方法，而必要时还要与设计师和生产部门等有关人员协商，以找到适合生产的最佳方法和途径，这无疑是版师的职责。

图5-17是胸罩裁片缩褶后扭拧制作的示意图。前胸罩杯外层缩褶在缩褶整理完毕后要在两罩杯当中进行180度的扭拧（Twisted），这一扭一拧使原来平淡的胸褶显得生动而富有流线感。假如由此而导致密褶中央里布的暴露也不必担心，因为成品会被中央垂垂而下的瀑布式荷叶边饰完全遮盖。而胸罩后身左右密褶可用上述同样的方法制作，不同的只是缩褶不需扭拧和左后片要预留约2.5cm的位置给小挂钩，所以左后片比右后片要长出2.5cm。

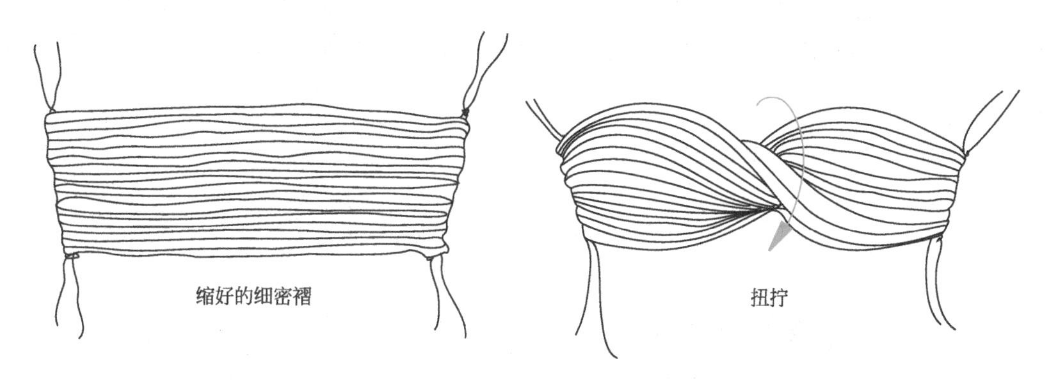

图5-17　派对裙胸罩裁片缩褶后扭拧制作示意图

第七节　外层细褶裙的立裁

上面提到的外层胸罩的缩褶的步骤，它的缩褶方向是上下收缩，而裙子上方的缩褶则是左右双向（Two-way）进行的。尽管缩褶方向有异，但制作原理却是一样的。根据设计图，裙子要缩一些褶子，但褶子外观与胸罩完全不同，远没有胸罩那么密集，所以缩褶量在图纸上的算法就不能照搬了。根据缩褶量的疏密不同，它的加大倍数是原来宽度的2倍到3倍。开始时我们可把宽度的3倍做试验，假如褶子挂上人台后，感觉还是太密，可改用2.5倍的褶量，视觉效果比刚才的3倍略微稀疏了，也顺眼了。图5-18是外层细褶裙缩褶坯布的宽度计算示意图。

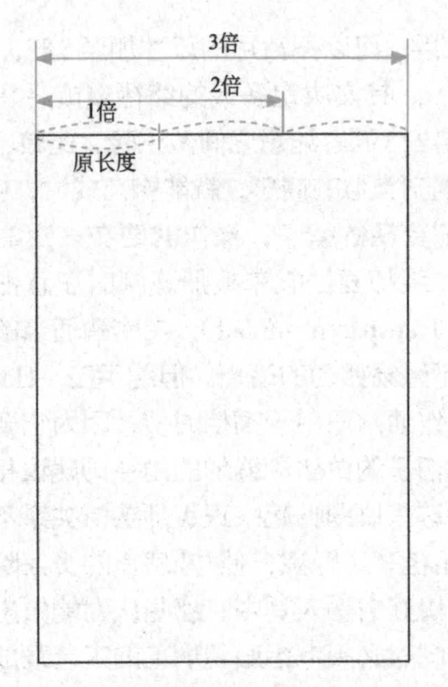

图5-18 外层裙缩褶坯布宽度计算示意图

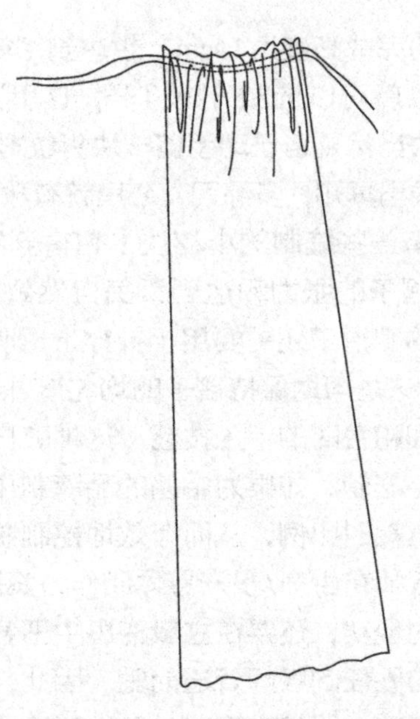

图5-19 外层细褶裙缩褶示意图

准备外裙雪纺坯布的方法：先用皮尺量一量前身胸围线至裙的长度，以及横向从前中线至下臀宽，此外，为了预防下摆宽度不够及加上下缝份等因素，外裙长要在63.5cm的基础上再加长12.5cm。宽度在40.5cm的基础上再多加20cm。因此，裙子立裁用的雪纺坯布的长和宽可以用长76cm、宽61cm计算。雪纺坯布剪出来后可用针线手缝来作前后中心线的记号，接着用熨斗烫平。

用缝纫机把裙片上方需要容缩细褶的位置车缝出两道行距为0.3cm的大针距明线。用皮尺量一量前下胸围线的宽度，用手工进行抽缩至所需要的宽度尺寸。图5-19是前裙外片坯布的缩褶效果。图5-20是把外裙前后片坯布别到人台与胸罩和裙衬里相接后，内外上下各层合成的效果。接下来要进行的是两侧斜纹浪饰立裁。

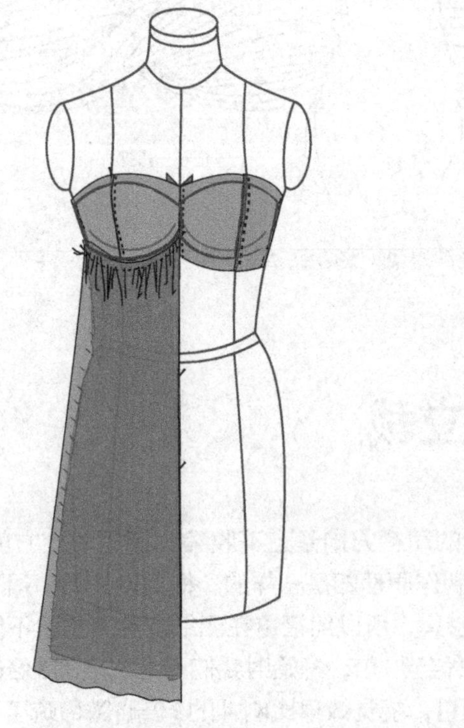

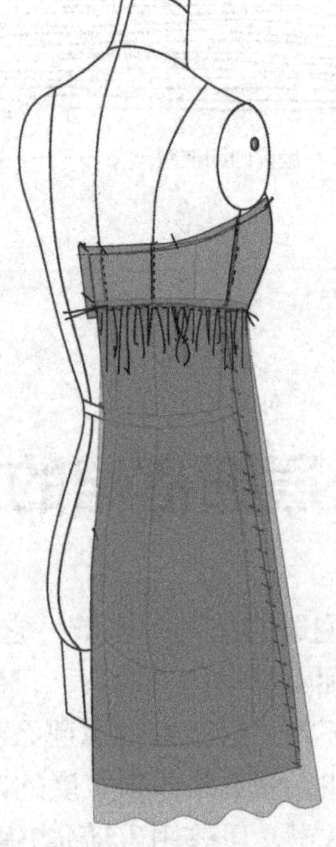

图5-20 面裙雪纺坯布前后与各层拼接起来的效果示意图

第八节　雪纺斜纹线标识

制作斜纹浪饰（Bias wave-like decoration）的立裁，最关键的是首先选定斜纹雪纺面料。

取一定长度的雪纺坯布，把它的一角折出大斜角对角线，得出等边三角形。用皮尺量90度角两边的长度，如果长度相等（Same length），中间的斜线折痕就是立裁要找的斜纹线。用大头针作标记后用手针把这道斜纹线手缝标出，见图5-21。手缝时要特别注意保持斜纹线的准和直，假如这一斜线有一点瑕疵，浪褶效果将被破坏殆尽。只有准确的45度斜纹，才能产生优美对称的立裁褶浪。同时，斜纹线手缝标记还起到帮助制版时准确地画出布纹的方向和位置的作用。把斜纹线标出后，打开等边三角形，在这块布的长度方向即直纹方向截取需要的长度，同时剪一个小口，然后把布撕开。

撕开？为什么不用剪刀剪开呢？是的，要撕开，因为手撕远比剪开要直而且快。剪刀剪不是不可以，但剪却不一定剪出绝对直纱的布边，加上雪纺面料又轻又薄又滑，不是特别锋利的剪刀往往剪不出直线的效果。

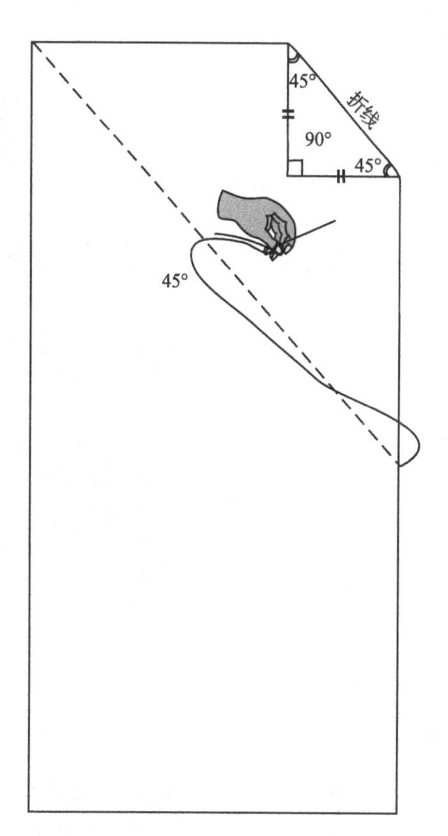

图5-21　手针缝出派对裙披挂浪饰坯布的斜纹线示意图

第九节　左右外披挂的斜纹浪饰

动手之前，首先回看那条参考用的小短裙，边比较设计图，边思考如何捏褶才能得到设计图的效果？再度观察设计图，不难发现右侧身有着三级（层）斜纹波浪褶（Three bias wave-like ruffles），它的末端从裙子背后中间开始，而前端则插入胸罩杯的前中结束。然后在罩杯当中拉出一条长约50cm的瀑布式荷叶边饰（Ruffle），让它随着人体的移动与两旁温婉动人的斜纹浪饰飘逸摇曳。对样裙的结构特点有所了解后，下一步是拿出借鉴方案。

一、前端斜纹浪饰的裁法

前端斜纹浪饰的裁法如下：

1. 捏褶和固定

首先把雪纺面料一端的斜三角尖设定为前端，在离三角尖端约50cm的位置捏拿3个大活褶，用手针线或大头针把它们固定到胸罩两个罩杯的中间处。

2. 后端斜纹浪饰的裁法

用手在雪纺面料上顺着前端的三个褶子的方向同样也捏拿出3个大活褶，用手针线或大头针帮助固定，然后把它们掖到后胸罩与裙子之间，图5-22是斜纹浪饰立裁时捏拿三个褶子的示意图。

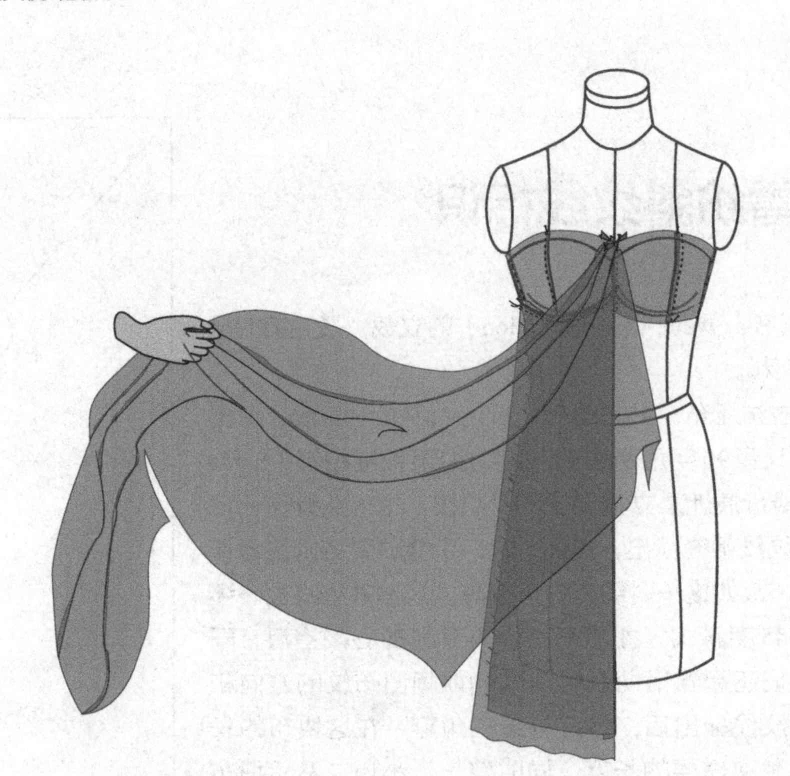

图5-22　斜纹浪饰立裁时捏拿三个褶子的示意图

用手拉动和调整侧身悬浪的效果时，先把浪饰后端与派对裙的后胸罩靠近拉链开口处相接。再把浪饰的前端从前胸罩中心的下方往上送入并抽拉出来约58 ~ 63cm。这时，可以根据褶子的效果和外观进行一些调整，反复尝试直到美观的效果。操作的要点是，捏拿所有的波浪褶一定要顺着斜纹方向。至于荷叶边的长短、外形等则可以最后才修剪（Trim）。图5-23是派对裙的右边前后浪饰的立裁效果示意图。

图5-23　派对裙右边浪饰的立裁前后效果示意图

二、左边斜纹浪饰的裁法

和右边的斜纹浪饰的做法相比，左边相对简单。它仅仅是一片长T字型的斜纹雪纺的悬挂。

（1）参照设计图，剪出一片斜纹的大块T形雪纺布，把它的两头分别用针线扎缝起来作为前后端的起点，用大头针固定到裙子的左侧，左片的雪纺悬挂起来后，把雪纺的上缘（Top edge）部分向裙身翻进去10 ~ 12cm，有了上缘雪纺的里翻后，左边浪饰就增加了一些厚度和立体感。

（2）把左边斜纹浪饰在人台上挂好之后，版师请出了设计师。设计师的评价是左右浪饰四平八稳略显呆板，于是动手把左边浪饰从中间往下拉了拉，后退几步再观察，然后用手针在左边浪饰中间的顶部缝出了一个褶子团。最后，设计师还用剪刀修剪了浪饰与外层下摆的形状，给左边斜纹浪饰定了调。图5-24是左侧斜纹浪饰立裁的效果示意图。

立裁成型后，设计师还参与了外围波浪的再调整，因为只有她自己最清楚波浪的走势效果和外形该是什么样子的，同时也因为3D立裁的成型与2D的设计效果图之间存在着一定的距离。设计师的设计源自美丽的遐想，借助设计图传递其灵感，而版师则通过立裁把设计具象化，让设计师的创意演绎成最后作品的雏形。如何把设计的意念与面料造型结合，最终达到设计师的追求，这就需要设计师、版师与车板师的共同努力，缺一不可。在这个过程中版师的作用是决定性的，因为如果版师做不出好的立裁和版型，那设计师和车板师再强也只能是望“图”轻叹了。图5-25、图5-26分别为派对裙用雪纺布料立裁的前面及侧面的效果实例图。

图5-24　派对裙斜纹浪饰立裁的效果示意图

图5-25　派对裙立裁正面效果实例图

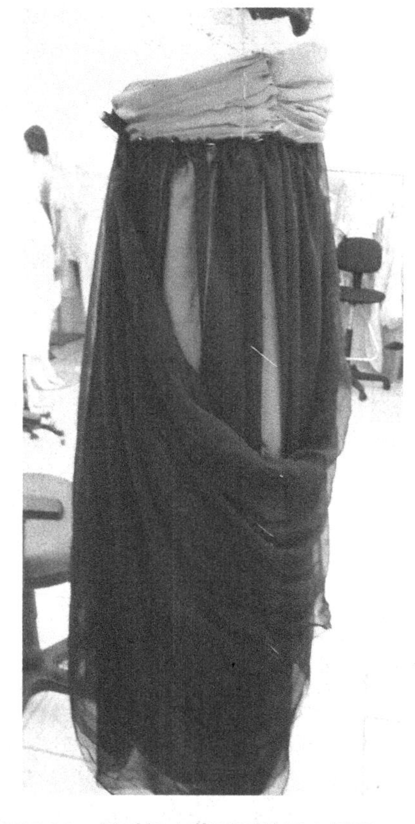

图5-26　派对裙立裁侧面效果实例图

第十节 在薄雪纺上做标记

立裁操作的下一个步骤是做标记。做标记对于雪纺类的款式而言颇有难度。它的难首先源于布料自身的特点，它可概括为一软二薄三透明（Transparent）；第二是细部的结构之间的关系不规范（Not standardized），凌乱无章，拆卸容易还原却很难，甚至无法恢复原状的狼狈情形也时有耳闻。有对付这一难题的办法吗？回答是肯定的，毕竟办法是人想出来的。在此我们一同分享一下前辈们的巧思妙法。倘若有一天你也创新出新的技法，那也不妨和大家共同分享。前人种树，后人乘凉，周而复始，行业工艺技术前进的步伐就快得多了。

一、薄坯布上做标记

（1）可用数码照相机/手机把立裁效果的前、后、侧面和一些必要的立裁细节拍摄，并打印出来，作为打版、画图及车缝样板时的对照物和参考样板。

（2）用不同颜色的蜡片或麦克笔做记号，特别是褶子的方向要用箭头标注，在褶子的表面涂上颜色标记；也可用大头针或别针来做些使自己明白的记号。

（3）采用色线（Color threads）对不同的结构缝上线钉或线迹（Thread mark）记号。在坯布的上方写上Top，下方写下BM（Bottom的缩写），在前中处写上CF（Center front的缩写），而在后中写上CB（Center back的缩写）等字样。在雪纺类的布料上不太好写字，但可用一小纸片写上，用别针或大头针别在上面。这样，当坯布取下人台打开后，就不至于分不清上下左右或找不着北了。图5-27是派对裙右外披挂裁片上下前后标识布局的示意图。

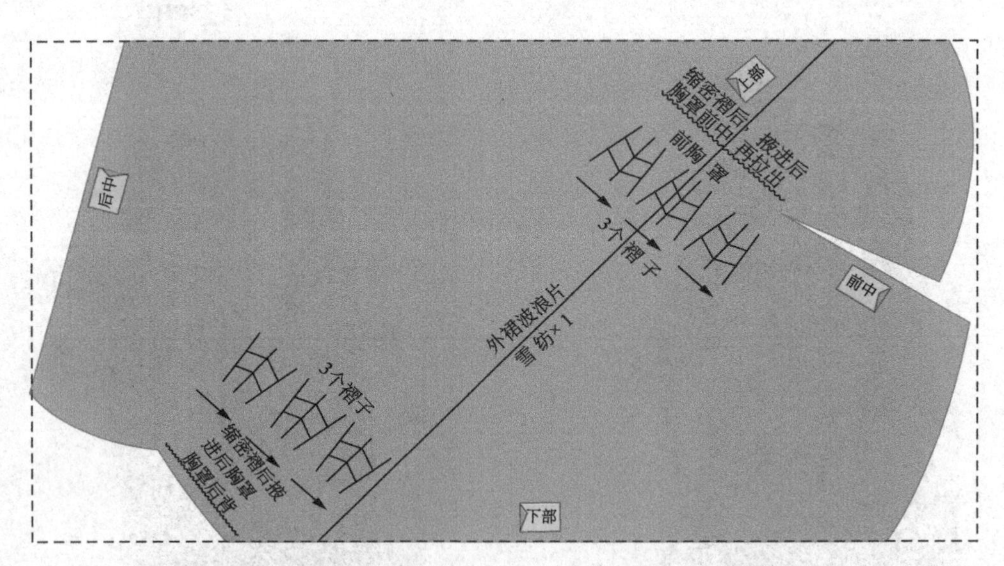

图5-27　派对裙右外披挂裁剪上下前后做标记布局示意图

二、薄雪纺的整烫

版师把坯布取下人台打开后平摊在裁床（Cutting bed）上，新的问题出现了：坯布经过立裁后皱褶重重，无法铺平。显然，这时候熨烫程序是免不了的。但是我们在前面的章节说过，坯布用了蜡块涂擦作记号的地方不能烫，因为遇到高温，所有的印记立刻消失。此刻，那些线钉就可派上用场了。如此一来，这道软立裁中原属于热熨的工作就被以缝纫线做的各种针法符号取代了。

三、铺纸拉平

坯布烫平后接踪而来的问题是，又薄又软的坯布仍然很难铺平、铺正，而且很难看清它的来龙去脉。没关系，取一张大的花点纸，把它铺在坯布下面，先根据纱线的走向找出它的垂直线，借用大头针把布边固定在花点纸的一端，然后，用双手手指快速地一小节一小节地把坯布摆正拨平，它的操作窍门是边拨平坯布边用大头针固定。图5-28是把雪纺裁片拨平手法并用大头针垂直别定的示意图。

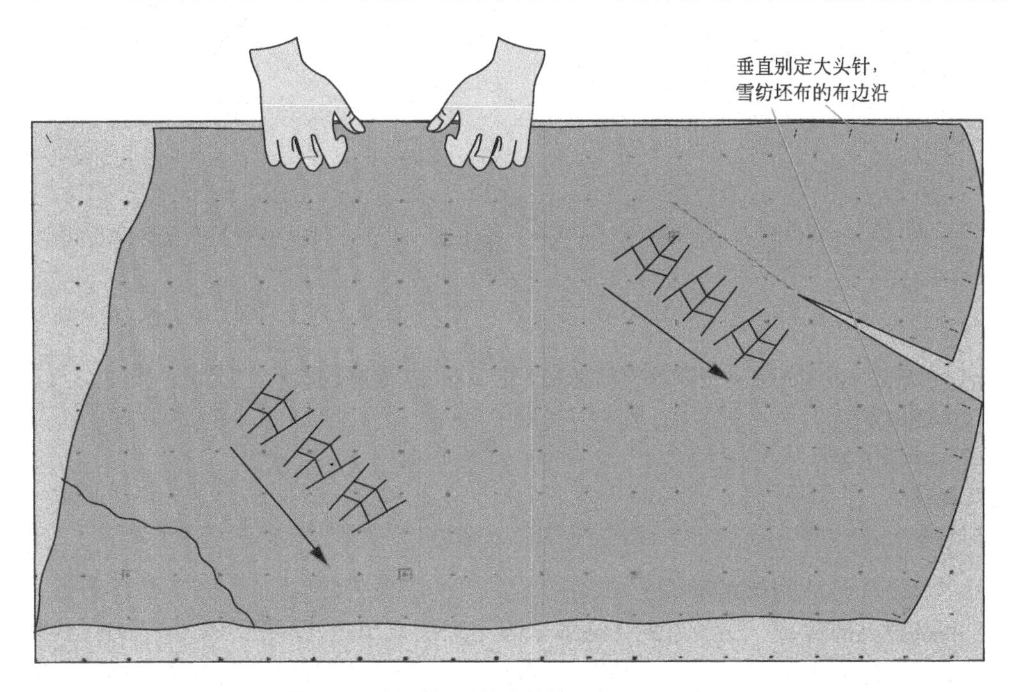

图5-28　派对裙雪纺裁片拨平的手法示意图

第十一节　雪纺裁片的软纸复制

复制软薄裁片到图纸的过程要掌握的要点是，心静放松，专注谨慎。可先在纸上画好斜向布纹线，然后用大头针把坯布与纸的布纹线对正、别好。把撤下人台的坯布裁片（Draping piece）轻轻地摆平之后，要仔细地检查已做好的裁片记号，要特别注意不能挪动或弄丢了裁片上的各种记号，把坯布上面所有的标记内容诸如褶的大小、位置、折向等用过线轮刻画下来，要确认所有的标识，线迹都完完整整地复制到花点纸上，才把细小结构上的大头针拔出，用铅笔和尺子把图形清晰地描画出来。在描刻裁片的外轮廓前，把立裁时的情形在脑海里过一遍，及时把凹凸不平的布边和需要加长或减短的部位在描绘复制时补正。在不拿走花点纸上面（放在原位）的坯布的基础上，揭开坯布一角分区域分内容地用铅笔和尺子描图，且边画边检查，等确认完全准确和无遗漏时才挪开坯布，最后加上缝份，成为新的裁片。这样的做法听起来重复繁杂，但在实际打版操作中却是一种既保周全又实用的稳扎稳打的招式。图5-29是画版时在裁片凹凸不平的地方画顺补齐的示意图。

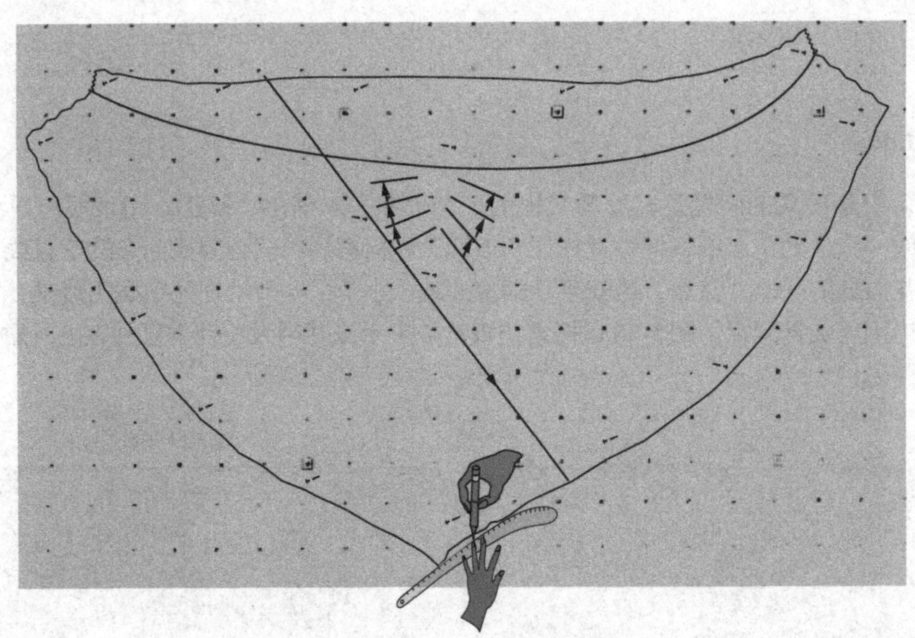

图5-29 画版时在裁片凹凸不平的地方画顺补齐的示意图

接下来用过线轮刻画和描绘及检查等方法来复制出前面立裁好的所有"软硬"裁片，具体如下。

① 前、后外缩褶裙片。

② 前、后外密褶胸罩。

③ 右浪饰裁片。

④ 左浪饰裁片。

⑤ 前、后内胸罩（包括胸罩支撑裁片）。

这里用到的胸罩支撑裁片，指的是夹在胸罩里面用细纺帆布在两面烫上黏合衬的合成物，是胸罩成型后不走样、不下滑的支撑体和保护神。胸罩支撑裁片的大小与胸罩里衬纸样是一样的，加入了它，胸罩的形状和外层密褶结构就站得稳、挺得住，另外还可以选用合适的胸罩杯（Bra cup）来加强乳房的曲线美感。所以，设定和制作胸罩支撑裁片是软立裁及服装制作工艺的一部分。此外，前面用到的右浪饰和左浪饰，我们把原来皱皱巴巴的右斜纹波浪装饰（Right bias wave-like decoration）和左斜纹波浪装饰（Left bias wave-like decoration）简称为左或右外浪饰"Right or left outer ruffles"，只是把它们变得更简洁易懂一些而已。

第十二节 制作工艺的跟进

裁片复制完毕，打版工作便进入了校对、检查和写裁片细节内容等结尾程序。而对制作工艺的思考和注写，是制作样板前加注裁片工艺内容的重要组成部分。然而光写不练能行吗？的确不行。例如，这一派对裙的工艺重点是小胸罩的制作，而为了使胸罩的成型效果做得硬挺些，给胸罩的内部结构加支撑片是必需的，在做样板以前，版师要把自己的设想告诉样板师，制作过程中版师要参与和跟进，协助迅速解决试制中遇到的疑难。倘若胸罩制作的挺立效果还可以，也许原来曾设想的加支撑条（Boning）的步骤就可省略了。至于胸罩的上沿（Top edge）是否加装橡胶弹性胶带（Rubber elastic tape）也可暂时滞后，待模特试身后，听听她的感受再作决定。

在跟进给细纺帆布的两面烫黏合衬时（中国的服装行业术语称为双面夹加烫黏合衬的工艺），版师可指示样板师做几种不同厚度的黏合衬的试烫实验，然后再由版师凭手感来判断哪一种厚度更合适。有条件的话，还应该把版师选定的胸罩支撑片小样让设计师过目，争取获得设计师的认可。制作中采取先烫衬后剪裁的操作顺序（即美国服装行业里称为“Block fuse ”的方法）。它强调的是先把帆布整块烫好衬，然后才铺设纸样进行剪裁。其目的是为了能有效地维持裁片的不变形，从而保证其烫衬的质量及它的坚挺性。图5-30是本款胸罩的夹层构造层次顺序示意图。

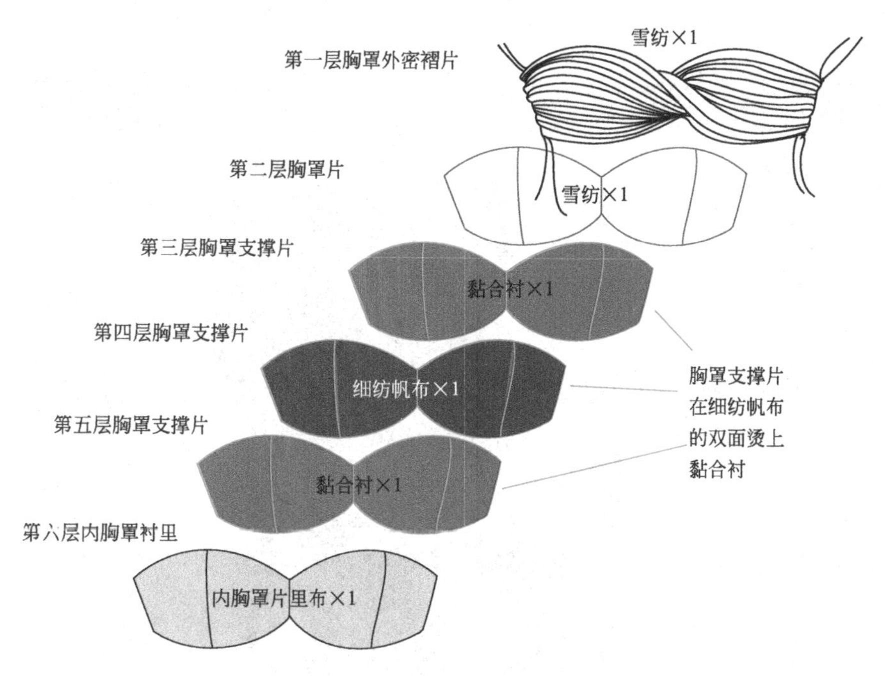

图5-30　胸罩前中部位的夹层构造层次顺序示意图

跟进制作工艺还包括了机缝和手工及熨烫等。机缝指的是缝纫机制作，胸罩的上边沿，要加斜纹的牵条收紧，成品的直径（Diameter）最好能比穿戴者实际尺寸缩小约2cm。

手工部分包括了胸罩密褶的边缝纫边立裁和制作时的手工撑拉（Stretch）以及各种部位的手缝。如左右两边斜纹浪饰的成形，又如胸罩试身后决定外边沿要加缝带有一圈乳胶的橡皮筋（Rubber elastic tape），以增加人体与胸罩之间的摩擦力。胸罩后中要钉上三对上下排列的小挂钩（Hook and eyes），模特穿起来才有安全感等。

对工艺的设定和跟进是版师的工作，它还包括缝纫工艺等的设定，凡此种种都取决于版师对缝纫方法和技巧的了解及掌握。在填写裁剪须知表（Cutter’s must）前，版师要对整条裙子的缝纫方法有一个整体的构思，如先缝什么部位？用什么方法缝制？怎么完成？是合缝后烫开缝份（Clean finish and open seam）、还是压双明线（Double stitch）等，版师都务必做到思路清晰，胸有成竹。倘若不确定，建议请车工做出多种小样，与设计师一起讨论再做决定。

第十三节　露肩雪纺派对裙的版型及其他

最后的服装成型效果与设计师的第一手稿（First sketch）有些出入，但这也是情理之中的事情。因为当有了立裁效果的体现，激发了设计师在着装人台上进行修改和再设计的欲望与可能。经过修改，设计离完美更进一步。至于效果图，等发布会结束，有了订单，在做生产版（Production patterns）前，让设计师修改一下设计图就可以了。

图5-31是露肩雪纺派对裙的T台效果。

图5-31　露肩雪纺派对裙的T台效果（照片来源自：https://youtu.be/tT7e8QIlajo）

下表是露肩雪纺派对裙裁剪须知表。

露肩雪纺派对裙的裁剪须知表

此表需结合下裁通知单的布料资讯才能完整			
尺码：	4	打版师：	Celine
款号：	D-0906	季节：	2009年春季
款名：	露肩雪纺派对裙	生产线：	高级

裁片	面布（雪纺）	数量	烫衬
1	前胸罩外密褶片	1	
2	左后胸罩外密褶片	1	
3	右后胸罩外密褶片	1	
4	前中胸罩片	1	
5	前侧胸罩片	2	
6	后侧胸罩片	2	
7	右后中胸罩片	1	
8	左后中胸罩片	1	
9	前裙片	1	
10	后裙片	2	
11	左斜纹波浪装饰	1	
12	右斜纹波浪装饰	1	
	衬里（油光布）		
13	内前中胸罩衬里	1	
14	内前侧胸罩衬里	2	
15	内右后胸罩衬里	1	
16	内左后胸罩衬里	1	
17	前裙衬里	1	
18	后裙衬里	2	
	黏合衬—中厚（先烫后裁）		双面烫衬
13	前中胸罩支撑片		2
14	前侧胸罩支撑片		4
15	后侧胸罩支撑片		4
16	右后中胸罩支撑片		2
17	左后中胸罩支撑片		2
	细棉纺帆布—中厚（先烫后裁）		
13	前中胸罩支撑片		1
14	前侧胸罩支撑片		2
15	后侧胸罩支撑片		2
16	右后中胸罩支撑片		1
17	左后中胸罩支撑片		1

款式平面图

缝份
0.5cm：雪纺浪饰边沿
1.2cm：里布缝份，雪纺裙缝份，胸罩缝份
2.5cm：衬里脚边

数量	辅料	尺码/长度
3对	挂钩	小号
1对	胸杯	34A
1	里布斜纹牵条	0.7×85cm
1	隐形拉链（后中）	1×35cm

缝纫说明
1. 胸罩支撑片均须先烫衬后铺纸样裁剪并经版师和设计师确定厚度
2. 做0.7cm宽斜纹里布牵条，拉紧胸罩的上边沿，完成尺寸80cm
3. 在胸罩后中手缝3对小挂钩
4. 必要时用透明丝线手缝固定胸罩密褶和左及右侧浪饰
5. 外裙雪纺所有边沿用细卷边完成，侧缝用0.7cm法国式缝边完成，衬里侧缝用0.8cm法国式缝边，衬里的下脚用双折边压1cm明线
6. 有疑问之处请与版师和设计师商议

图5-32和图5-33是露肩雪纺派对裙的版型完成示意图。

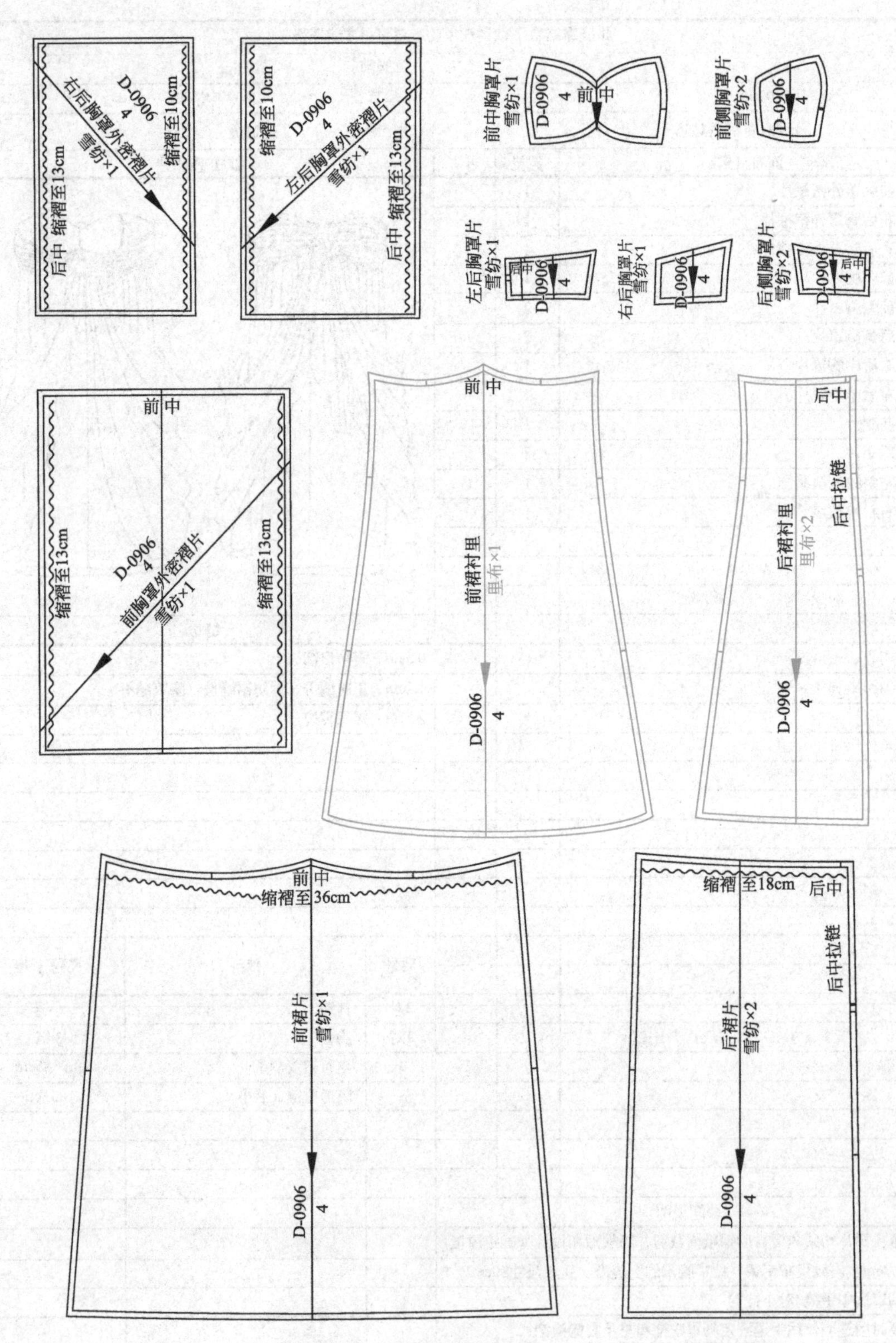

图5-32 露肩雪纺派对裙的版型图1

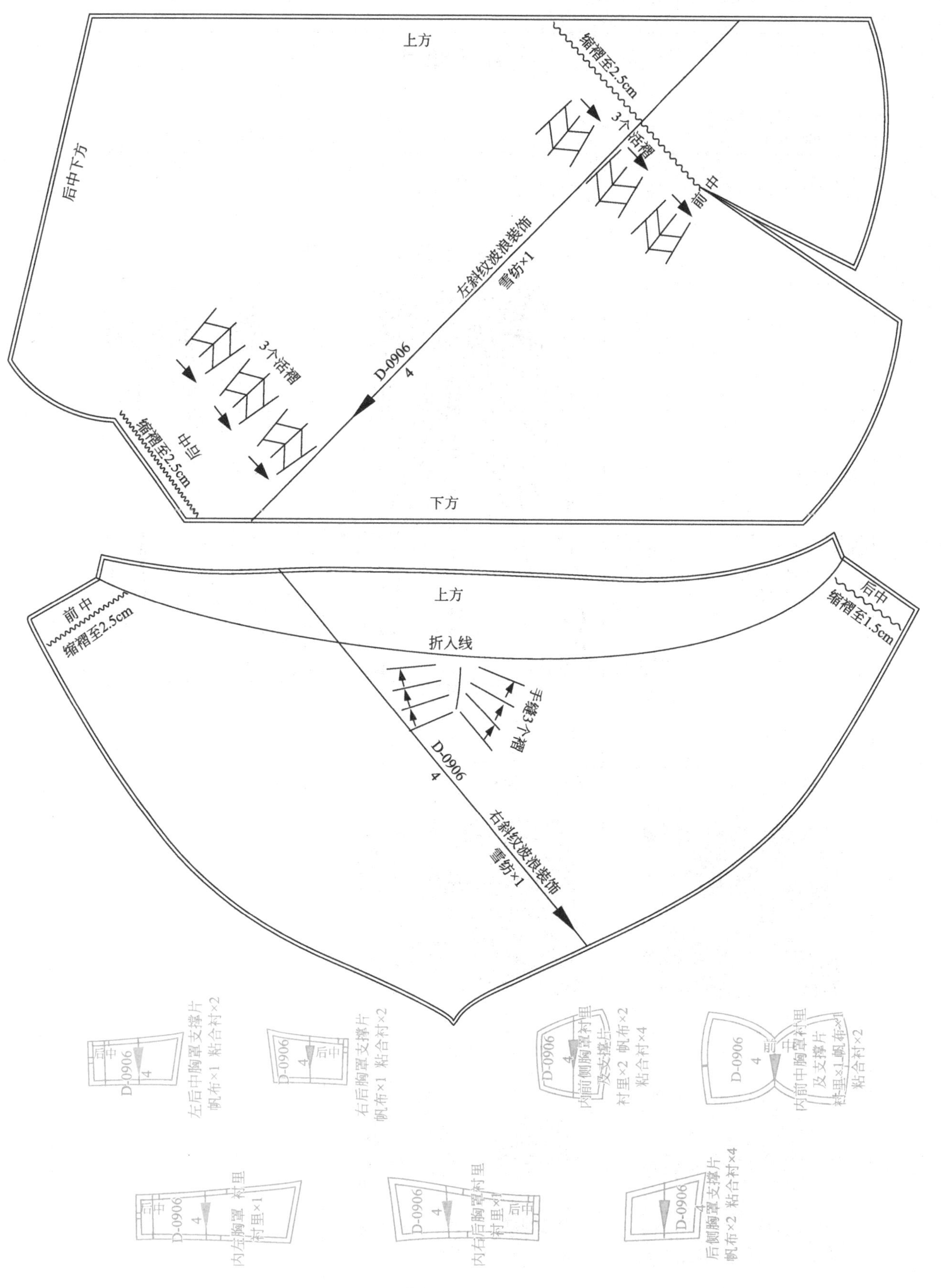

图5-33　露肩雪纺派对裙的版型图2

图5-34是露肩雪纺派对裙的下裁通知单。

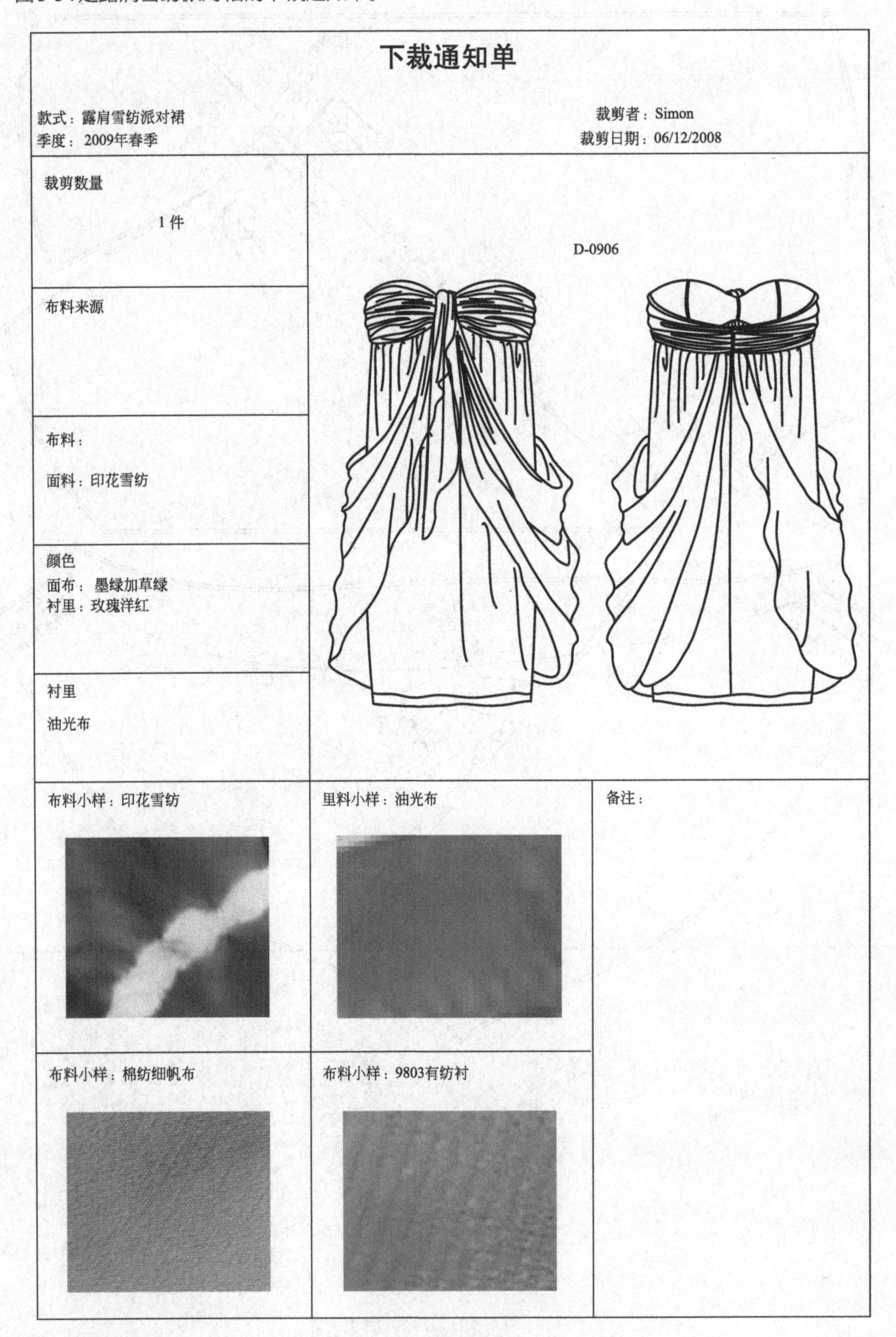

下裁通知单

款式：露肩雪纺派对裙　　　　裁剪者：Simon
季度：2009年春季　　　　裁剪日期：06/12/2008

裁剪数量

1件

布料来源

布料：

面料：印花雪纺

颜色
面布：墨绿加草绿
衬里：玫瑰洋红

衬里

油光布

布料小样：印花雪纺

里料小样：油光布

备注：

布料小样：棉纺细帆布

布料小样：9803有纺衬

图5-34　露肩雪纺派对裙的下裁通知单

图5-35、图5-36是版师为两个美国品牌制作的伴娘装和派对裙的版型的效果。

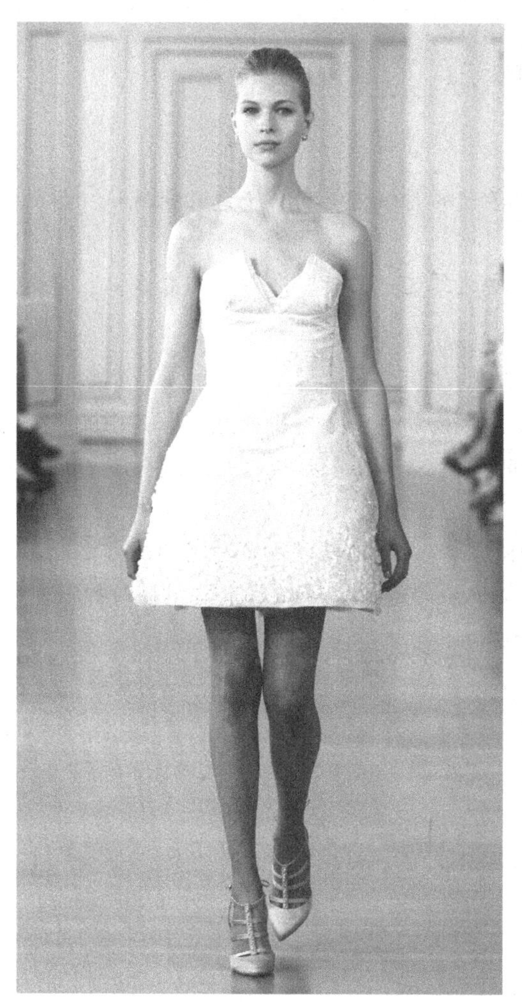

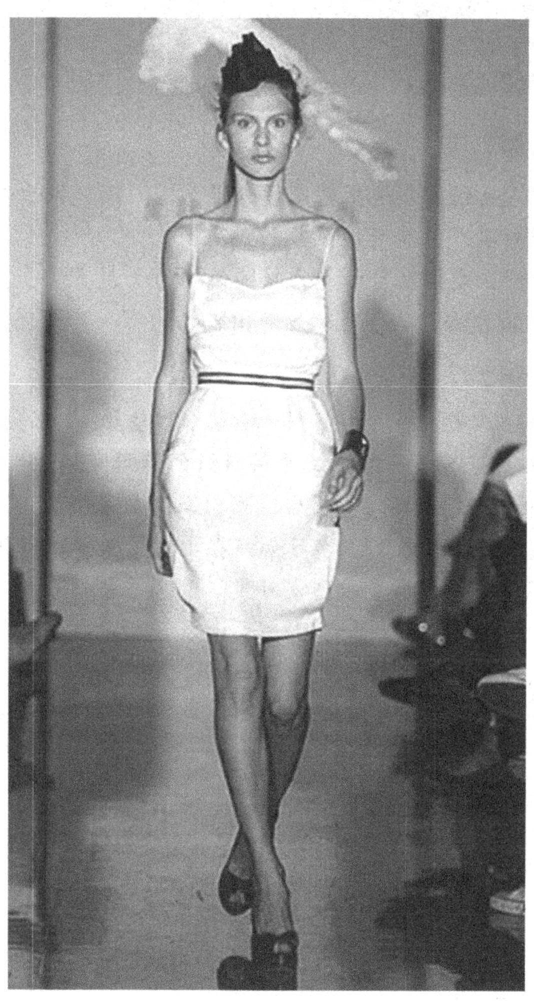

图5-35 版师为两个美国品牌制作的伴娘装和派对裙的T台效果
（照片来源自：www.oscardelarenta.com，
http://nymag.com/fashion/fashionshows/2007/spring/main/newyork/womenrunway/rushkin）

图5-36 版师为两个美国品牌制作的派对裙和晚装裙立裁效果

思考与练习

思考题

1.款式互借立裁法指的是什么借鉴法？浏览网上本季度的时装发布会，下载几张风格相似的照片，分析它们进行款式互借可能产生的效果？

2.为什么要锻炼自己成为软硬兼施的立裁多面手？要达到这一目标，版师应该怎么做？什么是使自己最快上手的方法，从今天开始定出自己的下一步计划。

动手题

1.按照本章的描述，重温一遍露肩雪纺派对裙的立裁方法。设计一个新的款式，其中胸罩和裙子的部分效果要求与本书一致，但外层斜纹的悬浪要有独特的创意，可以与本章的款式完全不同，比书里的款式更加好看，老师批阅定稿后，画出新的效果图。

2.按照新的效果图，学习如何在雪纺等软薄面料上作标记，可以借助用多种不同的方法和工具，但要求裁片经熨斗烫平后还能清晰可见。利用手机/照相机把立裁的各个步骤记录下来，帮助打版。

3.仿照书中的方法和步骤，画出纸样，完成新的版型。

4.练习填写裁剪需知表的各个部分。

第六章

女偏襟腰褶绑结连衣裙的按图立裁法

第一节 按设计图立体裁剪法概述

在美国服装打版界，能按设计图进行立体裁剪（Draping from sketches），是对每一位独立工作的打版师的最基本要求。所谓独立工作打版师（Independent pattern maker），从狭义上指的是在没有助手的协助，没有师傅或旁人的指点，不依靠其他原型和参考纸样的辅助情况下，能独立操作，在合理的时间内，在人台上立体剪裁出与设计图效果相符的立体裁片造型，而且独立完成全套打版工作的版型师。所以，从广义上说能否掌握好按图立裁，功夫是否过硬，在一定程度上是找工作成功与否，以及能否保住其职位的关键。

按设计图进行立裁是指直接从看懂设计图入手，从款式图中了解其服装的造型特点、比例、细节、构造、外型，乃至什么价格、市场、年龄、季节、穿用场合、颜色以及要用什么布料进行立裁，才能达到设计图要求的款式造型效果及其相关信息。很多时候，为了达到特定的外观和设计效果，对面料和制作工艺等也有相应的要求，版师除了把图读懂还要能依样“剪”葫芦。称职的版师应具备良好的沟通能力，善于与设计师密切地合作，对每一位设计师的风格与喜好、感觉与个性、习惯与偏好、想法与品位有相当透彻的了解。版师除了通过与设计师的交流，还需在设计师陈述其设计构思和要点时边听边思考、边提出问题和给予相关的建议。尤其是从工艺和结构合理性上多提供建议，使设计师同时也了解版师的想法和思路。设计师也许不同意版师的方案，但是，在共同参与和讨论之中达成共识，从而既理解透设计图上的设计，又准确地演绎设计图上的作品。同理，设计师也一定要学习立体裁剪和打版技术，才能与版师同步，合作共赢，共创一个又一个美丽的作品。

通常设计师会告诉版师新作品面料采用方面的设想。如果没有提及，版师一定要弄清楚设计师意向中的面料。因为同一款设计用不同面料进行立裁所产生的效果截然不同，而且如果所选的布料不对，立裁的效果会大相径庭，版样很有可能因此而败北。这不光是浪费了布料，更主要的是浪费了时间，影响了工作进度。

此外，能独立工作的版师不但要掌握丰富而扎实的立裁和打版技巧；更应具备良好的观察力、表现力、联想力和塑造力。版师还要对线和形有独特的审美眼光，并善于用自己的立裁语言和塑形技法去体现和描绘设计师的意图。优秀的版师能通过其二度创作进而裁剪出比设计师的设计想象力更出色、更优美、更有意境的立裁效果和版型。能独当一面的资深版师无疑是具有创造力的裁剪专家。他们对各种各样的设计款式，无论是现代的（Modern）、古典的（Classic）、东方的（Oriental）、西方的（Western）、传统的（Traditional）、创意的（Creative）、野兽派（Fauvism）的、女性化的（Feminine）、男性化的（Masculine）、中性的（Neutral）、日常的（Everyday）、晚间的（Evening）、戏剧性的（Costume）、幻想的（Fantasy）、都市的（Metropolitan）、田野的（Idyllic）、舞蹈的（Dance）、紧身的（Tight）、休闲的（Leisure），还是户外的（Outdoor）、纯艺术的（Art）甚至是超现实主义（Surrealism）都应具备优良的处理能力，应付自如，运筹有度。总之，无论设计师出什么样的题目，他们都能提供贴切完美的答案，胜算在握，成为设计师们梦想的转化和传递者。

从前，美国的服装行业版房里的分工比较细致，板房里有头版版师（First pattern maker）和生产版版师（Production pattern maker）、客人定制及修改（Customized and modified）版师；而版师队伍里又会分成夹克类（Jacket）、半身裙及裤装类（The bottoms）、背心和衬衣类（Tops and blouses/Shirts）、连衣裙及晚装类（Dress and gowns）等。有的设计师除了自己立裁，还特别聘用专职的立裁助理（Draping assistants/Draper）专门协助他们摆弄各式面料，在人台模特上摆弄布料和结构，体现构思、启发和审定设计的灵感，然后才画出效果图，随后把这一个有了立裁初形的人台直接送到打版师面前，要求版师把它变成现实。

然而，经历了经济低谷的今天，不少板房里的分工相应地发生了根本性的变化。设计师和老板们指望版师能全程参与——从头版纸样、参加试身、修改纸样直到生产版型都能够一手完成。这就要求版师不但有很好的看图立裁的造型的本领，还要对尺寸和数字有着严谨和敏捷的逻辑思维，而且对生产工艺技术、打版技能和电脑制版软件的应用及其面辅料知识等都全盘掌握。全才，这样的要求对一个版师来说的确很高。

时代在变，服装行业也不例外，对版师的要求也随着在变。从以下某网站上打出的一条版师/裁缝师的招聘广告中可窥见一斑。

Couture pattern maker/sample maker

I am looking for a pattern maker who can drape，knows detailed sewing techniques，cut and sew full muslin（is well-versed in highly structured，tailored jackets too），transfer to hard pattern and sew samples. This is couture work and will be part time according to the season. My background is with Christian Dior，Yves St. Laurent and Ralph Lauren. This is the quality we are requiring to sell to the premiere stores in U.S.，Canada，Hong Kong，and Europe. This individual must also know how to work with marking and grading as well as prepare cutter's must for production. Please call and leave a message detailing your background at number 212-×××-××××.

这则招聘广告的大意是，我在寻找一位版师，要求应聘者既能做立裁又懂得精做的缝纫技术，包括剪裁和缝纫坯布，并精通量身定制和精做夹克，还要会做硬纸样和缝制样板。这份时装工作是临时和季节性的。而我的工作背景是服务于克里斯汀迪奥、伊夫圣洛朗和拉夫劳伦。本公司的同类档次的服装出售市场是美国、加拿大、中国香港和欧洲。受聘者还必须知道如何排板及放码，准备裁剪须知表供生产之用。请致电留言详细说明你背景到电话号码212-×××-××××。

由此可见，这一个岗位对版师的要求不单是要会立裁、懂打版、精缝制，还要求懂放码、排板、高级订制等，既文武双全，又多专多能，门槛超高呀！而按设计图进行立裁，这仅仅是许许多多要求中的基本的基本。

下面，通过学习偏襟腰褶绑结连衣裙的按图立裁法案例深入了解这一技法。

第二节 款式综述

图6-1是一条偏襟（Slanting front side opening）腰系蝴蝶结，两旁插肩袖（Raglan sleeves），领口和下摆都饰有透明硬纱皱褶（Organza pleats/Organza folds）以及皱褶上面饰有花结式缎带的高档连衣裙。这款连衣裙的造型特点之一是前侧腰部的放射形褶子（Radial pleats）。而这个造型的特点正是这一别致女裙的立裁重点和难点。

图6-1 偏襟腰褶绑结连衣裙的平面图

设计师想把这条裙子定位成较高档的女式连衣裙，设计圈定的年龄层次为中年偏成熟的女性。裙身外形贴身收腰，前身开门襟旁系蝴蝶结，腰间的一大重点是那些如太阳光芒般的放射式皱褶。这些褶子要求做得美观，既不能太多也不能过少，要恰到好处，以塑造女性的曲线和身段的美感。插肩袖是本季流行的特点，衣领和裙摆都拼接经热压制成的透明纱皱褶（Pressed organza pleats）装饰。裙子要求配全里，用于立裁的布料是一种手感比较厚重、悬垂效果较好的女装材料，高低双层压摺的布料是中厚欧根纱（Medium heavy organza）。至于裙外轮廓边沿的饰边，设计师还没有最后决定用缎纹编织物（Satin braid）或是外购装饰花边（Ribbon），设计师希望看到送外加工热压的折褶的成品再作决定。考虑到前身腰部的褶子可能因重叠变得较厚，再加上花结缎带就会更沉更厚，版师提议把衬里的部位做成平面不带褶子，以减低缝纫制作难度和样板的厚重感。另外左侧的缎带离右边的偏襟门距离太近，如果它是功能性的，左侧的缎带需向腰侧缝移位才能发挥作用。版师的这些想法都得到设计师的赞同。在尺寸方面，根据目测，从后中点下量约长115cm为连衣裙长，这和设计师的设想基本吻合。

工具和材料：准备与做头板质感相似的布料大约3m、剪刀、过线轮、大头针、直尺、弯尺、皮尺、4号全身模型、麦克笔、铅笔、蜡片、定型带以及透明胶布和剪口钳等。

立裁前的小提示：**鉴于本款是偏襟即左右前片不对称结构，所以立裁不能以惯用的只裁右半身的方式进行，而需用全身立裁。但袖子及领子装饰等仍可保留只做右边，因为它们的两边对称，只要借用右边即可复制出左边。**

第三节 连衣裙的后身立裁步骤

一、在人台上设置款式示意图

连衣裙的立裁可从后身开始，后身的立裁则是从它的右半身开裁，然后裁剪成全后片，这为的是配合本款连衣裙的立裁需要。在全身人台的背部目测找出插肩袖的位置，接着用款式胶带把前身的结构位置标出，图6-2是按设计图在人台上设置前后款式胶带的示意图。

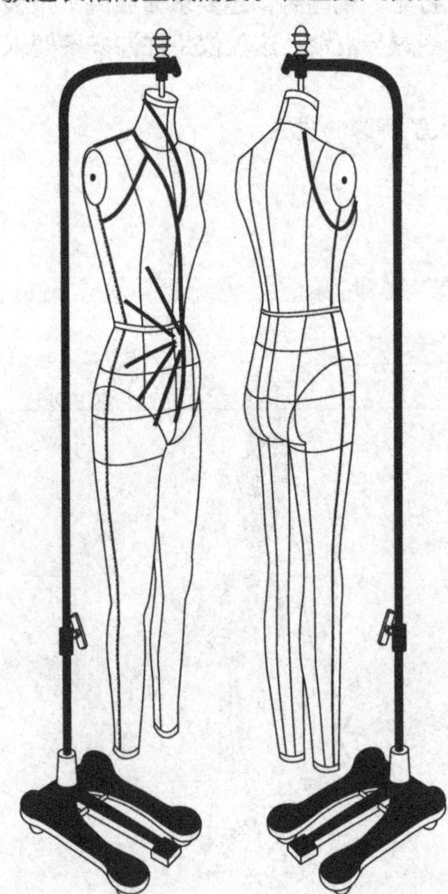

图6-2 按设计图在人台上设置前后款式胶带的示意图

二、准备坯布

用皮尺量出人台后半身下臀围宽的尺寸是23cm，长是120cm，在长和宽各加大12cm后剪下坯布。

用铅笔在距布边约2.5cm处画直线，然后折叠布边，使它成为后半身坯布的后中线。把刚备好的后中片放到模型上，用大头针在后中颈点、后腰点和后臀线等处扎针固定，如图6-3所示。

三、确定后中线

用铅笔沿着后领窝线画虚线点，接着用手边拨平后肩膀布片，边用大头针固定，同时用大头针把腰位布片整理均匀后固定。必要时，在肩颈点和侧缝的腰位等地方打上几个剪口，这样能起到让领布和腰部的坯布变得更服帖的作用。

四、确定后腰褶

用手捏起腰部中间的坯布，捏出后腰褶的量，左右用大头针固定，如图6-4所示。用蜡片把肩部的分割线（Seam）及腰褶（Waist dart）的左右轮廓涂擦出来，接着把腰褶按涂擦的痕迹用大头针别合，并用大头针在后侧的上、中、下围三个位置分别搓捻约0.7cm的布量作为裙子抛围量/活动量（Adding ease），修剪侧腰坯布并留出3cm的缝份。用尺子从后领线中点往下量，把后片长度控制在115cm的位置，另加5cm的备用缝头。

五、确定后裙片其他结构线

接着用蜡片（Wax chalk）把后中线、后腰褶、侧缝、插肩袖位涂擦标记画出来，如图6-5所示。

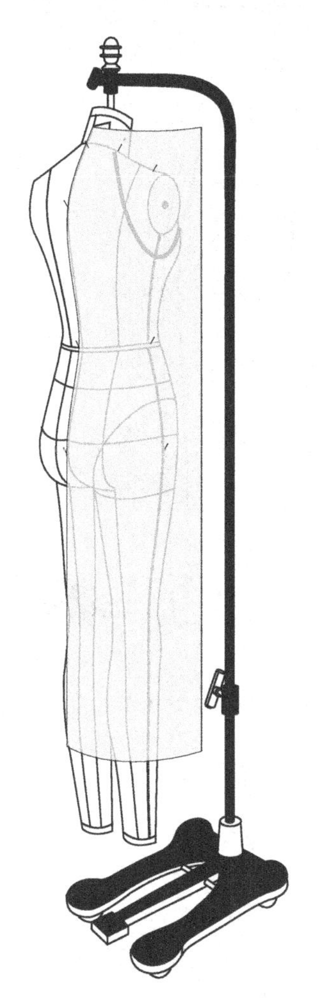

图6-3　连衣裙后身坯布在后中线上初步摆放的示意图

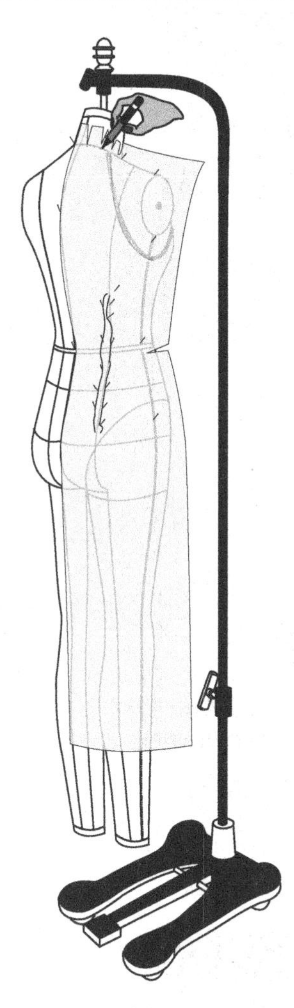

图6-4　连衣裙后腰褶捻褶并用大头针固定的示意图

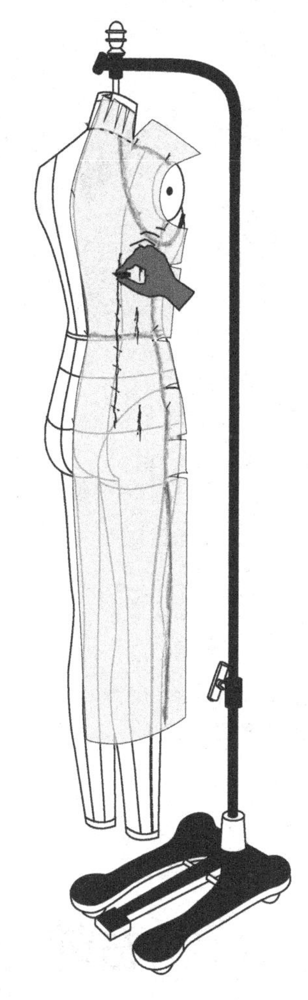

图6-5　确定后裙其他结构线的示意图

六、描刻并裁剪后裙片

现在取一张大于后全身的花点纸，对折（Fold in half）平铺。把后坯布片上的大头针拿掉，取下后片烫平，烫后片坯布时注意不能拉伸，否则容易变形，重新用大头针把后坯布片别到花点纸上。手持过线轮把右后片描刻出来，图6-6是后半片到整片从过线、描画到裁剪成形的过程示意图。

图6-6（a）是用过线轮把右后片描刻出来的示意图。

图6-6（b）是在花点纸上描画清楚轮廓后留出2cm以上的缝份并剪出纸样的示意图。

图6-6（c）是把描画在花点纸上的后片铺到面布上面并剪出来的示意图。

然后用复印纸（Tracing paper）和过线轮描画出其褶位，用大头针先别好，以后中线（CB）为准，把后身整片别到人台上，各边用大头针固定。

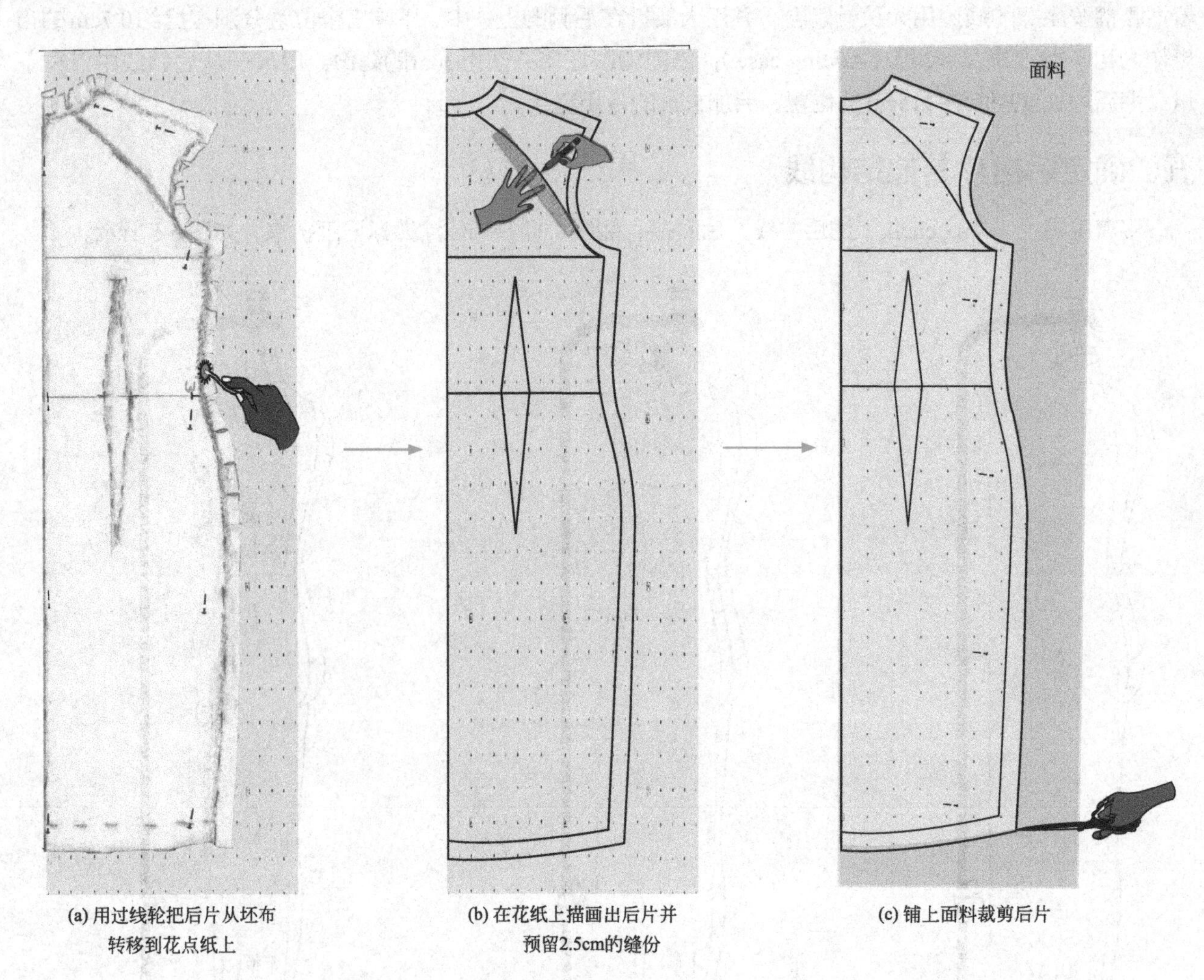

(a) 用过线轮把后片从坯布转移到花点纸上

(b) 在花纸上描画出后片并预留2.5cm的缝份

(c) 铺上面料裁剪后片

图6-6　连衣裙后片从坯布到面料裁剪的步骤示意图

第四节　右前片的立裁步骤

右前片是这款女裙的主要裁片（Main piece），能否把它做好，是这一款式成败的关键，掌控到位，你就成功了一半。右前片立裁的详细的方法如下。

① 按照设计图，以目测复核前腰下方放射形活褶（Radial pleats）的贴条位置，做认真细致的调整，直到其位置、褶距和形态与设计图相符、版师满意为止。

② 用皮尺量右前身的长和宽，然后把长与宽各加大10cm后剪出立裁所需的第一次坯布片。在布片上用铅笔在距离布边10cm处画一条前片直线。

③ 以刚刚画的铅笔直线为基准，把坯布均匀地定位在前中线上，把前片上下用针固定，视需要加针以加强前身位置的固定，如图6-7所示。

④ 如图6-8所示，用大头针仔细地把坯布固定在人台上，在确定坯布不再移动时，就可以借用蜡片把右前片腰间的褶子的设定位置及其周围的轮廓线涂扫（Rub off）出来。这一步的目的是为了通过腰褶分布图的复制，给腰褶的剪线、展开、捏褶等多个步骤做准备。

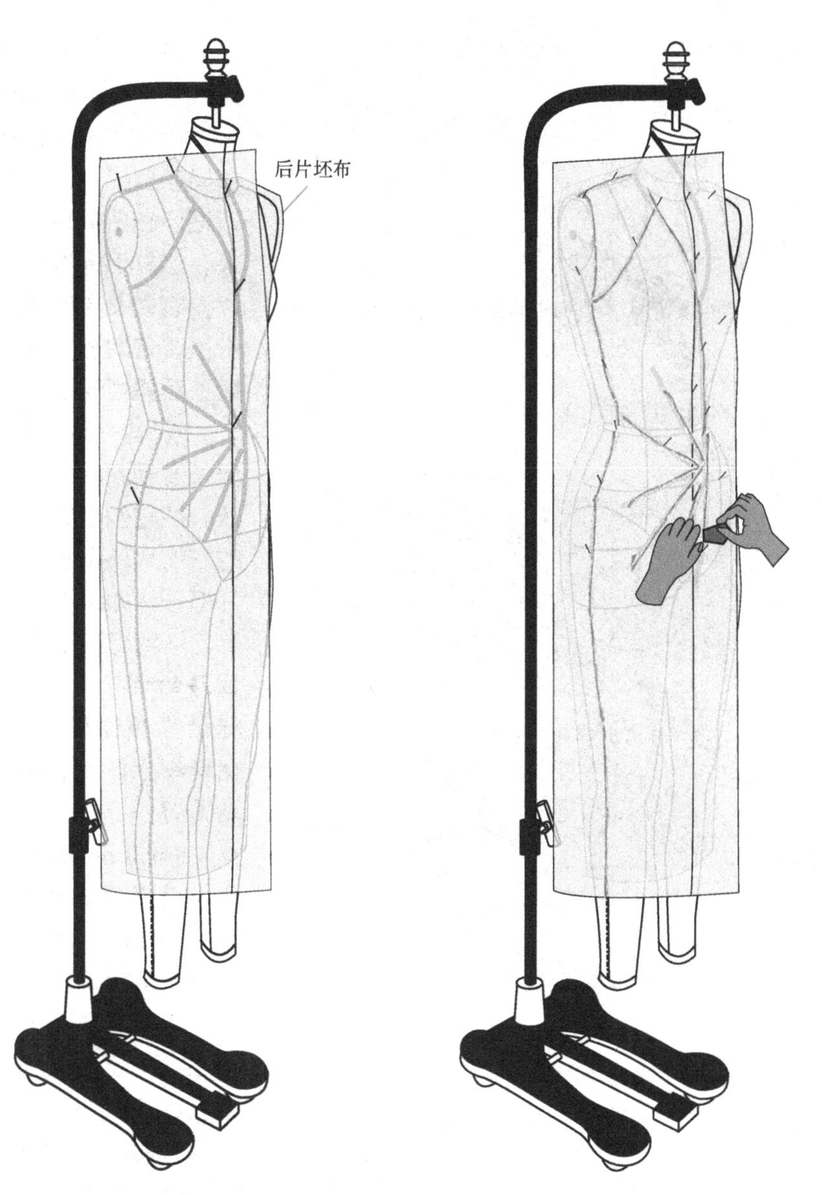

图6-7　连衣裙右前片坯布在人台上初步定位的示意图　　图6-8　用蜡片在连衣裙右前片坯布上进行涂擦的示意图

⑤ 把人台上的坯布卸下来铺到桌上，用笔把设定的褶子展开线和辅助线以及下摆弧线都以虚线的形式点画出来，如图6-9的蓝线所示。

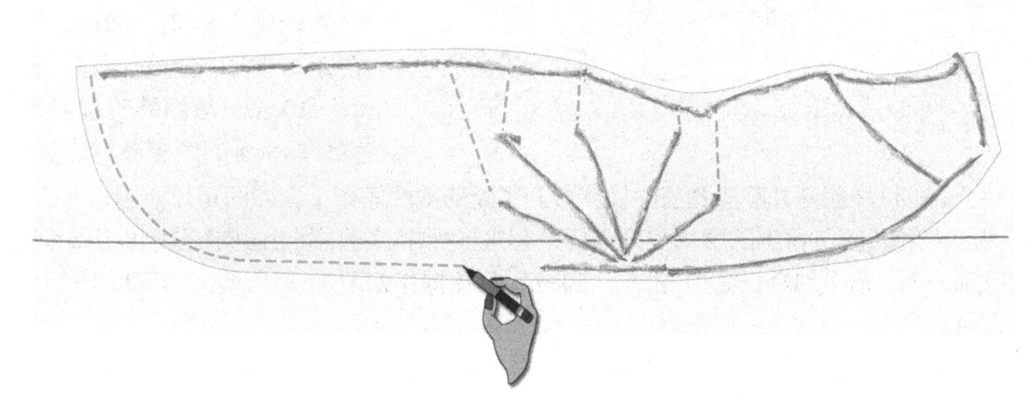

图6-9　把连衣裙右前片坯布放在桌子上继续描画的示意图

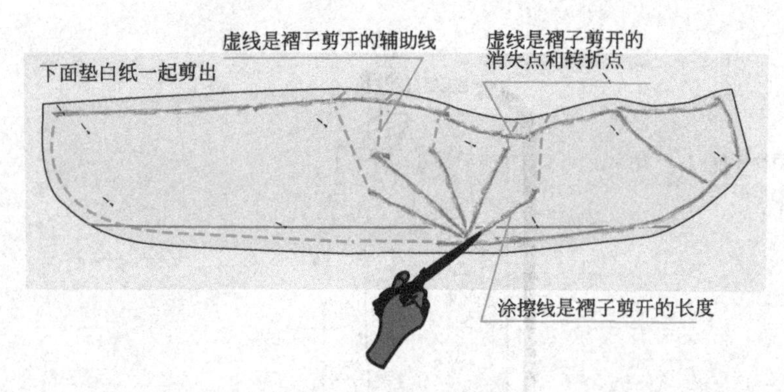

图6-10 用剪刀按腰褶定位线剪开连衣裙右前片坯布的示意图

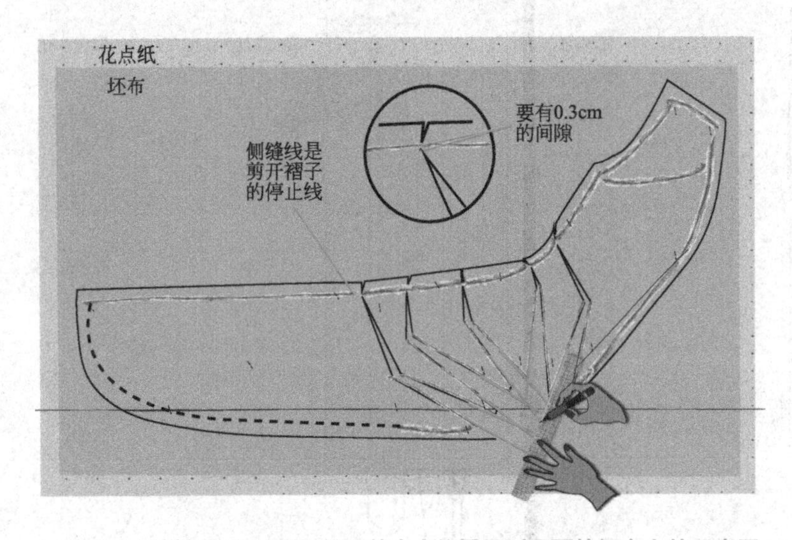

图6-11 用颜色笔和尺子把褶子的大小位置画到下面的坯布上的示意图

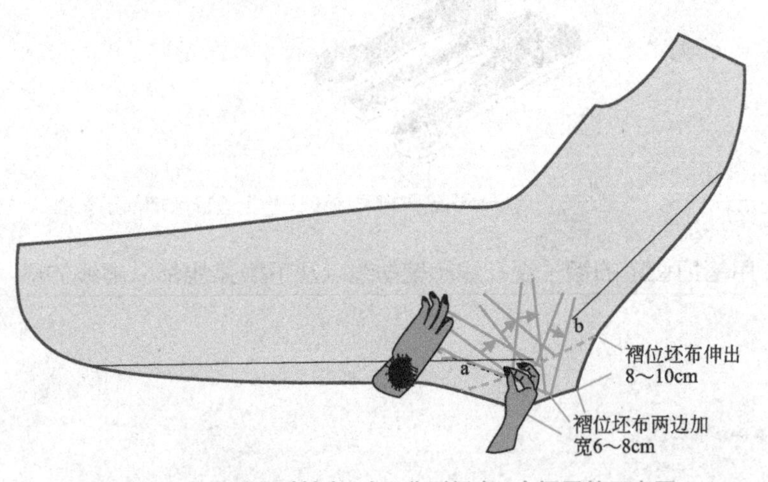

图6-12 用双手顺时针由a向b分别折出5个褶子的示意图

找一张白纸或花点纸，把它垫到涂擦裁片的下方，用大头针把它们别起来，用过线轮把涂擦坯布上的剪开线布局等全部描刻到白纸上，然后手持剪刀把坯布的外轮廓以2.5cm的缝份剪出来。这样我们得出了一张折褶前的裁片，它是折褶后做校对和实样用的备份，留着的坯布裁片在展开褶子和捏好褶子后需要时派上用场。

⑥ 剪一块大约比原裁片宽约1倍，但长度相同的坯布并在其下垫一张花点纸。把它们平铺在桌上，将画好剪开线的右前片坯布平铺在它的上面，开始剪开褶子，如图6-10所示。

小提示：要剪出既容易展开又不会位移的褶子，第一步用剪刀按涂扫的标记剪开腰褶并沿着转弯的虚线剪到侧缝线旁停止；第二步要在缝份的外面朝着每一条剪开线打一个斜向的小剪口（Small oblique notch），而关键是斜线与剪开线两线相交处不能剪断，要确保0.3cm的连接间隙，如图6-11中的小圆图所示。

⑦ 先手执尺子向四周拨平桌上的坯布，把上面的剪开片以裙前中线的直纹线为标准，把褶子逐一进行展开拉大，每一个褶子展开的距离大约为5 ~ 6cm，分别用大头针固定。接着，用画粉和尺子把褶子的大小位置画到下面的坯布上并延长到前外边沿，具体操作如图6-11的蓝线所示。

画好褶子延长线后就可沿着新裁片的外轮廓把新裙片剪出，剪布时注意在坯布褶子起点的位置，要向下拉伸8 ~ 10cm，与原外轮廓线形成一个底宽6 ~ 8cm的倒梯形，给褶子折叠留出足够空间。把上面的纸样挪开并画清楚前中线就得到了新的裁片坯布了，如图6-12所示。

⑧ 这一步我们把步骤⑦得到的腰褶线分别折叠起来，折褶时顺时针由a向b分别折出5个褶子，折好一个用大头针别一个，褶子别合长度约为15 ~ 20cm，具体操作如图6-12所示。一切就绪后，把新的右前片重新搬上人台。

⑨ 利用前中线和肩线对右前片进行定位，用大头针对裁片进行全方位固定，然后对前身的腰褶逐一进行调整。

⑩ 检查，从前身最下方靠前中位置的褶子着手，窍门是用手触摸坯布底下的胶带的预设方位，比较

两者的形状和位置是否重合，还要注意褶子的走向是否合适，褶与褶之间的距离和方向看上去要舒服、匀称（Well-proportioned），特别是要避免加褶后视觉上把臀围加宽加大的反效果，调整得当后用大头针再次固定。图6-13是连衣裙腰褶由下而上做顺时针调整的示意。褶子的立裁基本完成之后，接着要准备做领线和下摆的裁剪了。

第五节　右领线和下摆的裁剪

右领线和下摆的裁剪步骤及方法如下。

① 先用蜡片轻轻涂擦出前领线的位置。根据目测重画领线，先用蜡片把心目中喜欢的领线画出。

顺便借题发挥说说如何画线和看线，如领线，要把它理解成既不是一条简单的弧线也不是简单的直线，它是注入生命活力、犹如人体结构形状的蜿蜒弯曲，是富于美感的线条。书本很难具体形容以什么形状和走向为标准，但如果你能对人体有一定的理解，追求要用美的、生动的线条来表现款式，就能塑造出栩栩如生的领线。

② 弧形下摆（Curved hem）可以用小编织带或款式胶条先标出，然后对线条进行微调，直到它与款式要求的大轮廓协调，然后用剪刀修剪出弧形。

③ 接下来要处理侧缝线（也称为侧骨线）。在做侧缝之前，首先要把前片的整体位置的垂直与平衡进行再次调整。在确认无误之后，需要在前三围（上围、中围、下围）上下用大头针捏拿出0.5cm的布量作为右前片的松围量，用蜡片把侧缝线涂擦出来后，用剪刀修剪并留出2.5cm的缝份，用大头针把前后侧缝别合。图6-14是右前片的立裁接近完成的示意图。

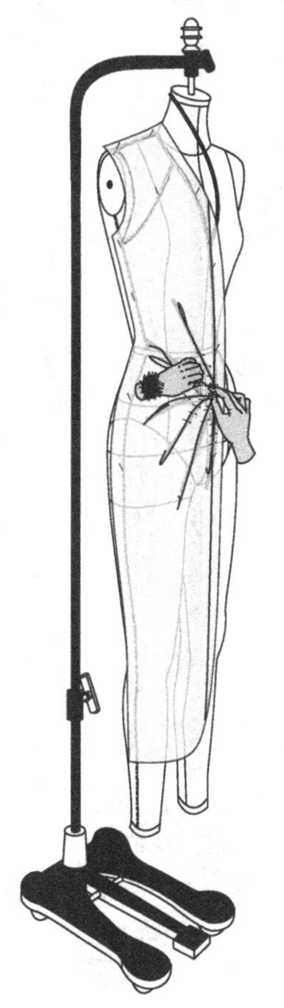

图6-13　连衣裙腰褶由下而上作顺时针调整示意图

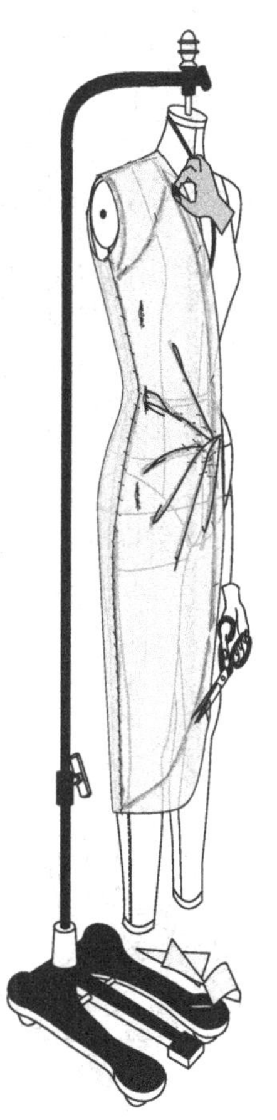

图6-14　连衣裙右前片坯布接近完成的示意图

第六节 左前片的裁剪

与右前片相比，左前片的处理相对容易。它的结构很简单，与普通的前裙片相似，只是腰间有一菱形褶（Rhombus dart），而腰间的腰带要从侧缝伸出。具体步骤如下。

① 以皮尺在人台上量度左裙的长和宽并各增加13cm得出立裁用的坯布片。在坯布靠前中的位置画一条2.5cm宽的垂直线，把这2.5cm的坯布向里折入成为前中线。用这条线的边沿线对准人台的前中线上的几个关键点来固定这一裁片，如图6-15所示。

② 用大头针把人台上的坯布裁片上下左右固定后，按人台公主线的位置捏拿腰褶，褶宽为3 ~ 4cm，以胸高点向下3.5cm之处作为起点，向腰下延约13cm为结束点，并在结束点横向别一大头针作标记。

③ 修剪肩斜线（Shoulder slope line）并留出约2cm的缝份，用手拨顺前后肩部面料，接着用大头针别出正确的肩斜线，再用大头针在左边的上中下三围侧面同样别出0.5cm的活动量，然后用蜡片或划粉把左侧缝轮廓涂擦出来，并把前后左侧的侧缝线用大头针别合。

④ 把左边的领线及下摆弧线用蜡片先点画成形，再次对比设计图和人台上的坯布版型，感觉比例协调后，用剪刀修顺下摆弧线，留出2cm的缝份。图6-16是把左、右及后身拼接在一起的成型效果。

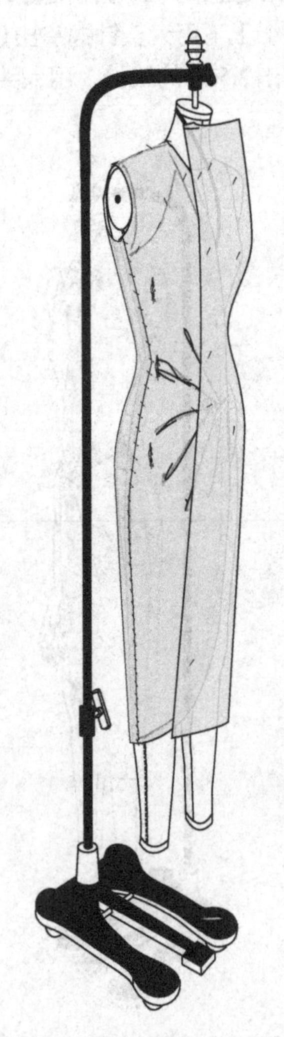

图6-15 连衣裙左前片坯布垂直固定的示意图

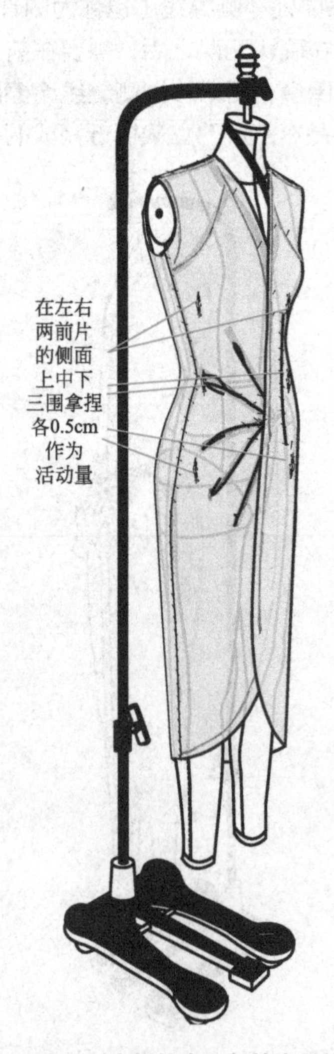

图6-16 把左右及后身拼接在一起的成型效果示意图

最后，版师需对人台的左右前后多方位打量，力求找出那些不协调的结构或线条，把它们在绱袖前都修整好。前左片、前右片及后片三片大身的立裁就基本完成了。

第七节　袖子的裁剪

裙身上前后肩部刚别好的两条弧线在上一节一直没有得到处理，其实弧线以上的部分就是将要进行袖子裁剪的插肩部分。所谓插肩袖，其构成是由连肩和袖子两部分合成的。理解它的结构组成对下一步进行插肩袖的裁剪大有裨益。

① 用皮尺先量出人台上袖山的深度（Bicep）、袖窿（Arm hole）垂直长度、袖长、袖肥（Muscle）及袖口（Sleeve opening）尺寸并做好记录。

② 根据所量度的尺寸及对袖口的宽度和袖长尺寸，先画出一片袖子的平面图，如图6-17所示。

③ 取布纹线与袖长一致的两片小坯布，用大头针分别拼接到人台的前后肩上，用蜡片把前后插肩片分别涂擦出来，如图6-18所示，接着用铅笔把它们的轮廓描画清晰。

④ 把前后插肩片分别摆到袖子平面图的上方，用剪刀把坯布的缝份修剪至2.5cm，用大头针固定好，运用笔和尺子在纸上把前后袖的袖中线进行重画，重画时铅笔要沿着坯布的肩线画弧抛出，画顺成为新的前后袖中线。要把握和测量的是后袖肥宽完成时应比前袖肥多1.3cm的宽度，因为这样可以有效地使得袖子合缝后袖中线能朝前倾（偏）一些，不至于滞后，如图6-19的蓝线所示。

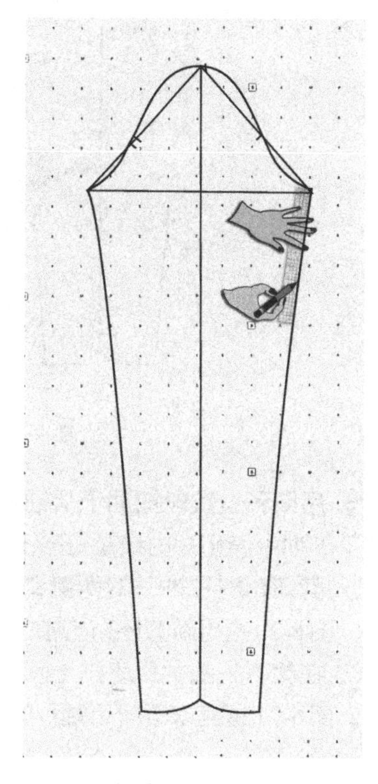

图6-17　按量出尺寸先画出袖子的平面图

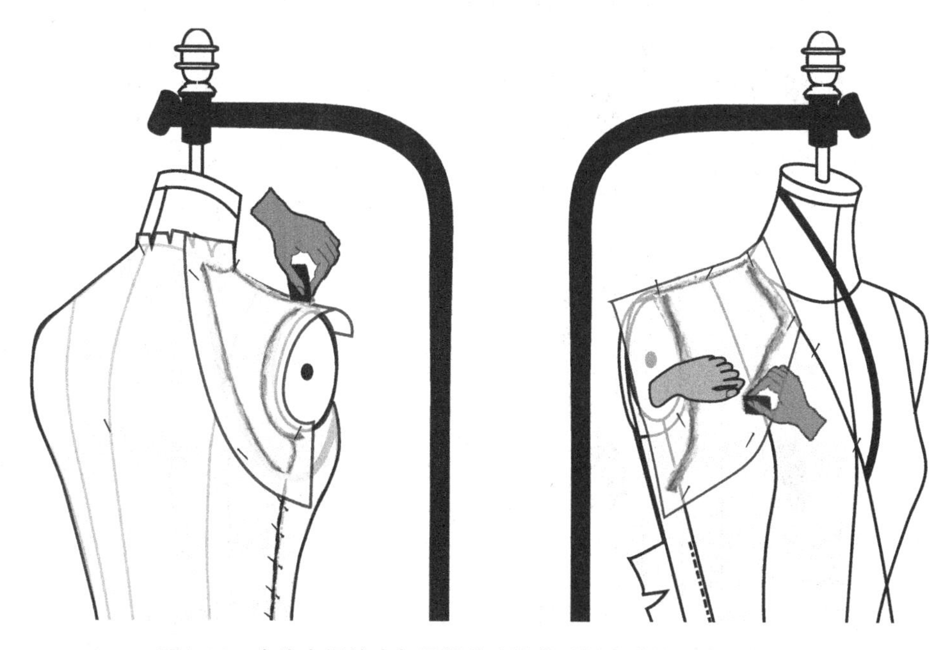

图6-18　在连衣裙的肩部用蜡片涂擦前后插肩袖袖头的示意图

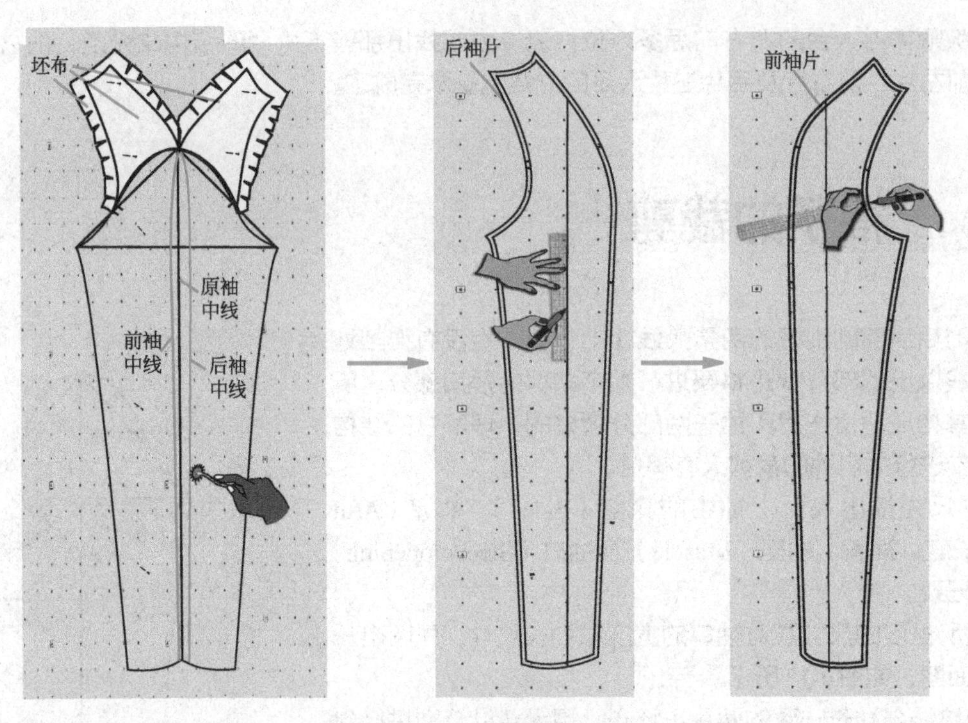

图6-19 连衣裙新的前后插肩袖纸样的做法过程示意图

⑤ 用纸和过线轮把袖子从袖中线分开，成为新的二合一的前后插肩袖片。把新轮廓画出来后需把两片袖子的袖中线和袖内线检查一下，确认它们长度相同。

⑥ 剪坯布时在袖子的两侧和袖中线要留出2.5cm的缝份，它是立裁时需要再加宽袖肥和袖身时的容余量。图6-20是用新的坯布把袖子的前后片用布剪出。

⑦ 在剪下来的袖片坯布上画出原来的缝份，然后用大头针把袖片按缝线别合起来，再别到连衣裙的肩部。图6-21是连衣裙前后袖片的别合示意图。

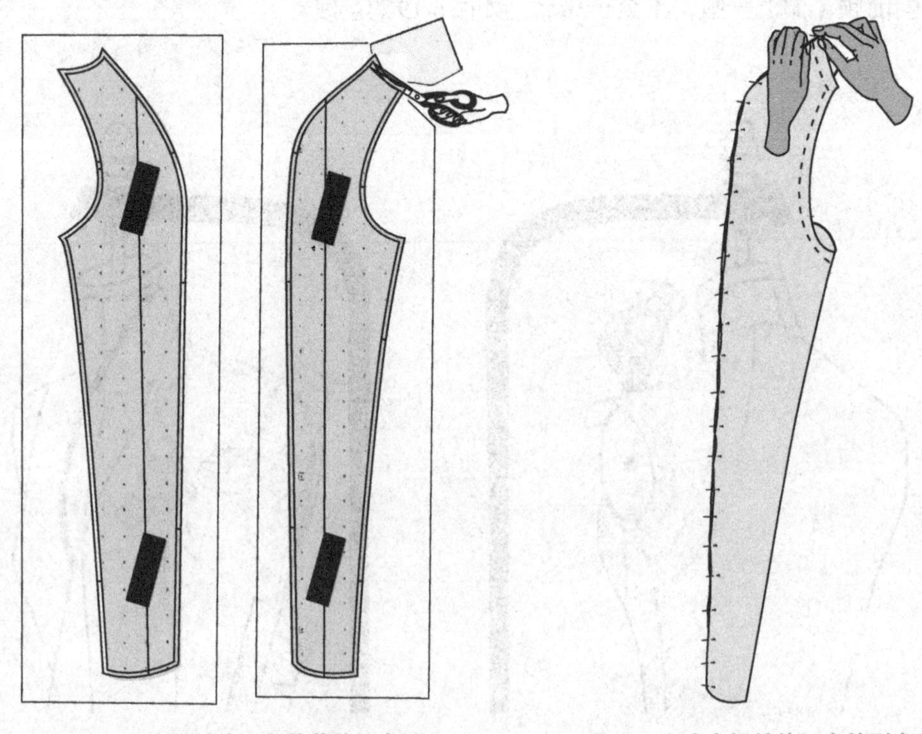

图6-20 连衣裙袖片坯布的裁剪示意图　　图6-21 连衣裙袖片坯布的别合示意图

第八节 衣领和下摆褶子的制作

衣领和裙下摆褶子是由外送加工的欧根硬纱热压而成，但立裁时版师可按外形即实样裁剪。

一、衣领热压褶子（Heat press pleats）外形即实样的立裁

① 按设计图的描绘，估算连衣裙衣领上褶子的高度，接着用皮尺从后中至前领口结束点量取领褶所需的尺寸长度，准备立裁一条模拟透明硬纱式的领褶坯布（Muslin）裁片。

② 找出预备好的坯布，按它的斜纹方向模拟地画出版师设想的领褶的大概外形以及褶子尺寸长度，然后剪出。版师之所以选择用斜纹模拟领褶，是为了方便立裁。因为斜纹坯布无论从后领绕到前胸或从后身包到前下摆都会比直纹布显得更自然和生动。可真正用透明硬纱做褶子时却应该采用直纹纱，这是必须明确的。因为以直纹纱热压成型的褶子效果会硬挺一些。但用斜纹纱来压褶子它的挺立度反而不够，柔软坍塌，因此不利于本款式领形的塑造。图6-22是领褶坯布模拟压褶效果画法的示意图。

图6-23是用过线轮把领片刻画到软纸的示意图。

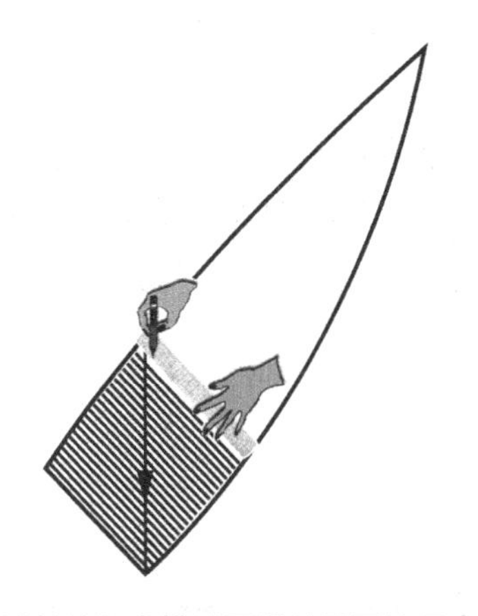

图6-22　以斜纹坯布模拟压褶效果画法示意图

图6-23　用过线轮把领片刻画到软纸的示意图

图6-24是上下两层坯布领褶转换成花点纸样的示意图。

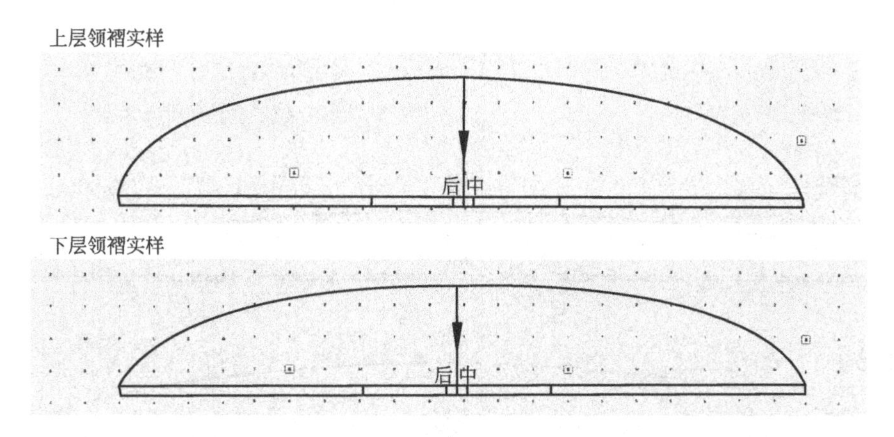

图6-24　上下两层坯布领褶转换成花点纸样的示意图

图6-25是衣领实样铺在压褶透明硬纱上准备裁剪的示意图。

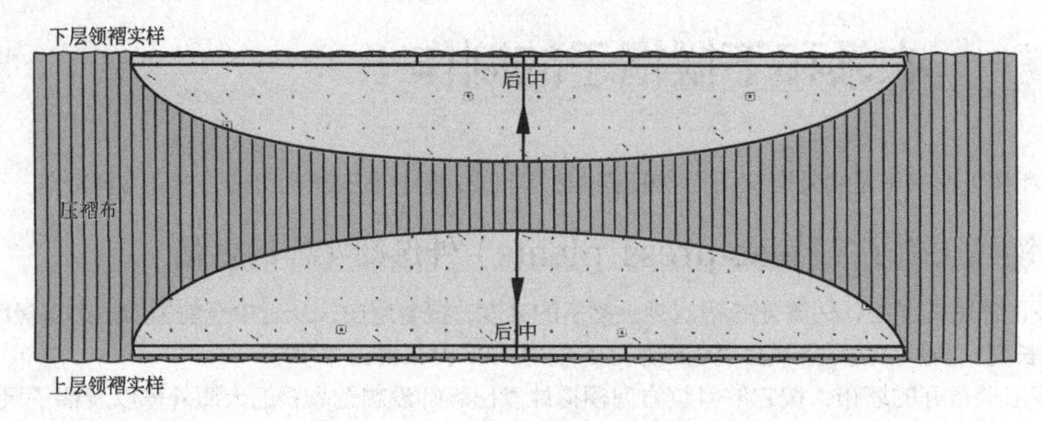

图6-25 衣领纸样铺在压好褶子的透明硬纱上准备裁剪的示意图

二、下摆热压褶子外形即实样的立裁

① 先用皮尺从人台的裙后中下摆往前身量取设计图所设定的褶子长度。

② 取一块长度等于下摆褶子的实际长度而宽度与领子相同的坯布，在坯布的斜纹方向画上下摆褶子的近似外形和模拟密度。把裁片放到连衣裙下摆后别好，并对形状和大小进行修剪。图6-26是下摆斜纹压褶坯布的预备和画褶的示意图。

图6-27是下摆压褶从坯布转换到花点纸的刻画示意图。根据过线轮的痕迹用尺子和笔把下摆硬纱褶子的实线描画清晰，就可获得下摆纸样的图形。图6-28是下摆硬纱褶子的纸样成形图。等发外加工的硬纱褶子送回来后，可以把剪好的实样铺到硬纱褶子上面，用大头针固定后就能进行裁剪了。

图6-26 连衣裙下摆斜纹压褶坯布的准备和模拟画褶示意图

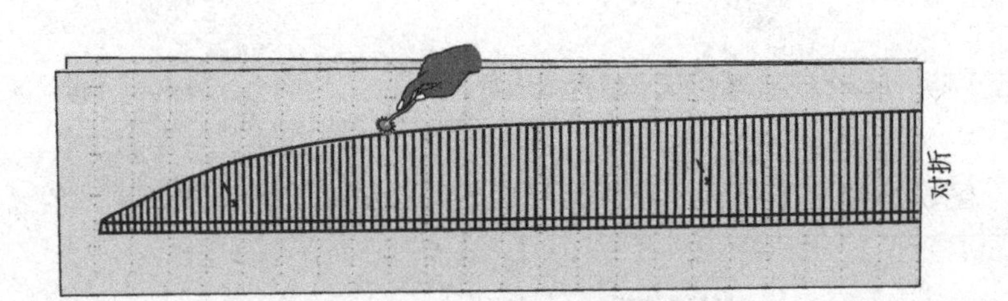

图6-27 连衣裙下摆压褶从坯布转换到花点纸时的刻画示意图

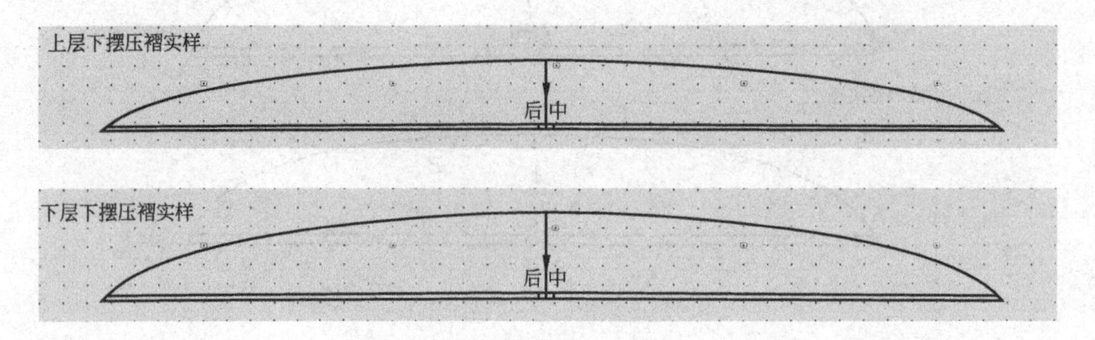

图6-28 连衣裙下摆硬纱褶子纸样成形图

第九节　领褶与下摆褶的实样和外送压褶纸样

这里解释一下为什么领褶和下摆褶要用实样（Markers）。实样其实是毛边和净缝并存的纸样。它们只在与裙身相连的边缘留有缝份，外弧线则没有缝份（即净缝），所以实样是规范衣领和下摆褶子缝纫完成时的实际形状的纸样。假如它们不是那一片可供透明硬纱外送热压褶子裁剪用的纸样，那么外送压褶的纸样从何而来呢？

在外送压褶之前，版师必须先把皱褶的缩褶量计算好。还可以用折纸的方法来做一段小样进行折褶的试验，通过计算的方式得知外送布料的总量。通常，送外加工的备料及纸样是以布料的全幅宽加上折褶的总量为计算单位的，它不能太长或太短，太长了造成浪费，短了褶子的长度会不够。假设设计师要求多做两件样衣的话，没有了压褶，这事情就办不好了。图6-29是下摆实样铺在透明硬纱褶子上准备裁剪的示意图。示意图中下摆褶子的纸样只有需要缝合的一边预留了1cm的缝份，而褶子外露的一侧是自然边（Raw edge）。

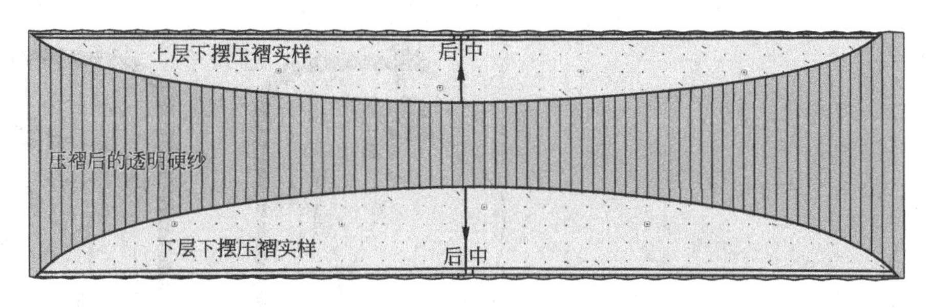

图6-29　连衣裙下摆褶子实样铺在硬纱褶子之上准备剪裁的示意图

把领片和下摆坯布都别到人台上，调整立裁效果后，就可请试身模特试穿，需听取设计师的意见，图6-30是该连衣裙模特试身的前后外观效果。试身通过后，下一步要把面布纸样做出来，因为衬里纸样都要等所有面布纸样完成后才能开始制作。

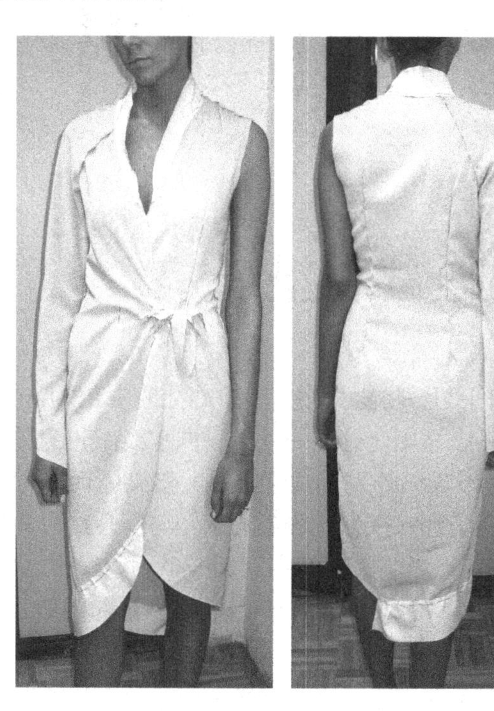

图6-30　试身模特试穿连衣裙的正面和后身的镜头

第十节 做标记和纸样复制准备

要把面布纸样做出来，就要先进入做标记（Mark）这一程序，而它是把立体裁片转换成平面裁片时必不可少的一步。假如记号做得不细、不全或不准，会直接关系到版型的成衣质量和造型。所以做标记要专心、仔细和全面，以避免出现疏忽或错漏。操作上还可以坐下来面对人台（Dress form），用麦克笔从后片往前片，然后从衣领往下身自上而下依序做点或线的记号，这是美国版师们常用的方法，值得借鉴。

图6-31是一石二鸟的做标记方法，用麦克笔正对着缝份的缝隙，一笔画下去，两片坯布同时被画上。对整条连衣裙的裁片标记，如在前腰的褶位只需标画7cm长，这是为了指示腰间的放射褶的宽度和缝纫的长度，而折褶的方向必须用箭头加以表示。左右前片的轮廓线尤其是领褶与下摆褶的停止点等，都要一一用麦克笔点上点或符号作为标记。图6-32是连衣裙的前后身用麦克笔做记号的示意图。完成记号标识之后，从后片开始，把裁片逐片从人台上取下来，接着我们开始做下一步：连线和垫纸。

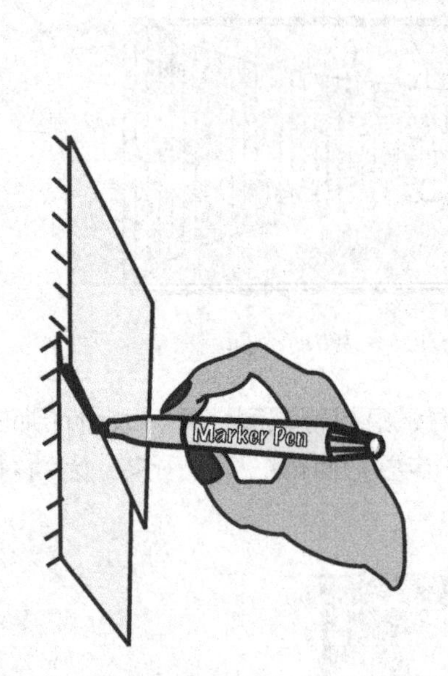

图6-31 麦克笔把两片坯布同时描画的示意图

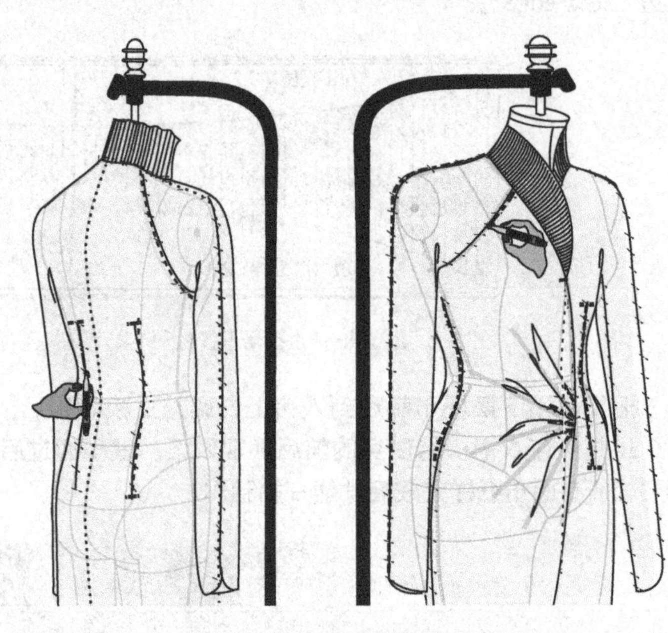
图6-32 在连衣裙前后身用麦克笔做记号的示意图

第十一节 后片的连线和垫纸

什么是连线和垫纸？连线是指把裁片的虚线连接而画成的实线（Solid line），而垫纸是在完成实线连接的裁片下面垫上花点纸，准备复制纸样用。这是一种如同流水线作业的做法。

① 把后片的大头针取下，用略带蒸汽的熨斗烫平裁片，接着就可以用彩色水笔把坯布右半边的点、线和记号连接成较完整的线形。这样版师对图形的线条的顺畅与否会看得清晰一些。

② 取一张足够裁出后身裁片的花点纸。在纸的中间画一条垂直线作为后中线，为了防止裁片纸样的左右不对称，在复制时必须把纸样对折（Fold in half），以制作出对称图形。

把纸上的后中线对准裁片上的后中线，用大头针固定，图6-33是连衣裙后片连线和摆放花点纸的示意图。

第十二节　右前片的连线和垫纸

把人台上的右前片摘下，检查一遍右前片的记号是否标记完整。把袖子、领褶以及下摆褶子留在模型身上。拔掉右前片的大头针，用略带蒸汽的熨斗把右前片烫平。用彩色笔和尺子把坯布上的虚线连成实线。假如前片腰间的折褶（Folded pleats）打开之后，前中（布纹）线出现了不连接或断开时，版师要看这两条线是否能连接成一条垂直线，倘若不能，版师需用直尺把上或下的前布纹线延长连接成为长度足够的垂直线即可。

剪一张足够画右前片的花点纸。在纸上靠近轮廓线的地方画出一条垂直线，然后用纸上的直线对准裁片上的前中（布纹）线，用大头针把花点纸和坯布的前布纹线以上中下三点固定，接着把裁片向各个方向拉平，用大头针固定四周并确认它平整服帖。用彩色笔把褶子的捏褶方向在布片上作箭头朝向记号（Arrow mark），防止方向错误的发生，以备描刻复制。图6-34（a）是右前身的连线和铺垫纸后的示意图。

第十三节　左前片的连线和垫纸

① 在确认好左前片前布纹线清晰可见的前提下取出裁片，剪一张大于左前片的花点纸，在靠近版师身体的一侧画一条垂直线作为直纹线。

② 用略带蒸汽的熨斗把左前片烫平，确认坯布没有被熨烫变形后，用彩色笔把布上的虚线连接成实线并把它们画顺。

③ 把坯布铺在花点纸上，把坯布与纸上的直纹线对齐，之后用手拨顺布纹和布面，平顺后用大头针把四周固定好，准备下一步的描刻。图6-34（b）是左前片的连线和垫纸示意图。

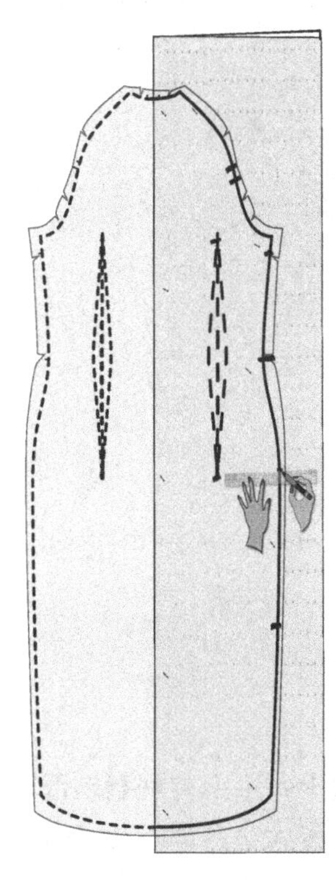

图6-33　后片连线和摆放花点纸的示意图

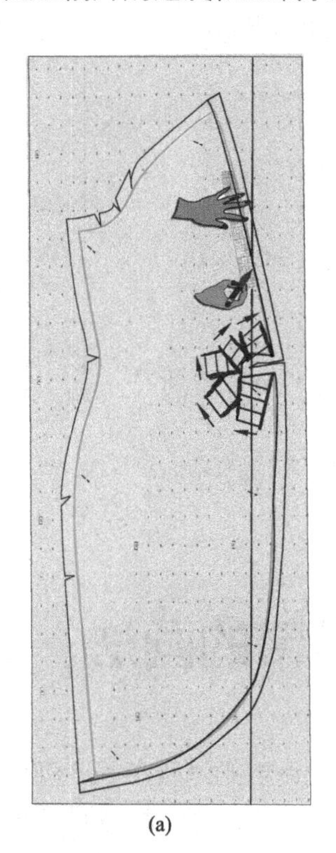

(a)

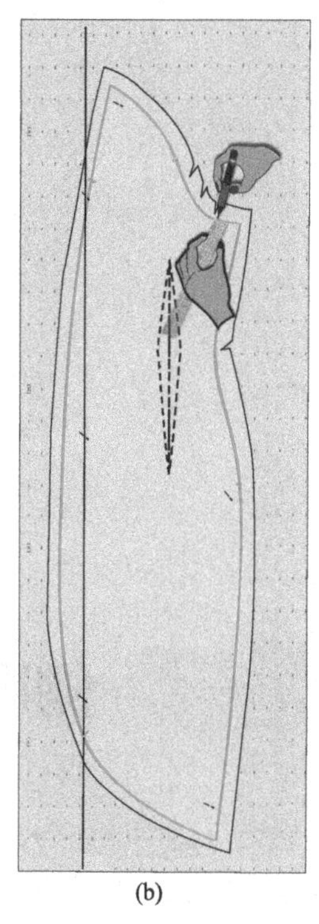

(b)

图6-34　连衣裙左右前片的连线和摆放花点纸的方法示意图

第十四节 前后袖片的连线和垫纸

取下大头针，烫好袖子坯布，补画袖片直纹线。准备花点纸，接着用彩色水笔或铅笔把坯布上的点连接成轮廓线，并在花点纸中画上两条垂直线。

把前袖片平铺在花点纸上，并把布和纸的直纹线上下对齐，用大头针固定，然后把它们向四处推拨铺平，用针固定以便用过线轮复制（图6-35）。

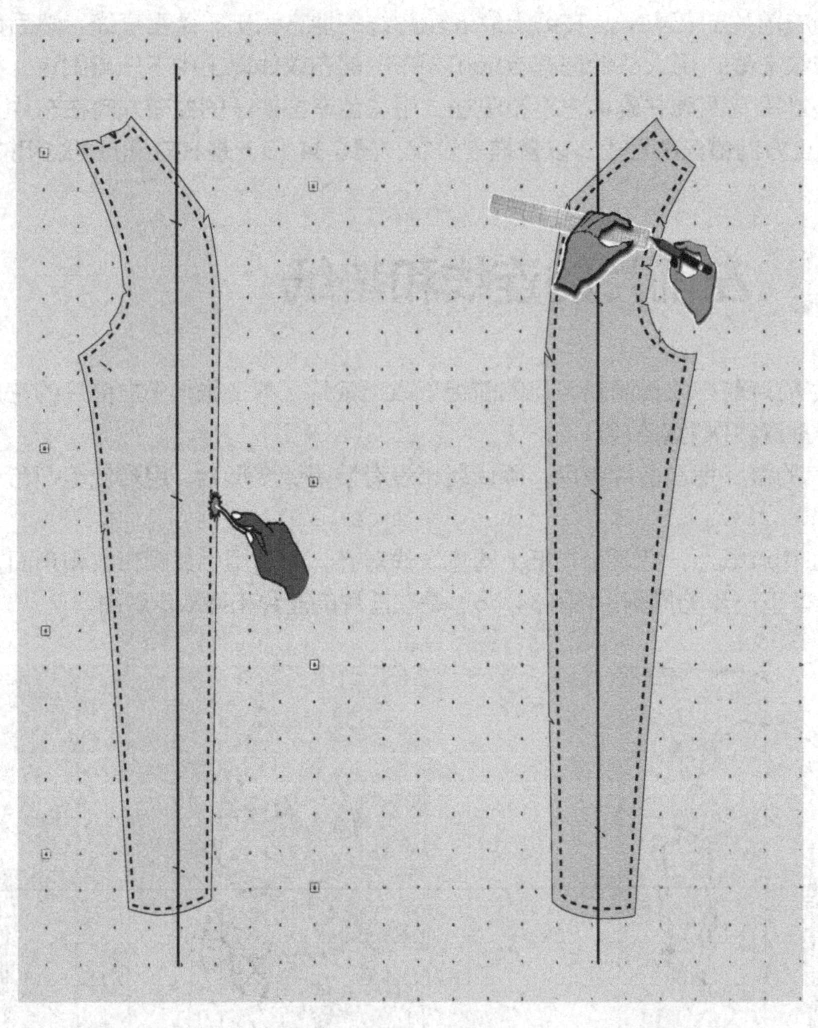

图6-35 完善前后袖片结构线并在花点纸上复制的示意图

第十五节 侧腰带的画法

剪一块大小适中的坯布，把设想的侧腰带长度画出来，放到人台上，系上并观察是否合适。若长了修短，短了则加长，宽了改窄，窄了加宽。根据带子坯布的大小取一张大小合适的花点纸，并把在人台上量得的带子长度和形状画出来。四周加上1cm的缝份，如图6-36所示。

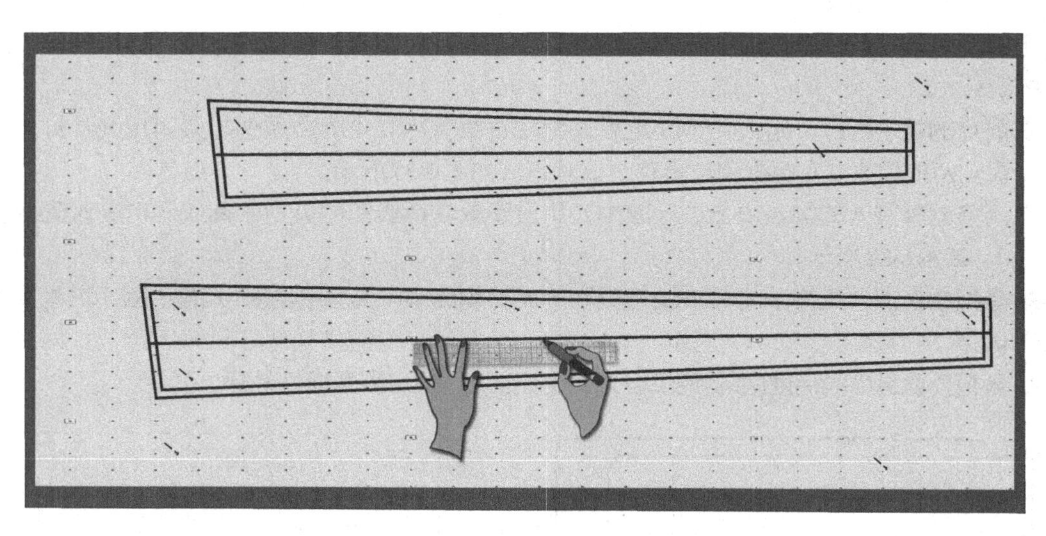

图6-36　连衣裙左右侧腰带的描画示意图

这是打版工作的流水线式的作业程序，就是把一个个工序一气呵成地完成，这样的做法节省制作时间，制版的条理性强，如打版最先一步的款式构造设定及最后一步写裁片内容等都可以一道接着一道，一环接一环地作业，忙而不乱，有条不紊，值得推荐。

第十六节　描刻及校正纸样

刻画和描绘其实是相互关联的两个步骤，而校正则是第三个步骤。这三个步骤为什么需要连在一起完成呢？这是因为每一个裁片虽然看上去是一个独立的个体，但其实它们之间是相互关联和相互影响的。例如后裙片要与左右前裙片相接，而左右前裙片穿着时将会相互重叠等；基于这些原因，左右前裙片的侧缝线（Side seam）应相对地一致。所谓相对一致原因在于左右前片本身具有完全不同的结构，而导致了它们不可能完全相同而只能相对一致。

刻画时除了匀速、不跑偏之外，运作时的要点是裁片剪口和褶的长短起止、褶的朝向箭头符号、折褶的大小以及车缝褶子的长度位置等都要描刻清楚。描刻的操作程序最好是描刻一片，紧接着用铅笔画出轮廓，随之与相邻的裁片检查校正一遍。

右前片画好后要先把腰前的活褶（Pleats）全都折好并用大头针固定，拿出图6-10的涂擦坯布裁片作为标准来检查右前片的折褶效果，在确认折褶后纸样的形状与原坯布形状一样后可暂时把它搁置一旁。接着刻画裙左前片，左前片画完了，也要把它的菱形腰褶折好，用大头针别起来，然后把右前片与左前片相互对比，把它们的线形如插肩的袖窿弧线和前后接口以及前后侧缝线进行相互校对。校对时先予以目测，后用重叠比较，检查描刻出来的线条是否圆滑畅顺，是否符合人体曲线的形态，线与线之间是否形状相似。因为如果差别过大，那成衣之后该缝合线的路径（Path）和走向就会不生动、不顺当、不居中或出现不均匀，甚至扭曲，看着不美观，穿着也不舒服，不检查不修正就会犯大忌。那么，当左右本该一致的线条发生不一致的状况时，最好的方法就是把两条线进行重叠比较然后左右取中，即把凸出的线拉入（收进去），把凹进去的线推出（放出来），但这一收一放的前提是能保证尺寸不改变。下面我们通过图例进一步说明。

图6-37 ~ 图6-40是左右前片的侧缝线取中移位法的步骤示范。两条将要相互缝合但线形差别较大的线条轮廓线左右取中的方法是，把两条重叠线的首尾和上下叠合在一起找出相差量，在它们中间用过线轮过（刻画）一遍，随后，按过线轮的新痕迹把它们重新描画修正，修改之后再把两条新轮廓线重新上

下重叠对上时，应该得到线形接近一致的结果。这种互补互借和取中画顺的方法在打版制作中是非常实用和有效的。

将左右前片的褶子折好，用大头针固定后，把左右裙前片的轮廓线重叠起来再用大头针上下固定后进行查看，看到两前片的左右侧缝和长短有明显差别，如图6-37所示。

在左右两条差异较大的侧缝线上进行取中，用过线轮在两线的中央把中间线同时刻画到两张花点纸上（见蓝线），如图6-38所示。

图6-39是把左右前片纸样分离后过线轮复制的新的侧缝线（见蓝色虚线）的示意，它是重新确定左右侧缝线的依据。

图6-40是根据蓝色虚线描画出的新侧缝线和得到修正后的左右裙前片外形。

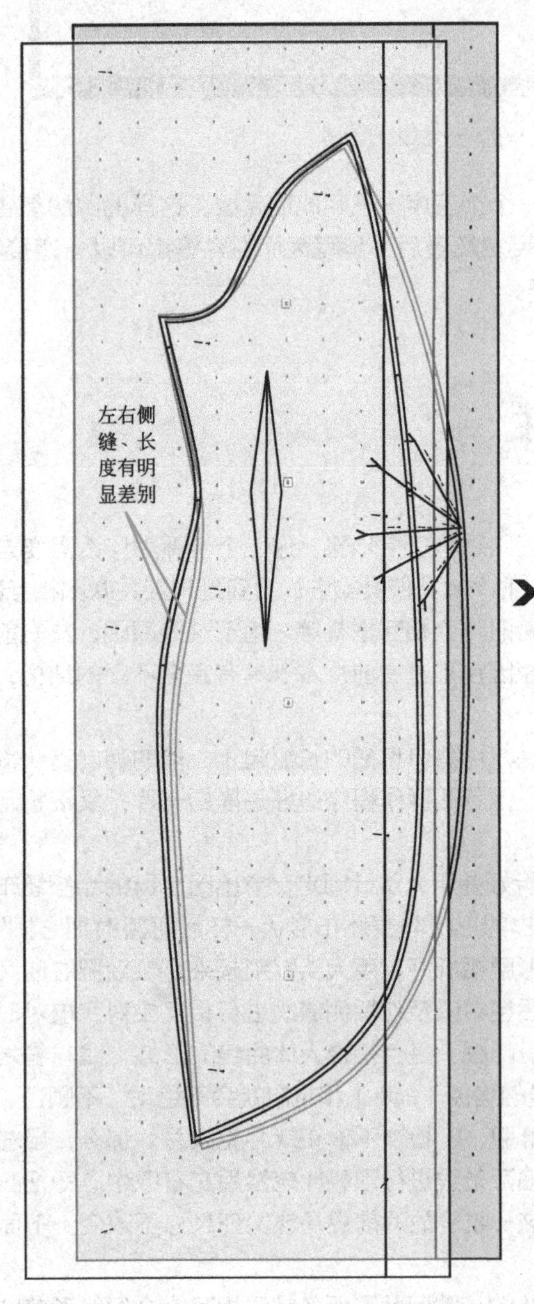

图6-37 将左右前片花纸重叠后观察

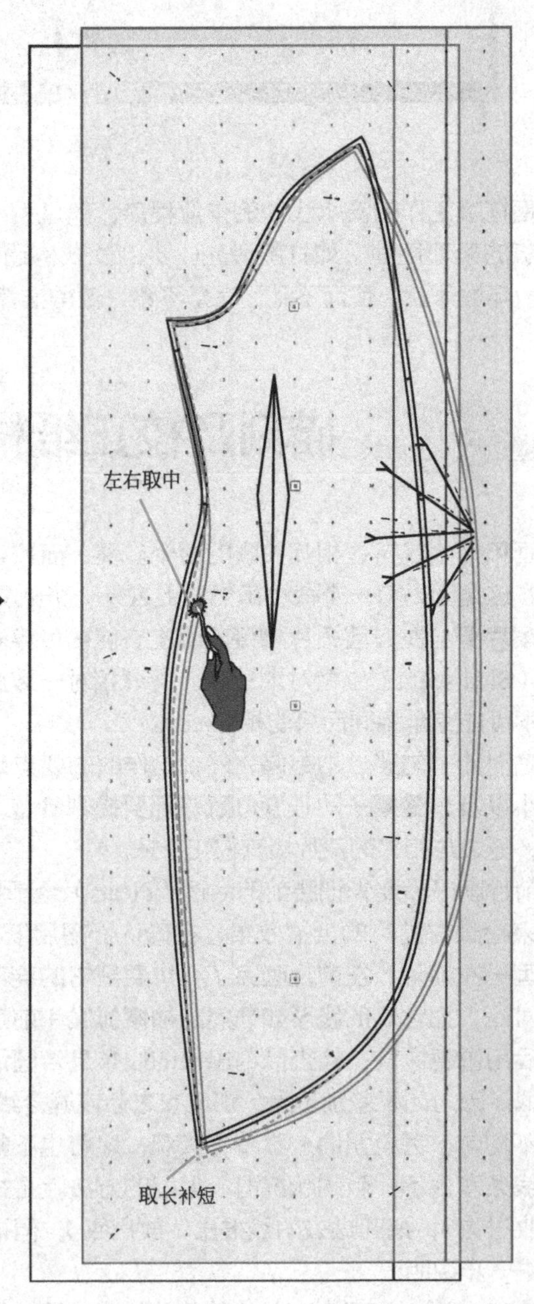

图6-38 在左右两条差别较大的侧缝线处取中（见蓝虚线）并用过线轮将其刻画在两张花点纸上

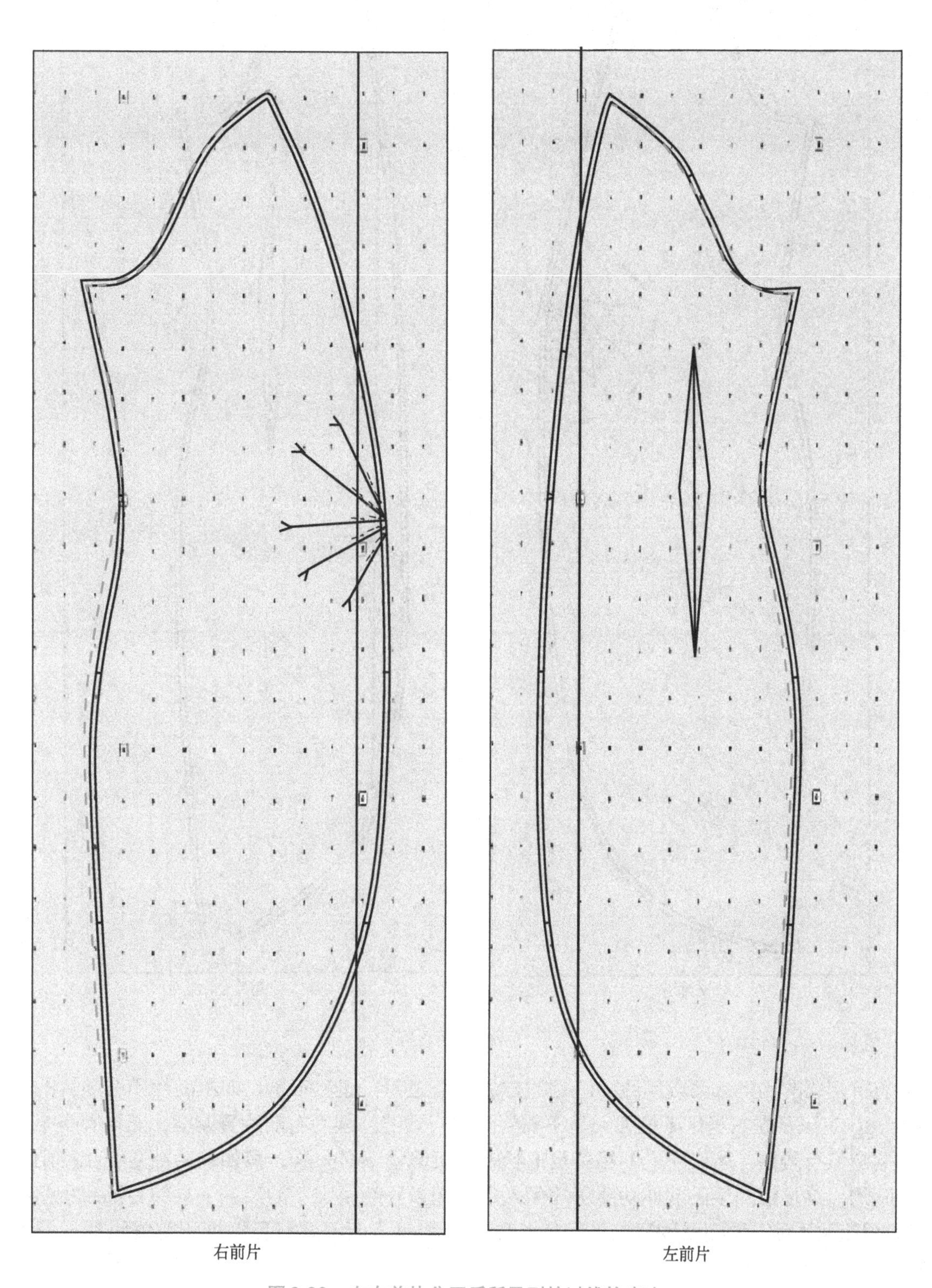

图6-39　左右前片分开后所见到的过线轮痕迹

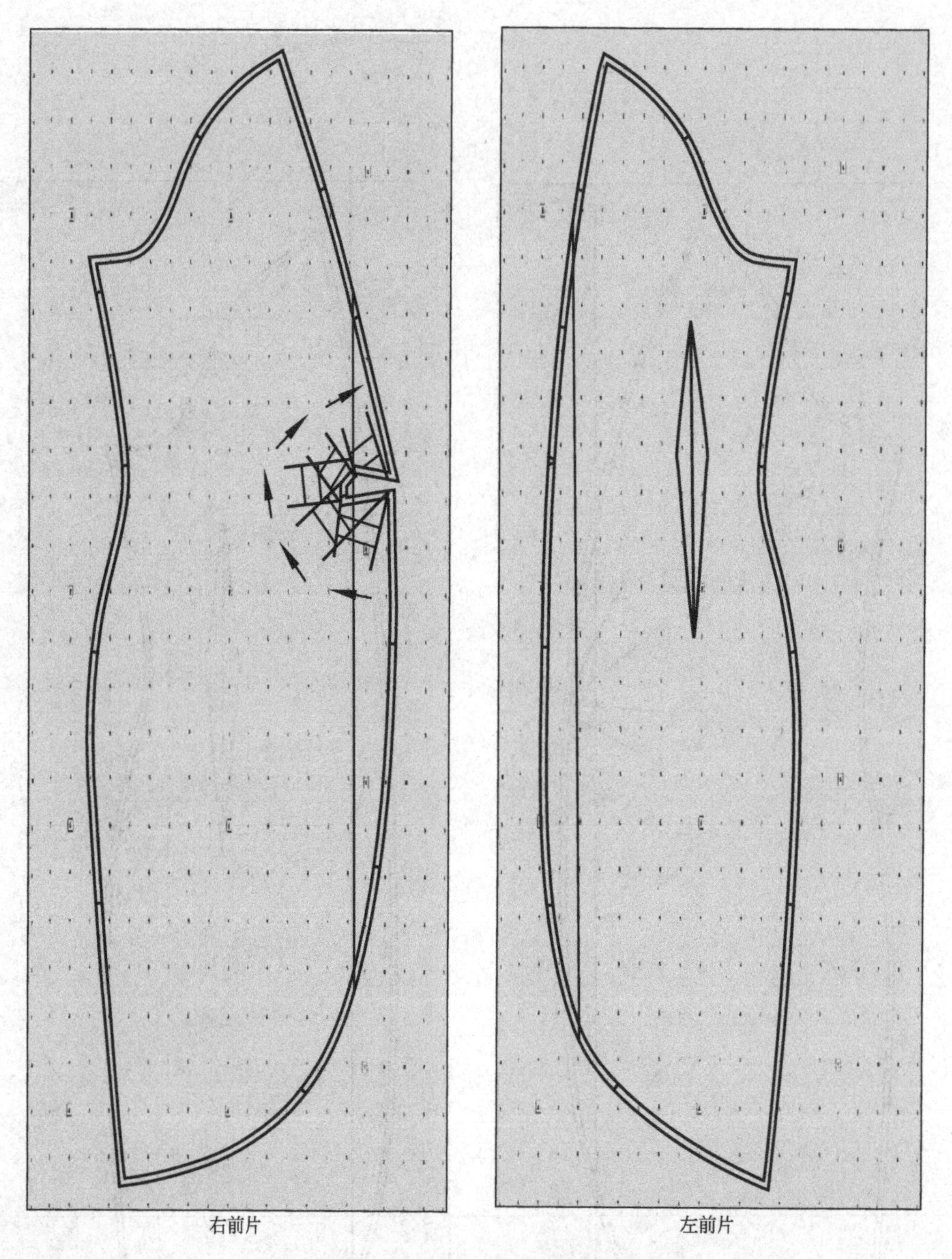

图6-40 修正后的左右前片的侧缝线及外形

是否所有相邻的线条都可以用取中画顺的方法去修正呢？显然不是。如左前片和右前片的前沿轮廓线（Front edge）以及左右身前下摆弧线是不需要对称一致的。因为右前片是偏襟，而且有多个活褶；左前片没有偏襟但有腰褶，所以它们的线条及形状就不可能也不必一样。再如前后袖窿线和袖山线的形状是各不相同的，这是因为手的前伸功能所需和人体结构各异而决定了前后袖子与前后袖窿相接的弧形不同。所以在描画之后只需测量袖窿与袖山的长度一致即可，而不要盲目地把所有线段都一刀切地取中画顺。

其他线条的校对方法则明显不同。如该裙子的领线和领子，校正时先把前后身与袖头相拼接画顺，然后用皮尺量出其半领窝长，再与领长相比，但由于领片的热压皱褶有很好的伸缩性，所以领子甚至可以比领长稍微短一些，短1cm不是问题。而前后袖中线（Sleeve center line）在校对时其长度和弧形应务求一致。把所需的线条都一一确认长短一致，各线条间的剪口处衔接平顺，将漏了的剪口补上，将错了的剪口改正后就可以给纸样加上缝份了。

加缝份时要考虑的是制作方法及工艺的需要和差别。例如考虑到外轮廓线是弧形弯曲线，为了方便缝纫和缝份折翻处理及熨烫的平服，前片弧形、下摆、袖山弧、袖窿弧、袖口、领窝线、压褶底边等可留1cm缝份。第二版（Second sample）时甚至可以只留0.6cm的缝份，因为第二版的版型较第一版版型更规范和有把握了。侧缝、袖中线及袖内侧缝等可留1.3cm缝份，衬里的缝份应该与面布一致。

到此，连衣裙的面布（Self）纸样就完成了。图6-41是左右前片的侧缝线经过了取中画顺的完成效果示意图。

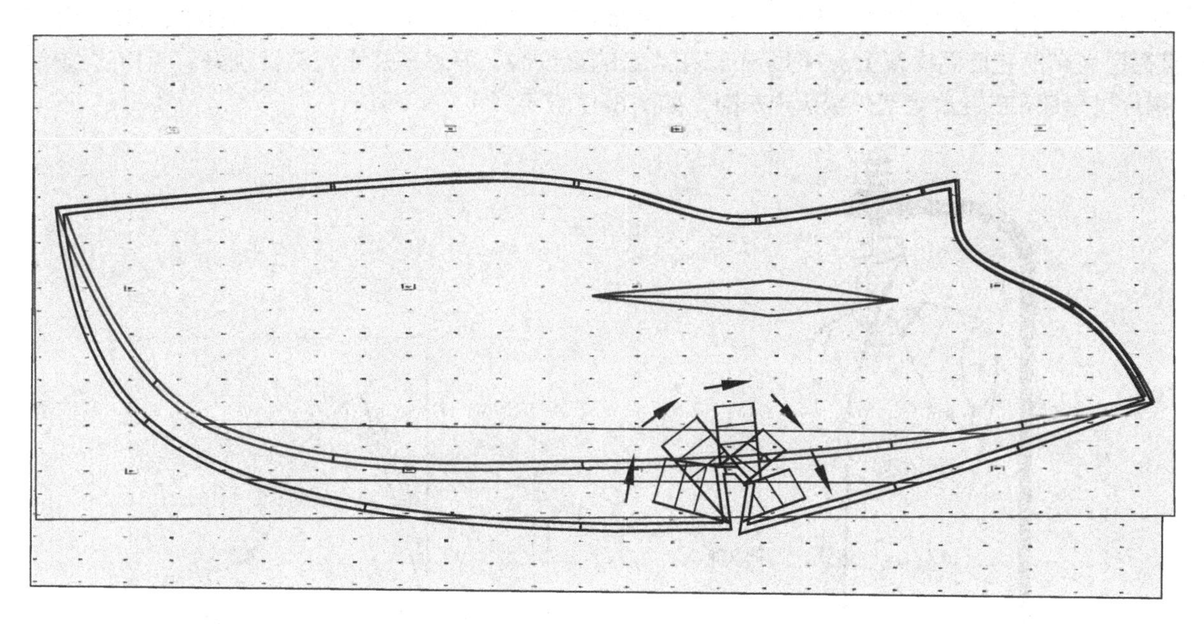

图6-41　左右前片侧缝线经过取中画顺完成的效果示意图

第十七节　衬里的立裁

本连衣裙的衬里制作有以下3种做法。

① 先立裁里布，后在里布的坯壳外进行外裙面布的立裁。

② 立裁好面布，利用在面布的外型立裁出里布，需要在人台上进行。

③ 完成面布版型后，借用面布来画出里布纸样，可用平裁操作。

裁剪衬里而言，方法①最理想，方法②为其次，方法③适用于左右一致的款式。而本连衣裙因款式特点，适合混合运用方法②和③进行。因为右前片衬里与面布的结构明显不同，而左前片和袖子的里布与面布是一样的。

从画版型的简便而言，把右前片做成与面布放射褶子结构一样的里布纸样既容易又方便，它只需直接复制一片和面布一模一样，但与它成反面关系的纸样就可以了。右前腰因为放射式褶子重叠的原因，面布缝份的叠加就已经很重厚，如果再加上衬里的褶子和绑带的量，那绝对是超厚超重了。为了避免这种情况发生，只能放弃上述省心的画法。打版时，类似这样涉及服装工艺的问题会经常出现，版师一定要用心思考，想清楚，尽可能在制作前把制作过程可能发生的工艺难题，在打版过程中加以处理，把问题解决在服装投产之前。

解决问题的重点就在右前裙片衬里上，这一裁片由于结构相对复杂的原因，所以需要用立裁的方法做出衬里。目的是立裁出外形与裙右前片一样，但结构有别的衬里裁片。右前裙片衬里制作的具体方法

如下。

首先量出裙前右片的长和宽，加大并剪一片普通里布作为衬里的立裁坯布。把这块坯布覆盖到右前裙片坯布上面，注意前片坯布与里布应该面对面（Face to face），周边用大头针做必要的固定，不用理会腰部的放射式褶子，但要在腰中加捏一个约3.8cm的腰褶，然后用剪刀修剪出与右前裙外型一致的里布，用麦克笔点上实线轮廓的标记，如图6-42所示。把衬里坯布从人台上取下来，仔细检查并确认没有错漏后，就可把坯布上的大头针摘下来，用熨斗干烫烫平，把右前裙片衬里的坯布的正面放到桌上，衬里纸样的复制就准备好了。

剪出一张大于右前裙片的花点纸，在它的正面和背面都画上同一条直纹线，把花点纸的正面朝上（并且衬里坯布的正面同样朝上），把坯布和花点纸的直纹线上下对齐并用大头针别好。手持过线轮沿着右前裙片衬里坯布的轮廓虚线外围运走一圈，如图6-43所示。

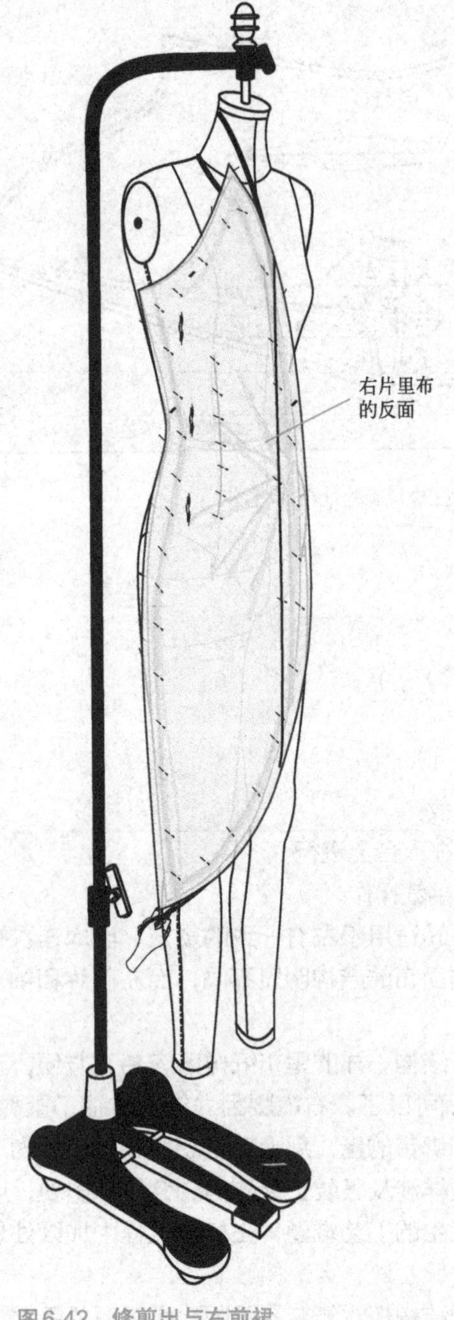

图6-42　修剪出与右前裙一致的里布外型

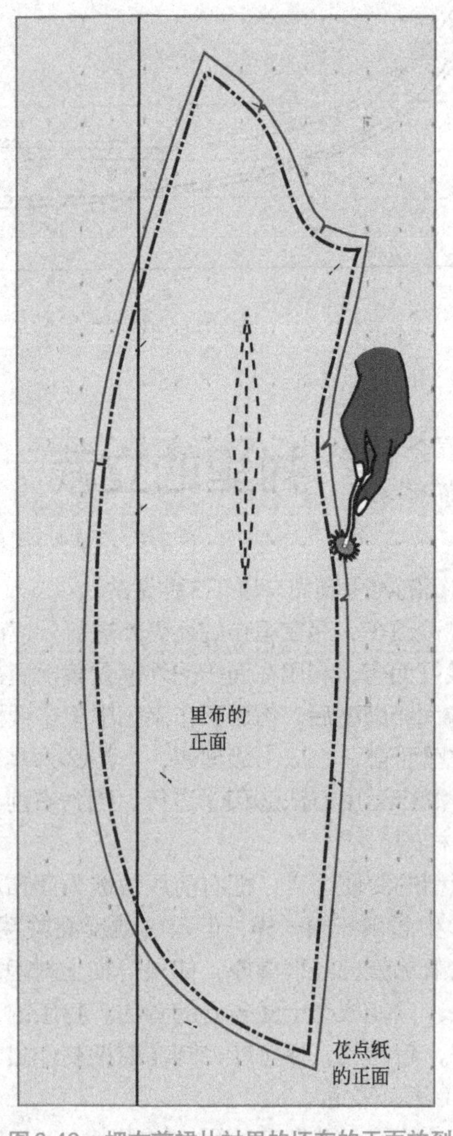

图6-43　把右前裙片衬里的坯布的正面放到桌上进行过线平裁的示意图

当款式左右不对称时，复制衬里可在花点纸的背面过线，而在它的正面画图型，这是一个避免面布与里布的朝向弄反的好方法。用铅笔和尺子画清在花点纸正面的右前裙片衬里轮廓，画好后先不要急于画缝份，而要把衬里的纸样垫在右前裙片纸样的下面做重叠比较，在确认图形正确后用剪口钳（Notcher）把右前裙片的剪口位一一打到它的衬里上，最后按比右前裙片略大0.15cm的外形剪出，画上1.3cm的缝份，就成为新的右前裙片里布了。如图6-44所示。

第十八节　左前裙片衬里的画法

与右前片相比，左前片衬里的画法就简单多了。如图6-45所示，取一张花点纸画上一条布纹线并把它的正面朝上；把左前裙片纸样反面朝上并覆盖在上，检查确认两张纸是正面对正面，对准布纹线并用大头针固定。按比左前片的轮廓略大0.15cm画好外轮廓（见蓝线），用过线轮把腰褶描刻出来，挪开左前裙片并画出褶子后剪出，与面布纸样合拼之后在同样的位置打上相同大小的剪口，就成为左片的衬里了。

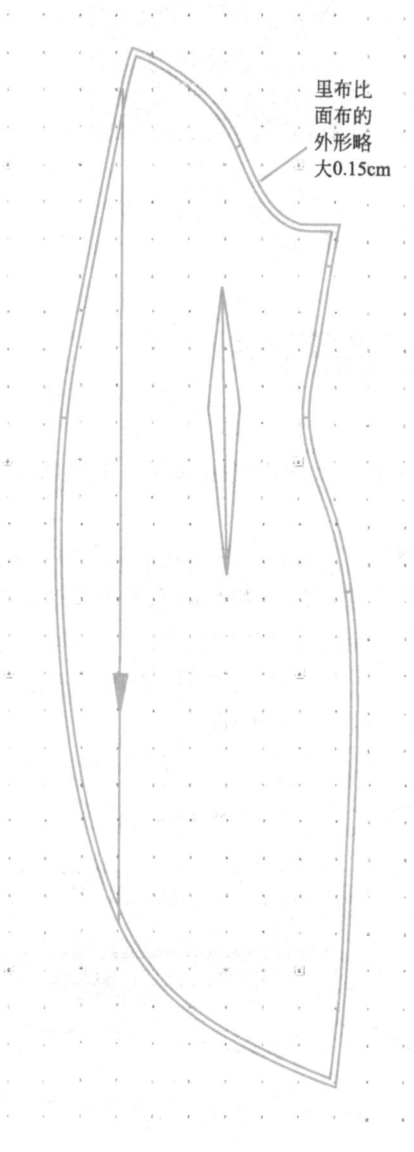

图6-44　右前裙片衬里的成型示意图

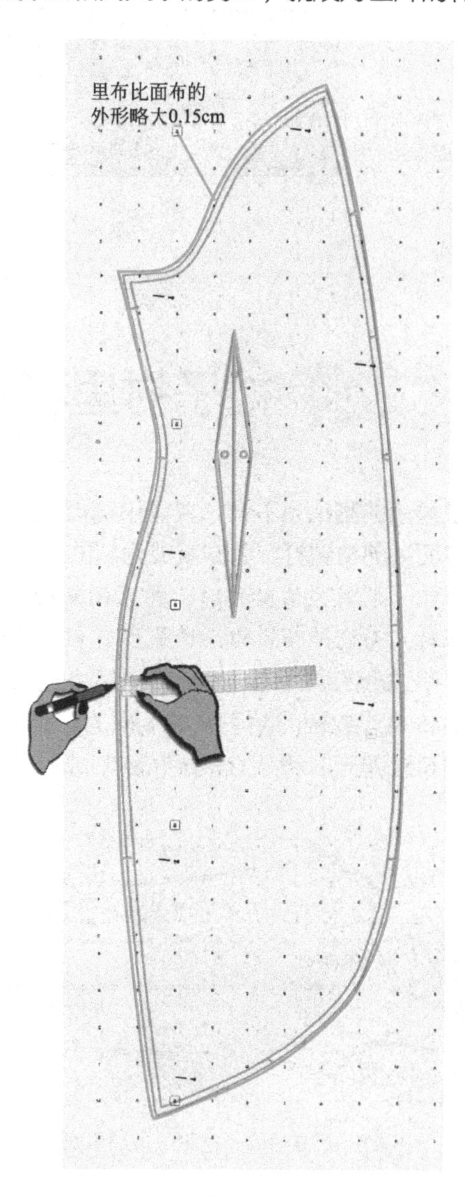

图6-45　运用左前裙片描画左前衬里外轮廓的示意图

第十九节 后片衬里的画法

后片衬里的画法同样很简单。对折一张足够大的花点纸，对准后中布纹线，画出比面布略大0.15cm的里布线和剪口，剪出并在面布同一位置打上剪口就完工了。图6-46是后片衬里的画法（见蓝线）和画上相同部位的剪口的示意。

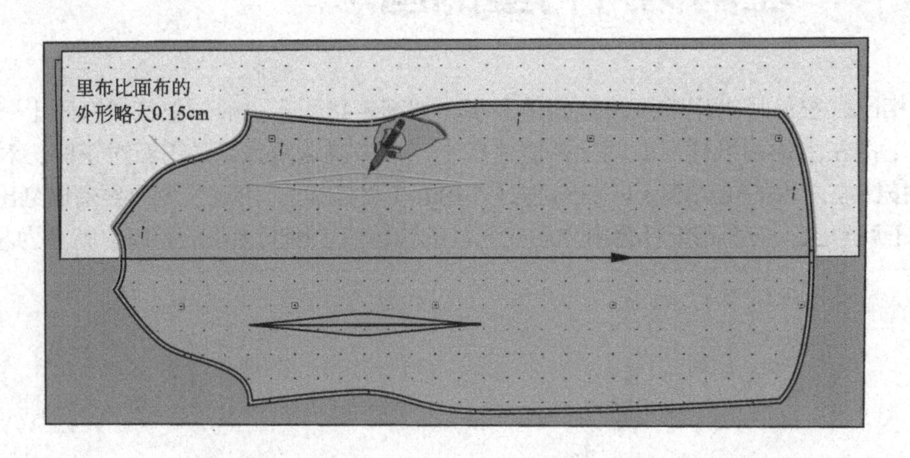

图6-46 连衣裙后片衬里的描画示意图

第二十节 袖子衬里和完成版型的画法

袖子衬里的画法也不难，只需用花点纸把袖子按面布的轮廓略大出0.15cm画好，按图6-47（见蓝线）剪出，按面袖的位置打好剪口就成为新的前后袖子的里布了。

小提示：*裁片左右对称时，衬里的纸样就不用做成正面对正面的了。但在裁衣服铺布（Lay out）的时候正面对正面还是必须的，这是裁剪者的常识。否则裁片就会剪成同一朝向而左左不分了。*

至于裙边沿的装饰边，设计师最后决定用外购缎纹编织物（Satin braid）让师傅手工缝在裙子上。

图6-48是连衣裙的袖子完成版型的示意图，图6-49、图6-50展示的是这条连衣裙的其他完成版型示意图，图6-51是连衣裙从立裁坯布到制成第一件样板（First sample）的对比图。

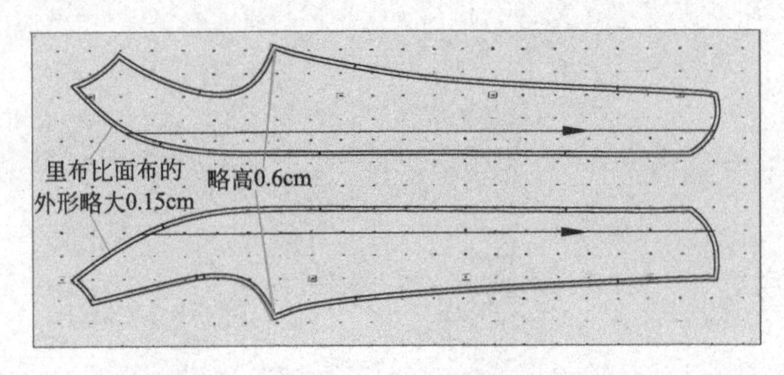

图6-47 连衣裙袖子衬里画法的示意图

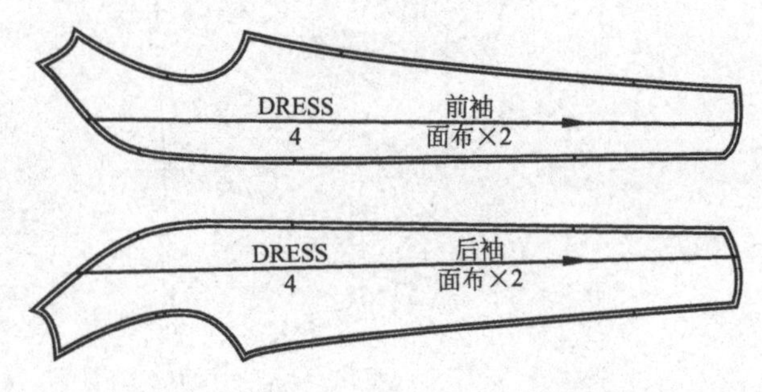

图6-48 连衣裙袖子完成版型的示意图

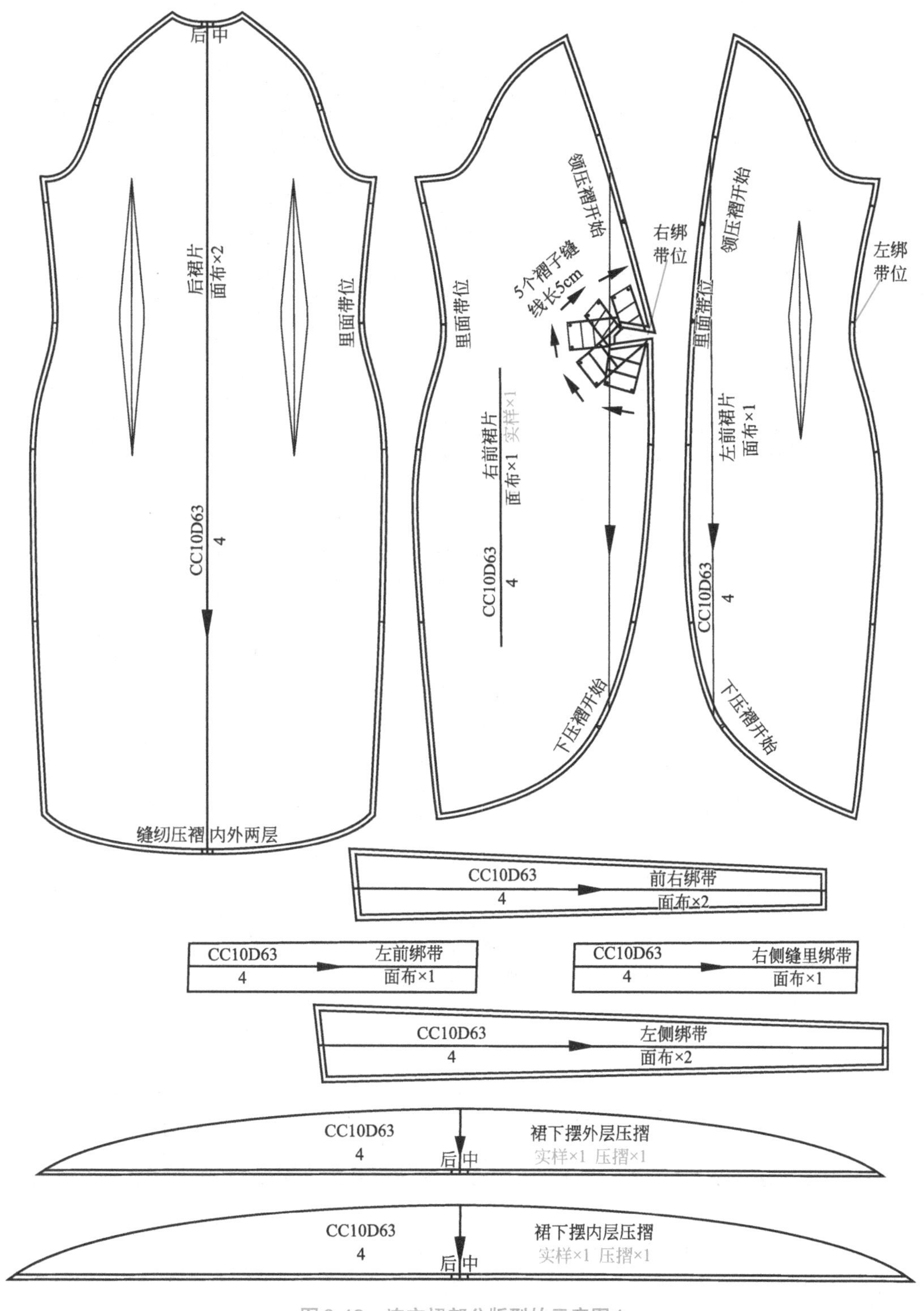

图6-49　连衣裙部分版型的示意图1

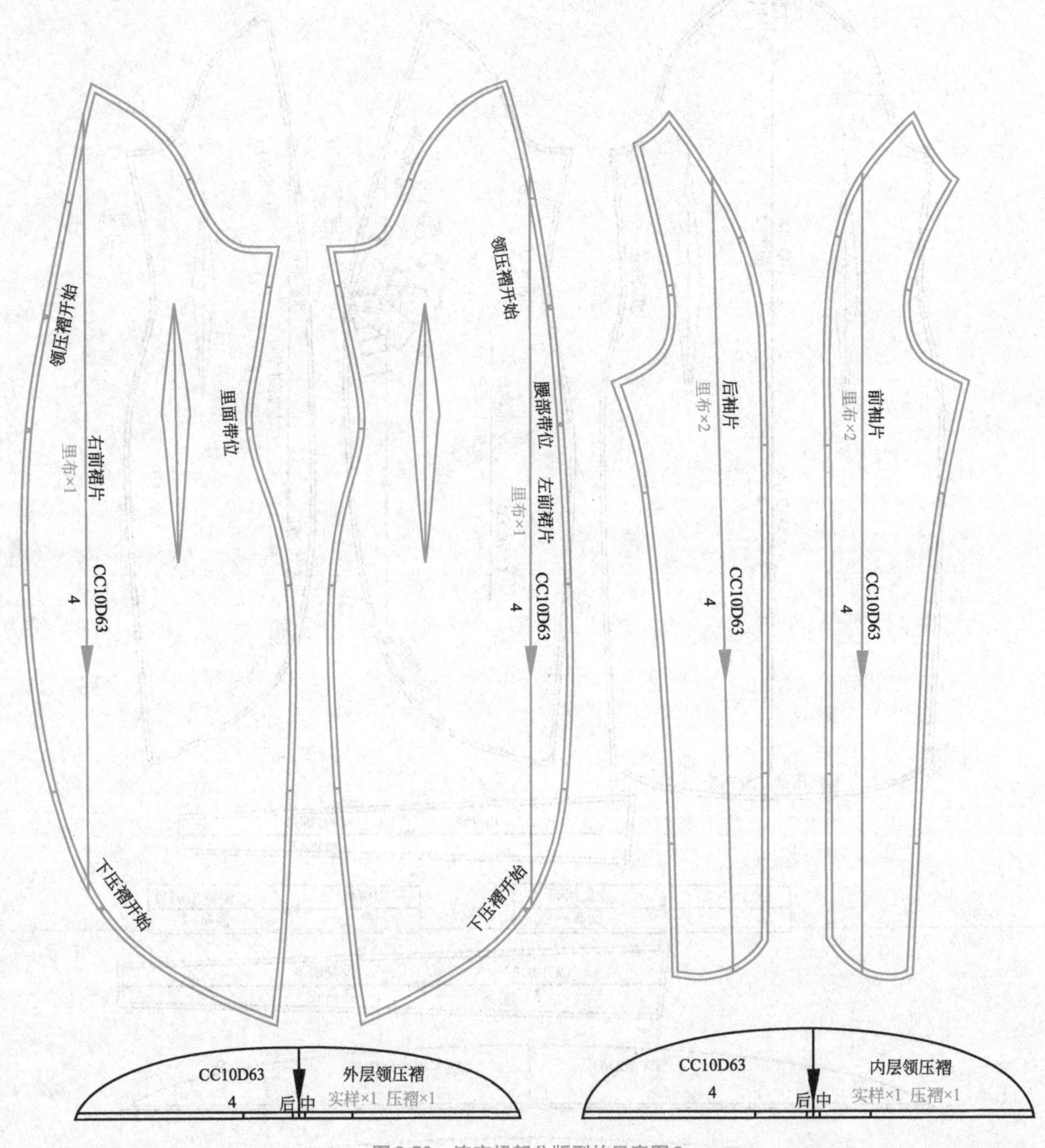

图6-50 连衣裙部分版型的示意图2

图6-51　连衣裙从设计图到立裁坯布到第一件样板（First sample）的对比图

下表是这条连衣裙的裁剪须知表。

连衣裙的裁剪须知表

此表需结合下裁通知单的布料资讯才能完整

尺码：	4	打版师：	Celine
款号：	CC10D63	季节：	2009年秋
款名：	偏襟腰褶绑结连衣裙	生产线：	

裁片	面布（软缎）	数量	烫衬
1	右前裙片	1	
2	左前裙片	1	
3	后裙片	1	
4	前袖片	2	
5	后袖片	2	
6	前右绑带	2	
7	左侧绑带	2	
8	左前绑带	1	
9	右侧缝里绑带	1	
	裁压褶用实样		
10	外层领压褶实样	1	
11	内层领压褶实样	1	
12	外层下摆压褶实样	1	
13	内层下摆压褶实样	1	
1A	右前裙片实样	1	
	里布		
14	右前裙片	1	
15	左前裙片	1	
16	后裙片	2	
17	前袖片	2	
	厚欧根纱－发外压褶		
18	剪长40cm全幅宽的厚欧根纱六片先接接起来	6	

款式平面图

缝份

1cm：面布及里布的所有外裙边，领圈，袖子，欧根纱压褶及内外绑带缝份等

1.3cm：面布及里布的其他缝份

数量	辅料	尺码/长度
1	1.5cm黑色的绸缎的装饰花边	宽1.5cm×长5.5m

缝纫说明

1. 这是一条全封闭的全里裙子
2. 需用＃10、＃11、＃12、＃13纸样来裁欧根纱压褶
3. 请先用＃1A实样画前腰部的5个活褶，然后折布缝纫活褶长5cm
4. 内外绑带的位置和长度需要在人台上定位和调整至合适
5. 外裙边沿用斜纹欧根纱1cm带条牵拉，以预防变形和拉长
6. 用手针把黑色的绸缎的装饰花边暗缝到裙的边沿上，注意要自然平服，不能拉紧
7. 其他制作细节可与打版师商议

图6-52是女偏襟腰褶绑结连衣裙的下裁通知单。

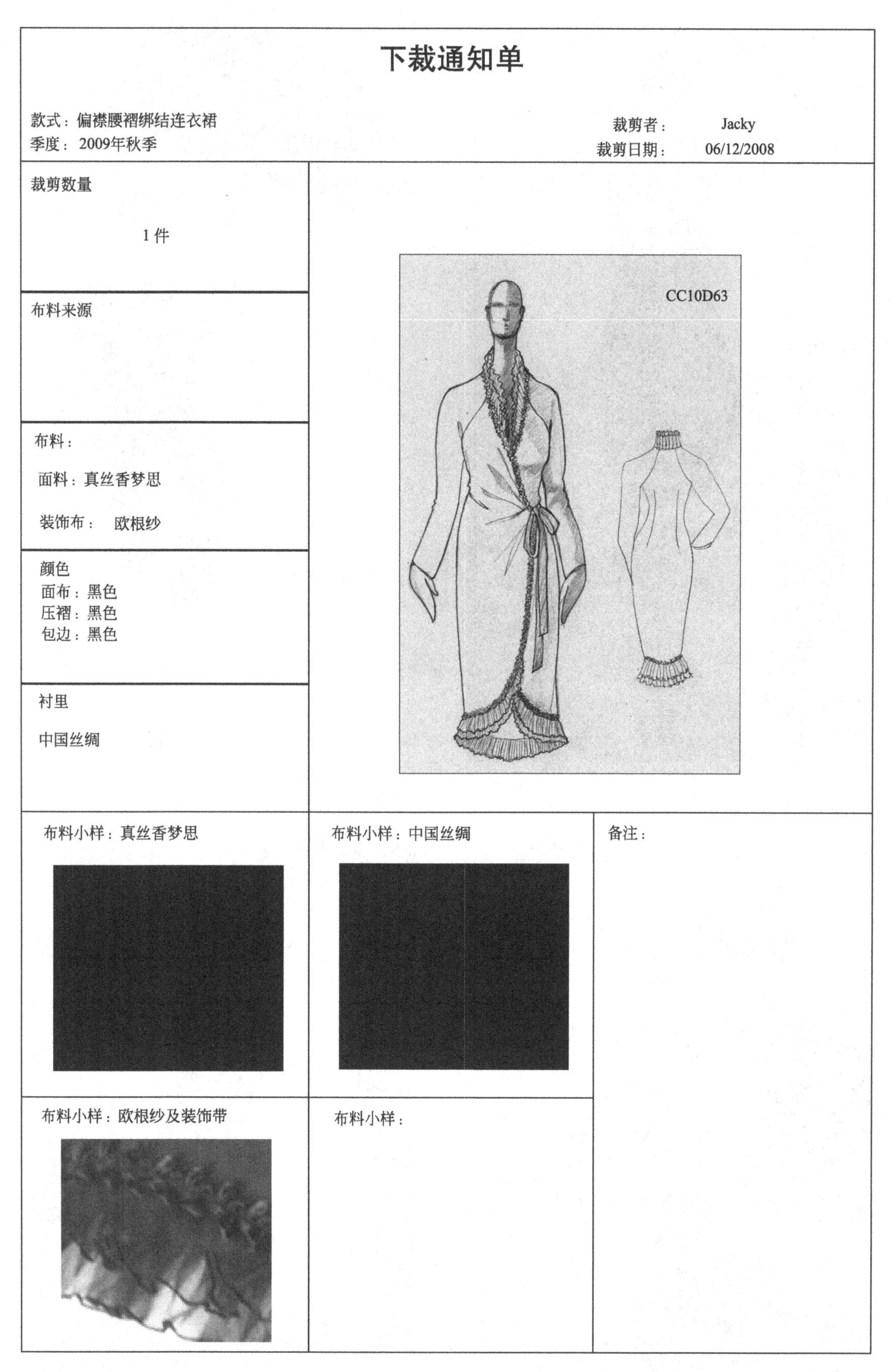

下裁通知单

款式：偏襟腰褶绑结连衣裙　　　　裁剪者：Jacky

季度：2009年秋季　　　　裁剪日期：06/12/2008

裁剪数量 1件	CC10D63
布料来源	
布料： 面料：真丝香梦思 装饰布：欧根纱	
颜色 面布：黑色 压褶：黑色 包边：黑色	
衬里 中国丝绸	

布料小样：真丝香梦思	布料小样：中国丝绸	备注：
布料小样：欧根纱及装饰带	布料小样：	

图6-52　连衣裙的下裁通知单

图6-53 ~图6-55是笔者打版的同类型连衣裙的效果。

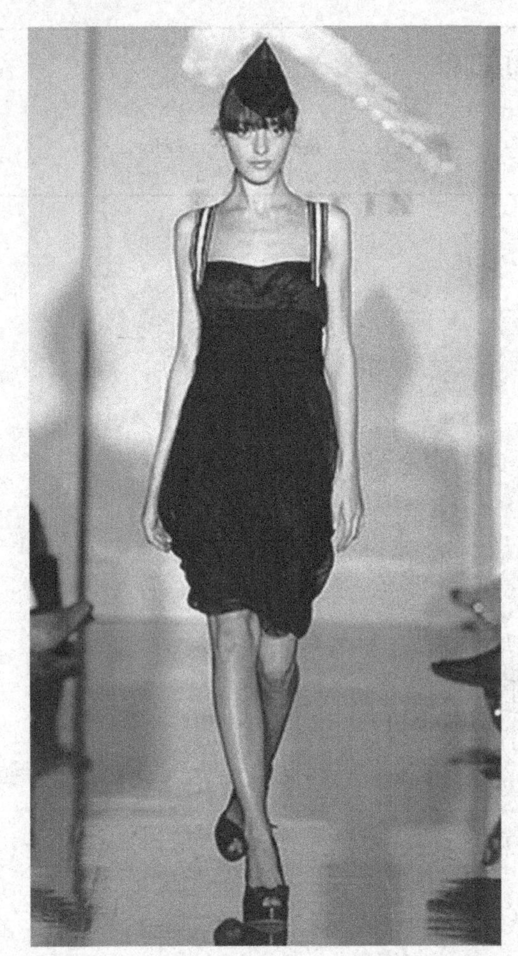

图6-53　笔者为两个美国新品牌打版的连衣裙的T台效果

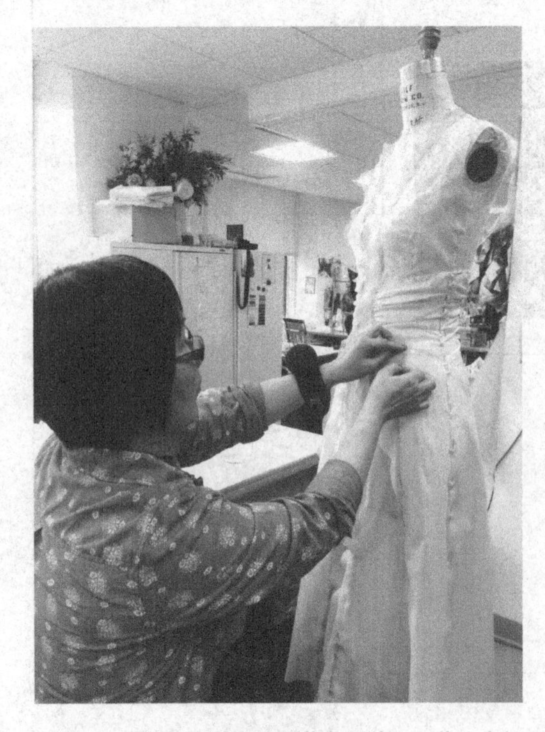

图6-54　笔者正在为美国著名品牌A立裁连衣裙

图6-55　笔者为美国著名品牌B立裁连衣裙的完成效果

思考与练习

思考题

1.在本章连衣裙款式的案例中，我们遇到了缝份厚度堆积的问题，除了在衬里上做文章之外，还有什么方法能帮助减少厚度呢?

2.为什么不对称的款式做衬里时面布需要正面对正面地描画?

3.怎样才能提高版师对服装工艺的认知和敏感度呢?

动手题

1.在网上查找出两件衣服，分析和找出有可能遇到的如厚度或其他工艺问题。设想假如由你来打版，你将用什么方法给予改善?请用所查到的款式为例，提出你的解决办法和具体方案，并以图解和文字说明。

2.任意选动手题1中的一个款式，在4号人台上进行局部立裁，从中理解其结构的虚实，探讨原来设想的解决方法的合理性，提出更进一步的处理办法。然后，5人一组交流分享。

3.仿照本章款式的元素，设计出相似的服装系列，5人一组每人选出一款成为一个新的系列。打出纸样并写出裁剪须知表和缝纫细节（Construction details）内容。最后剪出坯布并缝制成衣。

第七章
格子低腰镶边圆摆裙从平面到立体提升法

第一节　解读先平裁后立裁的平面提升法

所谓平面提升法（Flat-based enhancing method），实际上是一种先平裁后立裁（Flat pattern first and draping later）的综合裁剪法。在纽约的服装行业里，的确有人一直沿用平面提升法，并且版型质量不俗。平面提升法的做法是版师运用平面裁剪法，结合对人体结构（Body structure）及对款式的理解，从人台上量取必要的尺寸，先在坯布或纸上画出服装的平面裁剪图，后用平面裁剪图裁出坯布裁片，预留较大的缝份，用大头针拼合的方法把衣服的雏型拼接出来，接着利用人台模型（Dress form）进行立裁式的调整和修改的综合平立裁的打版方法。

这一做法的优点在于能较快捷地得到与设计图相似的服装结构的平面纸样及坯布轮廓，使平面裁片能快速地转化为接近设计架构的结构裁片，通过在人台上的调整，使平面构成向立体构成转化，从而使一开始的平面效果向立体裁剪的优化和提升。毫无疑问，这种经过再调整和改进制作而形成的新平面纸样比单一的平面裁剪效果更加符合立体的人体结构，穿着效果更舒适自如，更生动优美。

平面提升法的另一种做法是利用原型或标准版型，即那些经过专门制作或实际生产验证，经挑选被确认为比较符合人体结构的平面版型，作为画图用的基本型，我国服装行业称之为生产版型或原型裁剪。而这些原型也许是以下几种情况中的一种。

① 简单的体型原始版型，即原型（Prototype/Sloper）。

② 一些经过批量生产并被确认的标准版型（The standard patterns）。

③ 可被借用的与该设计图很接近的版型，进行互借互补（Style sharing）；在此基础上进行一些加、减、收、放、修、接、变、改、合并加工等而转换成新的平面图或立裁裁片。

这种以先画平面图，后上人台立裁，再把坯布变化成新的平面纸样的做法，也是当下美国服装行业里一部分版师的立裁打版的基本手段之一。

其实，平面提升法并不见得是美国服装行业的发明，更是一些来自亚洲的版师擅长并喜欢运用的一种手法。在我国服装行业，平面剪裁遍地开花，但与立裁相结合而生成最终版型的则较为鲜见。

在美国服装打版行业里做平面或立体裁剪，其突出的特点是它无论是量取尺寸长短，塑造线条形状，构建框架结构，或对构图比例分配（Composition proration），还是加放量的确定等，基本上都源于人体模型，对人台的实际观摩和量取。它是有体可依，是实取而不是凭空想象。不是单向地使用胸围比例分配，更不须要做加减乘除的计算或是分数的平分法来得出各部位尺寸，几乎所有的尺寸诸如胸围、腰围和臀围（Bust/Waistline/Hips）的位置高低和大小，又如袖窿的围度和深度，袖子的长短（Sleeve length），肩的宽窄度（Shoulder width），前胸及后背的宽窄度（Width of the back），乃至领深（Neck depth），衩高（Slit height/Length），口袋位置（Pocket placement）等，甚至于纽扣的距离（Buttons distance）、装饰线（Decorative stitch）的走向、身形弧线大小与长短程度，都可以在人体模型、坯布上直接量取，可用眼睛在人台上定位。先平裁后立裁的操作比服装尺寸公式计算法大大提升了一步，也许是中西结合，平立交汇，取各家之长，故显得更加容易上手，更方便操作且服装效果也变得更贴近人体和人体功能的需要。

笔者曾工作过的几家美国服装公司，都有与我国生产厂家合作打版的经历。从大部分我国寄来的样衣和版型来看，鉴于它们基本上是采用中国式的服装尺寸公式计算（Clothing size calculation formula）裁剪的产物，所以样衣和版型放上人台后都不同程度地出现了错误或不合体的现象，与美国标准人体和人台差别较大，或不符合人体部位结构，或造型比例生硬，或立体感缺乏，甚至没能很好地理解设计图的立意等的缺陷。美国服装公司的版师则往往不得不在来样的平面版型的基础上，重新立裁，把它们进行提升、改进、变化及调整，使它们变成不再是纯平面的，更符合人体实际结构和比例的立裁版型。

假如我国的服装厂商也能普及美国立裁的知识，送样前先对平面纸样作适当的立体调整，那对双方工作效率和效益的提高，以及对海外订单的争取，无疑是有百利而无一害的举措。

我们通过先平裁后立裁实例来体验提升版的平面及立体的混合式裁剪法。

第二节 款式综述

图7-1是格子布低腰镶色边圆摆裙，是一条结构简单且工艺并不复杂的彩印格子布（Plaid fabric）加上镶边工艺及包边工艺（Insert technic and piping technic）制成的低腰圆摆裙（Low waist circle skirt）。设计师特别要求裙子外观的裙子要居中（Centered），但又不能均匀（Uneven），裙腰部前后打有不均匀的活褶（Uneven pleats/Uneven tuck）及工字褶（Box pleat），裙长过膝盖5 ~ 7cm，两边装着侧斜插袋/侧插袋（Slant pocket/Side slant pocket），袋盖（Flap）加上彩色滚边（Color piping），裙腰和袋盖均用斜纹格子（Diagonal plaid fabric）裁剪，裙与腰之间用的是镶嵌工艺（Insert technique），即把彩色布边镶接在腰头与裙腰之间。而裙的两侧（Both side）要略为收窄以显苗条，以避免腰部的膨胀感。

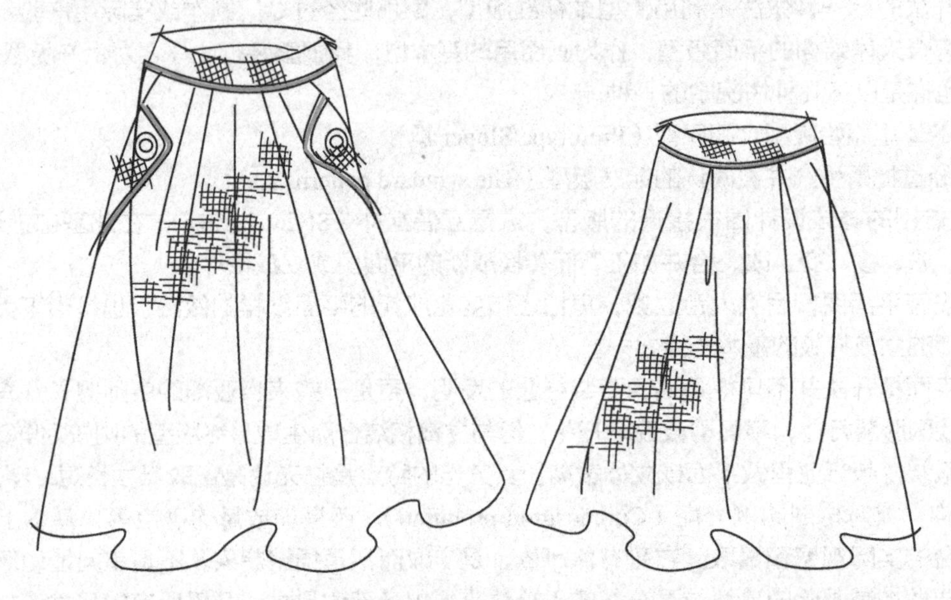

图7-1　低腰镶色边圆摆裙的平面效果图

这是一位罗马尼亚籍的设计师设计的裙子。她是一位有着敏锐市场眼光和感觉的设计师，虽年过半百，但笔下的款式却依然充满着年轻人的朝气和品位，并注重工艺细节和色彩。她酷爱减肥，体形苗条，思维敏捷，她设计出的作品受到年轻女子的热捧。在审定设计和样板时，她总是强调看上去要显得苗条和年轻。

制作这一款圆摆裙的时间很紧迫，版师必须在1天内打出这一款的版型及样板，包括了立裁（Draping）、制版（Pattern making）及做头板（First sample），当天下午5时一定要准时把裙子拍照并以电子邮件发给客人。等买家确定版型后（Approval muslin），才能用正式的布料做成样板裙，第2天再快递裙板到买家手里。

如果换成在我国做同样的裙子，通常程序是采用平面计算的裁法先裁出纸样，随后用面布裁出裙子就可以了。不过，在美国即使是这样一条看上去非常普通、没有多大难度的裙子也必须用立裁的方法裁制。因为只有立裁，才能把握好该裙子褶子和裙摆分布的特殊效果，设计师要是看不到真实版（Real version）裙子的立裁效果是不会轻易确定版型的。

接到效果图时，版师就意识到了要运用平面裁剪开始裁制。因为若先采用平面计算裁法裁出的圆摆裙，后再加上一点立裁与平面的互动，就能快速地找出该裙子腰部的折褶量，能把握裙子的外形。接着要做的是把裙子的大概轮廓裁画到坯布上，迅速放到人台上进行立裁，然后把捏褶的效果调整至设计师所期望的要求。

开始操作时才发现坯布（Muslin）的幅宽太窄了，裁不出一片完整的半圆裙（Whole piece of half circle skirt）。而设计师对这一款式的要求不允许前片有中间接缝。还好，天无绝人之路，直纹不行可考虑用横纹立裁。因为直纹和横纹都是90度的经纬纱，只要能用正确的90度布纹来作为立裁用料，问题就迎刃而解了。撕出几米软薄坯布（Soft muslin），先用蒸汽整烫并做缩水处理。取尺和笔，就可在裁床上开始动手先平面的平面制图了。

第三节　在坯布上画圆摆裙平面图

这款裙子平面制图步骤如下。

① 先剪一片长宽约为76cm×56cm的坯布画平面图，这块坯布上利用在人台量取到裙前片的两个主要尺寸，裙长70cm及裙腰18cm（前腰的一半），画出裙前片的A形裙平面基本型，然后按设计图波浪的位置示意画上几条剪开线（Slash line），后逐一编号备用，而裙摆宽将以展开成半圆的3/4（135度）作为参考，如图7-2所示。另撕出一片幅宽为122cm、长约2m的坯布备用。

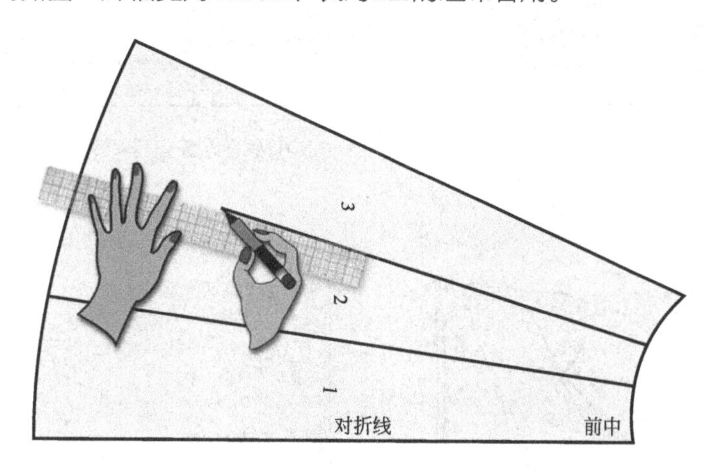

图7-2　画出前裙片的A形基本型并画剪开线

② 按剪开线把画好的裙片剪开，放到对折好的大块坯布上，按设计图的效果把图7-2中的裙片分成3等份，估算出不均匀的内工字褶（Uneven inverted box pleats）和活褶（Pleats）的空间位置，并定出裙长下线：腰顶的上平线往下脚线用皮尺量出裙长约64cm，如图7-3所示。

③ 如图7-4所示，用大头针别出裙子腰部的褶子，但是，这些褶子的折合仅仅是初步设定，不是最后结果，下一步搬上人台后还需逐一做进一步的立裁。

④ 图7-5是画裙腰弧线的示意图。在裙腰上单手把直尺侧立起来弯成弧状，另一只手量画出腰位弧形。

⑤ 如图7-6所示，手拿皮尺的一头，另一端用铅笔插入皮尺起始端的金属小孔。双手沿腰围线小步距（Small stepping）地同步量画裙长，这是画桌布裙长的好方法。然后用剪刀按图留出一定的缝份并剪出立裁坯布。

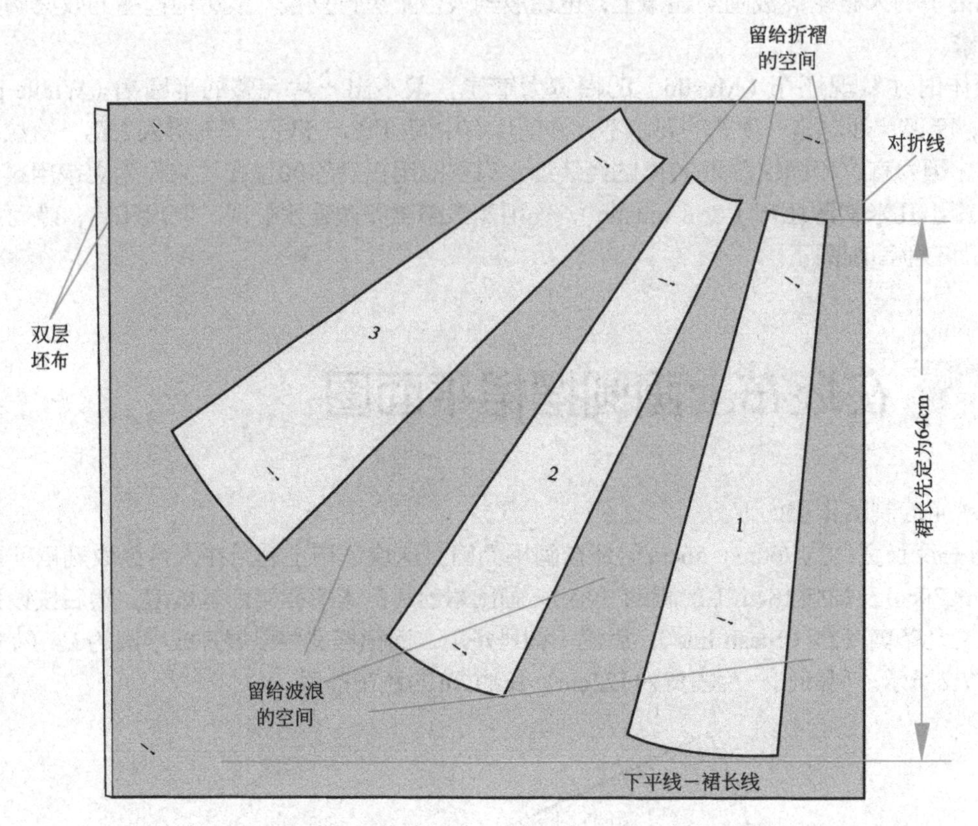

图7-3　剪开裙片并按设计图效果展开折褶和设定波浪空间的示意图

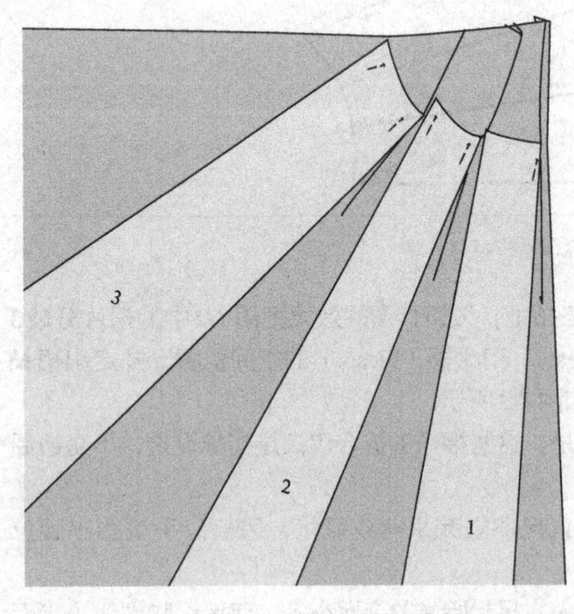

图7-4　折出裙腰部的褶子的示意图

图7-5　用单手侧立尺子画腰部弧线示意图

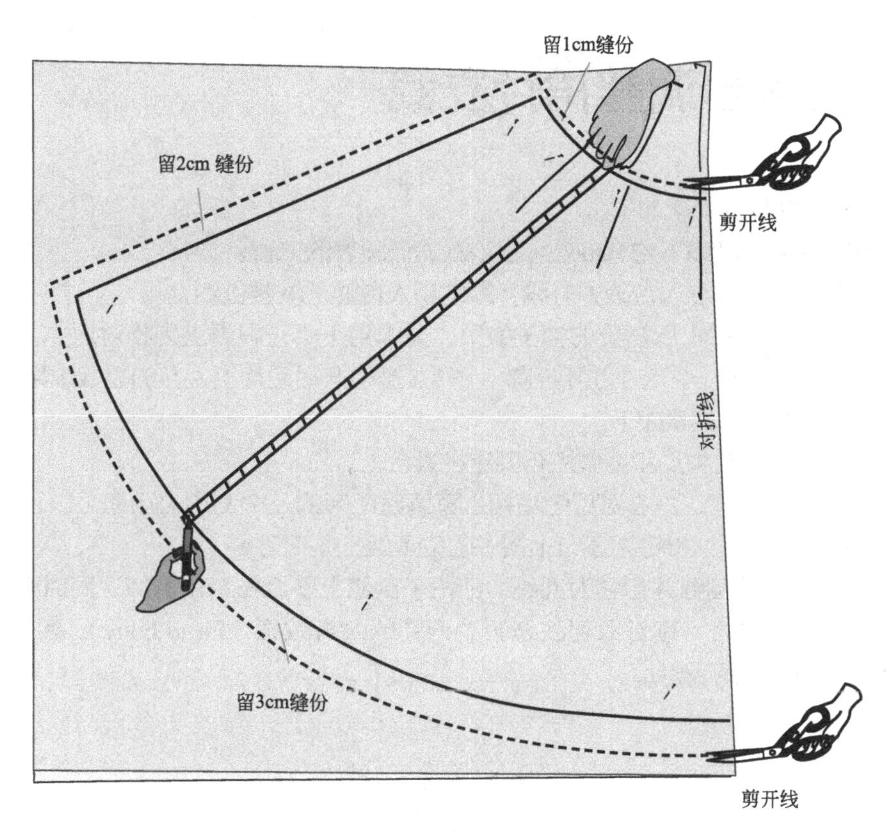

图7-6　双手用皮尺沿腰围线小步距量度并画出裙长和预留缝份的示意图

第四节　画后裙片

前片画好了，下面看看如何利用它快捷地平裁出后裙片坯布。

① 把备用的横纹坯布对折好放到桌面上，仿照做前片褶子的方法折出中间和旁边的不规则和不对等的褶子。把剪好的前片放到坯布的里面，但不用打开已经别合的褶子，用大头针在四周别好固定备用。

② 如图7-7所示，在前腰最低点下量2cm成为后腰位中点，按设计师的要求，把后腰上的暗工字褶初步捏出（小提醒：这也不是最后的结果，需放到人台后再作移动和调整）。用划粉按前片下摆画出后片下摆线，考虑到设计师两边要略显瘦身效果的设定，所以把侧缝按虚线位略微减少（减掉）。由此可见，利用这一方法来裁剪出后裙片坯布，是裁剪后裙坯布的简便捷径。

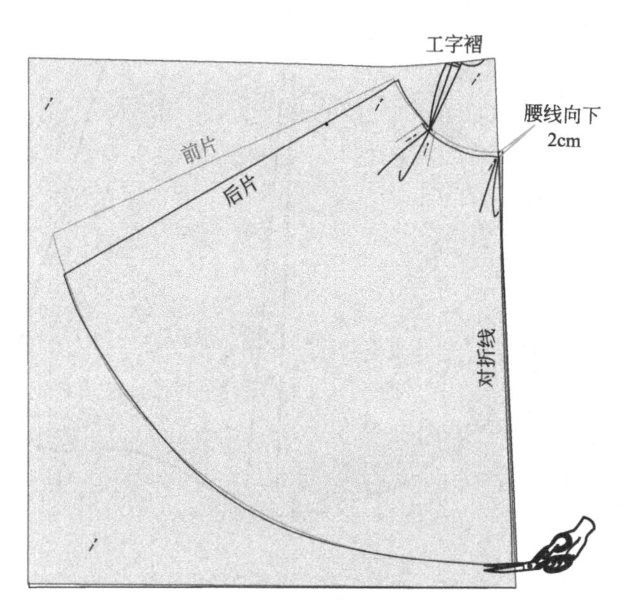

图7-7　圆摆裙后片的坯布剪裁方法示意图

第五节 上人台调整裙片立裁

上人台调整后裙片立裁的步骤如下。

① 先用款式胶条在人台腰线下约6cm处定出该款式低腰线的位置。

② 用大头针把后片坯布对准人台的中心线，固定到人台的下低腰位线上。

③ 重新调整并别出设计图上所需要的褶子效果。要求褶子第一眼看上去相对居中，但仔细看距离却不同，即两个褶子之间距离不一，大小也不相等。图7-8是圆摆裙后片上人台的立裁效果展示。

上人台调整前裙片立裁的步骤如下。

① 用大头针把前裙坯布的中点和两侧坯布固定在人台上。

② 先重捏中间的内工字褶，左右对折的褶裥，再调整两旁的几个不均匀活褶（Uneven pleats），让前裙身的悬垂效果顺畅自然，用划粉等把坯布上褶子的位置做一些记号。

③ 用手指触摸着人台的侧缝并借它为准线，把裙子侧缝上多余布料修剪掉，同时要留出约4cm的缝份，然后把侧缝的前后片拼合。别针时要注意裙的两旁的贴身效果（Fit to body），避免有明显波浪感。图7-9是前后裙片侧缝别合的示意图。

图7-8 圆摆裙后片坯布立裁示意图

图7-9 前后裙片侧缝别合示意图

第六节　裙子前侧斜袋的立裁

裙子前侧斜袋的立裁步骤如下。

① 在裙腰离侧缝约6.5cm处定为侧斜插袋的起点，斜袋盖长16cm，用铅笔和尺向侧缝方向画一条斜线。用坯布画一个斜纹袋盖（袋盖口最好取直纹，因为直纹布做袋盖能保证它的平直），因本款是格子布，考虑到格子的视觉效果所以选用斜纹，留出缝份后剪出。再用熨斗折烫袋盖缝份，把袋盖形状烫出。考虑到袋盖将要加缝滚边（Flap edge with binding）工艺，可用颜色笔在袋盖边沿勾画彩色外框，以模仿滚边效果。图7-10是在坯布上画出口袋盖的示意。

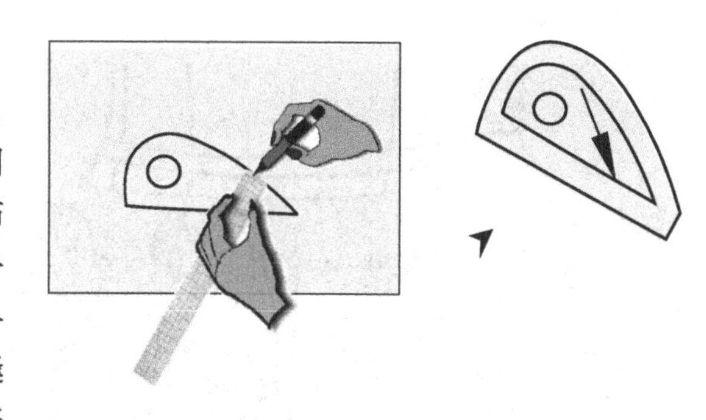

图7-10　在坯布上画出口袋盖的示意图

② 做侧袋布（Side pockets），先别忙着把袋盖贴到口袋位置上。剪一片长约28cm、宽约20cm的坯布，画上直纹线，把它用大头针固定到口袋的位置上。按手掌伸开的大小，用铅笔或划粉勾画出袋布的外形，后在四周留出缝份，剪出后拼接到袋子的位置上，图7-11是口袋布的画法。

③ 重新调整并别出设计图上所需要的褶子效果。做到褶子间第一眼看上去相对居中，但仔细看两个褶子之间的距离不等，宽窄也不一。图7-12是圆摆裙袋和袋盖的组合效果展示。

图7-11　口袋布的画法示意图

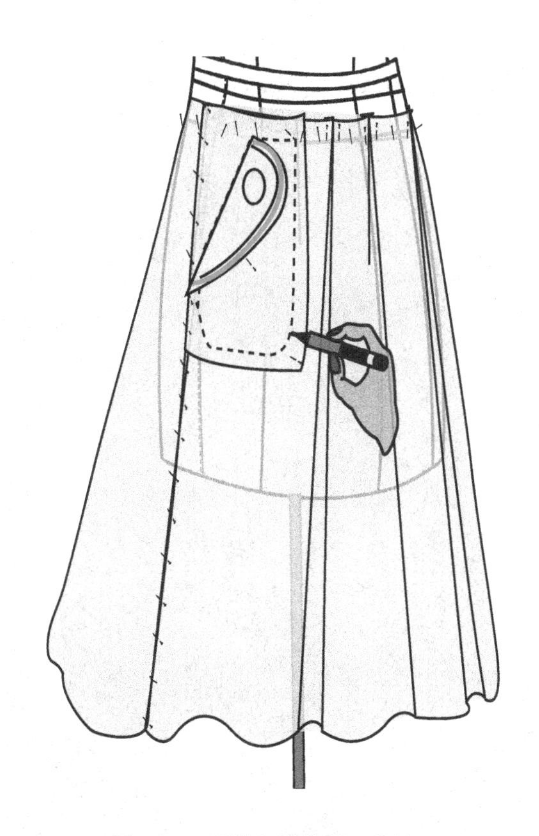

图7-12　裙袋和袋盖的组合效果

第七节 前后腰的立裁

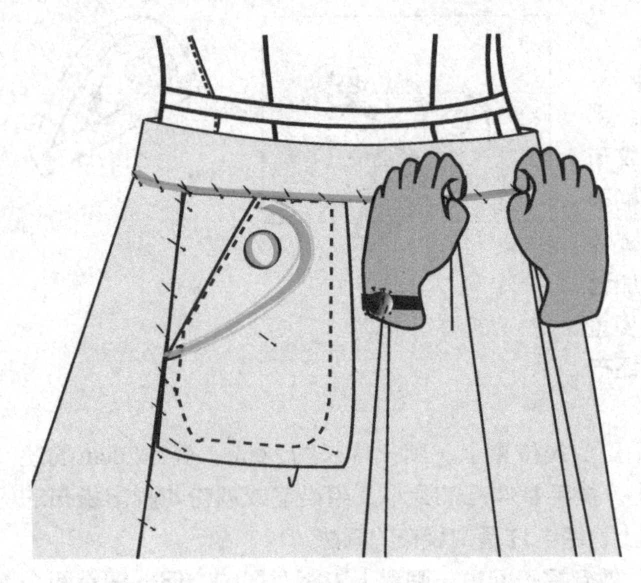

图7-13 前后裙腰带立裁的示意图

图7-14 低腰圆摆裙的立裁头板效果

前后腰的立裁步骤如下。

① 这一步骤建议先从前腰片开始。用皮尺量出前腰的宽度和高度，剪出一块斜纹坯布，画上中心线后用大头针别到人台上，同时向两边拨平拨顺。接着用蜡片涂擦出腰头的形状，留出1.5cm的缝份，用剪刀修剪出腰形，用手指协助刮出腰前片净样。考虑到前腰下边线还要加镶边，用蓝色的麦克笔把前腰底边画上一条蓝色线。

② 做后腰片立裁同样要用皮尺量一量下后腰的宽度与高度，剪出一块斜纹坯布，画上中心线。用大头针插到人台的后中线上，用蜡块涂擦出后腰形的形状，留出1.5cm缝份，以剪刀修剪出后腰片，用大头针把两侧缝和前后缝份别好。因为后腰底边将来也要加上镶边，自然也要用颜色麦克笔把后腰下线涂上示意线。图7-13是前后裙腰带立裁示意图。

③ 作整体效果的调整（Adjustment）。版师要根据设计图的描绘和设计师的要求以及喜好，用眼睛把关，调整立裁坯布的整体效果。尤其是前后波浪的成形（Front and back wave shape）、腰型（Waist shape）、袋盖位（Flap position）、侧缝（Side seam）和裙子的长度（Length）等，都要经过相互调整才能变得协调与和谐。所以，只要是任何不合适、不对称、不完美的地方，都应该不惜拔掉大头针重别，调整至心中的最佳方休。

图7-14是这款圆摆裙的立裁头版效果。请出设计师之后得到的反馈有些意外：坦白说这条裙子与设计图挺接近的，但缺点是用布太多。当下经济萧条，市场价格跌宕起伏，否能在保持外观效果的基础上削减（Cut down）30%的用布量是个充满挑战性的难题！

毋庸置疑，用料就是成本，成本关系着利润，利润关系到生存，生存才是硬道理。版师这时该想该做的就是接受挑战，开始尝试简约版的圆摆裙，在初版基础上节省用布量三成，这意味着要把本来接近整圆的圆摆裙从原来的尺寸进行大刀阔斧的削减，如何应战呢？

第八节　减布的关键技巧和方法

减布过程中应把握的关键是裙子的腰围不变，而裙摆围（Skirt hem）和裙身（Skirt body）要狠减30%，裙长暂时保留，等待再审版时做决定。

削减纸样最忌讳的是简单地从裙子的两旁下手，这种做法将导致整条裙子造型的毁坏。正确的做法是在不同的部位作不等量的缩减。下面介绍两种不同的处理方法。

方法一：图7-15是在桌上打开原裙前片坯布，在原裙坯布中设定5个削减坯布的位置，画上5条剪开线（Slash line），以备收拢。收拢时把两旁的剪开线1和剪开线5多收缩一些，因为它们靠近侧身，这里多收一点能收获整条裙子造型苗条的功效。中间的3条剪开线剪开后每条少重叠（Reduce overlap）一些，因为剪开线2、3和4的位置靠近中间，而中间的裙摆波浪如果减得太多，裙子会显得平坦而失去了波浪感，这就难以保证设计的外观效果。只有酌情削减裙片才能达到改大波浪为中波浪的要求，又能实现省料的初衷。

方法二：用眼睛观察人台上裙子的悬挂效果，把看起来适合收小的部位用大头针别起来，用划粉作记号，然后根据别针的情况再剪开修小裙片。方法二是有难度和技巧的做法，且对版师的要求较高，能跳过先画线定位而直接开剪，没有相当经验做基础而直接下剪，是要冒大风险的。相比之下，方法一与方法二的手法和效果可以说是异曲同工，而方法一相对稳妥且成功率高。

图7-16展示的是如何削减裙片的示意图，灰色的三角区域表示重叠合拢的部分，外轮廓线表示原裙片（Original skirt）的大小，两侧空白的区域表示被减掉的30%面积的部分。用过线轮、尺子和笔在另一张花点纸上把新的前裙片纸样临摹出来，并相应调整褶子的大小。图7-17是削减后前

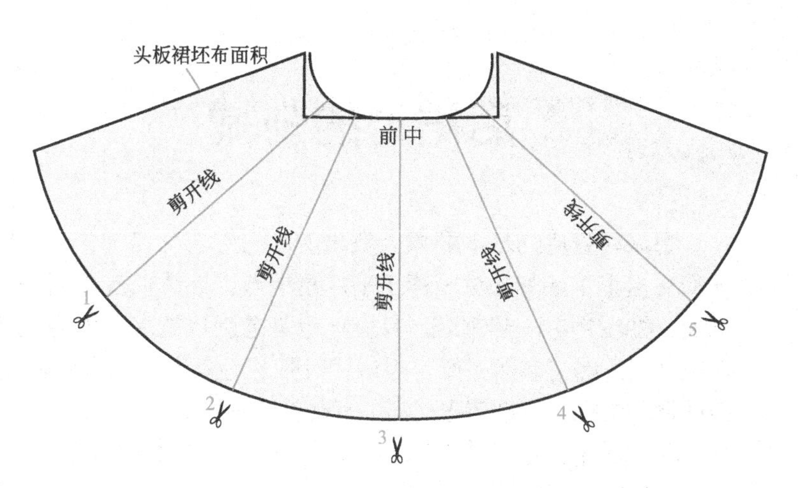

图7-15　在头板裙坯布上画5条等分的剪开线

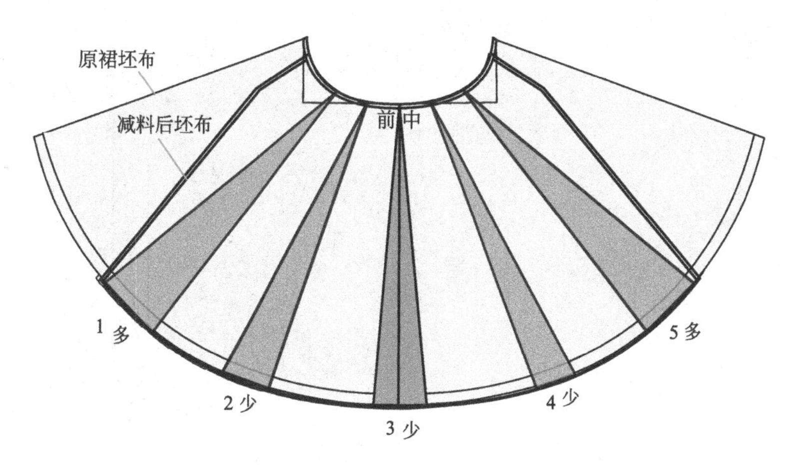

图7-16　裙子前片坯布剪开后收拢多或少的示意图

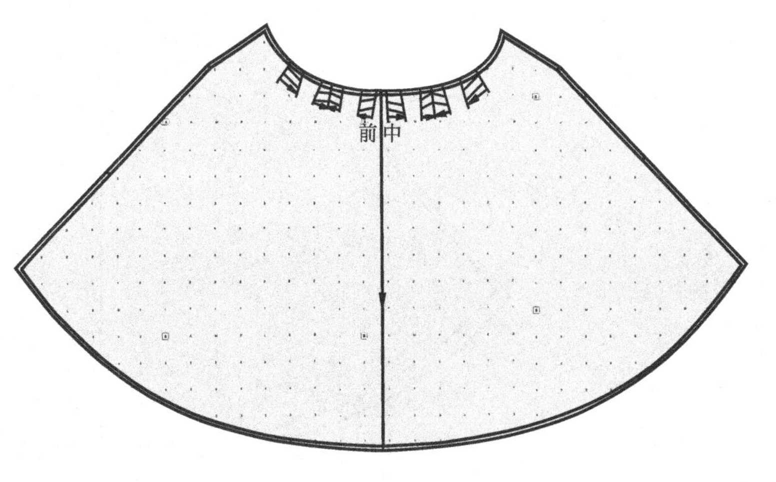

图7-17　削减后新前裙片纸样的示意图

裙片纸样的示意图，如把它放到原始的裁片上作对比，它的省料效果就更一目了然了。

描画好新的纸样后，在剪出减料后前裙片坯布时，有经验的版师会在腰部多留一些缝份，因为腰部的捏折很可能还要再做进一步的调整。最简单的方法是先别剪掉斜袋口的部分，把前片斜袋口作为备用量就足够了。调整好褶子，然后画6cm × 16cm的斜袋口长。完成后把新裁片按中心线重新插到人台上备用。

第九节 后裙片的削减

削减后裙片的基本要领大致与前片的方法一相同，也可以运用方法二，即用别针视需要拼接。但设计师又提出了新的想法：裙子前片是重点，后片仅仅是衬托，既然有主次之分，希望在前片省三成的基础上，把后片进一步削减。其设计思路是后片的减小将有助于对女性臀部消瘦感的塑造。设计师果断地提出把后片的工字褶去掉，裙后片只留下两个不对称的活褶，把袋布缩小一些，裙长修短为59cm。这样，设计师和版师一起把节省材料的理想变成现实。

图7-18是在原后片的基础上按设计师的修改意见减掉工字褶和几处收拢的处理方法的示意。图7-19是裙后片削减后的裙形示意图。

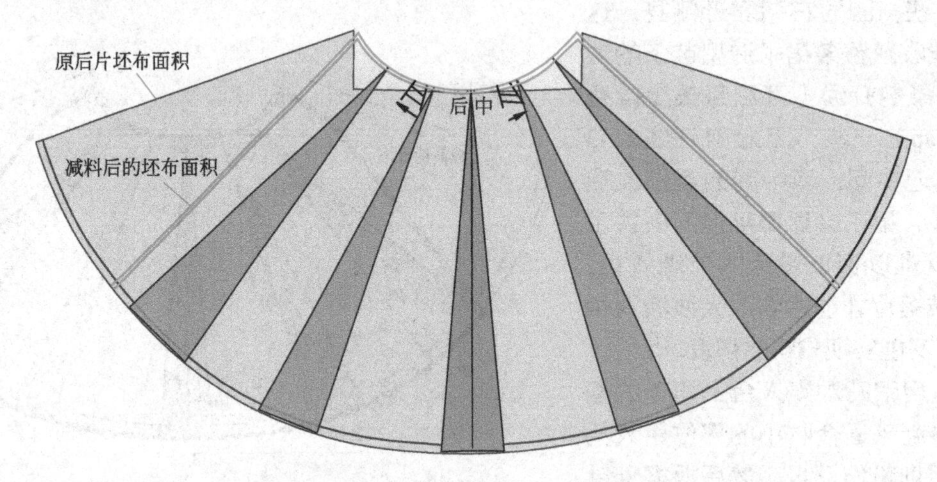

图7-18 裙后片削减收拢处理方法的示意图

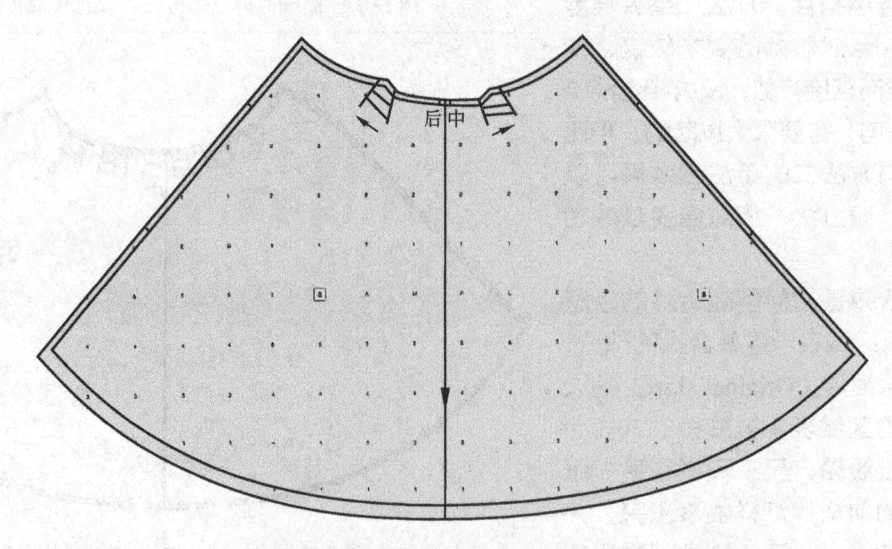

图7-19 裙后片削减后纸样图形示意图

第十节　布料可否一省再省

把前后裙片放到人台上并作重新立裁，由于削减布料的方式处理得当，所以新的坯布悬挂的效果仍然让裙子的外观波浪起伏，而两侧略为收身，不突出波浪的造型要求。从腰到裙摆，看上去匀称流畅，美观自然。图7-20是省料后裙子再上人台的效果示意图。

图7-20　省料后裙子再上人台的效果示意图

看完削减布料后的立裁效果，设计师问版师，还有再省的空间吗？版师认为假如面料用的不是格子布，还是可以的。要是继续再省的话，招数是把裙后片从中间破开改装配拉链。版师接着向设计师解释：这个方法如用在净色布（Plain color fabric）上，断开的后片就可采用倒插排料（Two way layout）的方法，从理论上就有省料的可能性。但现在款式是格子布，剪开后还需要考虑对格（Match plaid）问题，这就给裁床和缝纫等工序都增添困难，所以不能再省了，硬省对总用量的削减已经意义不大。经过此番探讨，设计师再节省布料的想法就此止步。

第十一节　袋布和腰片的画法

在移动前侧口袋（Side pocket）布时，还要加上一块内袋布（Pocket bag）才能使袋子装东西。而口袋布斜边开口的布纹如能用直纹，在缝纫时就可帮助控制裙前片的袋口被拉长（Stretch）的问题，图7-21是圆摆裙的袋盖、袋布的描刻方法。

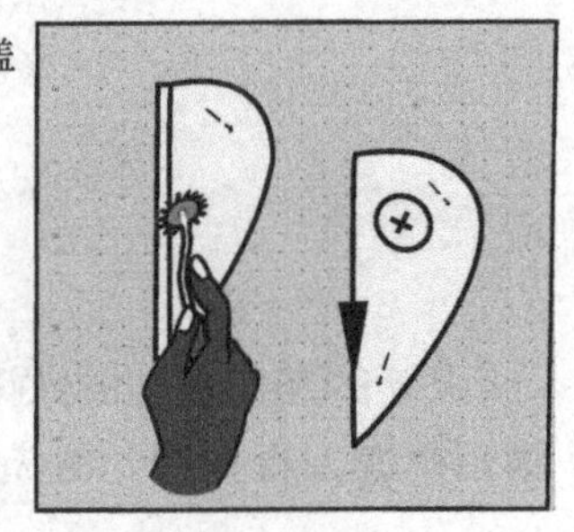

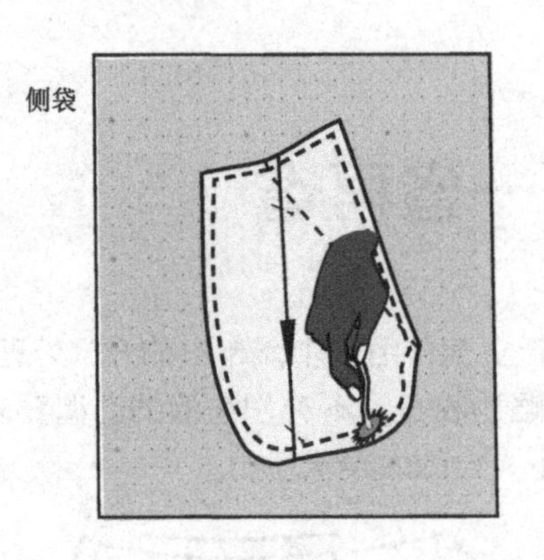

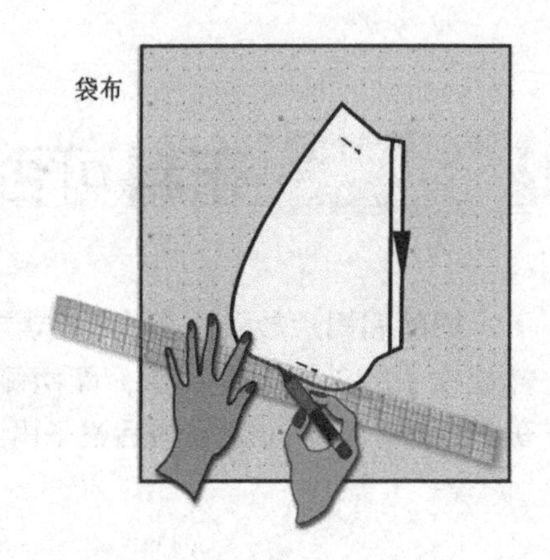

图7-21　袋布的描刻及画法示意图

内外腰片画法的要领如下。

① 把纸样对折起来画。

② 外腰片要把镶嵌的部位另画成纸样，并写上不同颜色的布组合（Combo）。

③ 内腰片无需含镶色布部分。

④ 借用人台量取腰部的上下尺寸以规范腰片尺寸。

另外，用皮尺量出前后腰片的上下尺寸，把前后腰片从人台取下，并做记录备用。画裙腰纸样时需要画斜纹线，因为设计图的原设计裙身要求直纹，裙腰是斜纹。操作时先把腰片按原形大小画出，然后完成前后腰片。图7-22是前后外腰片的描刻及画法。

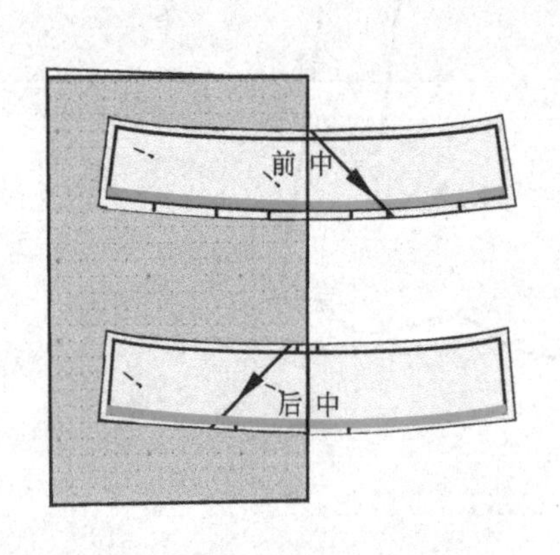

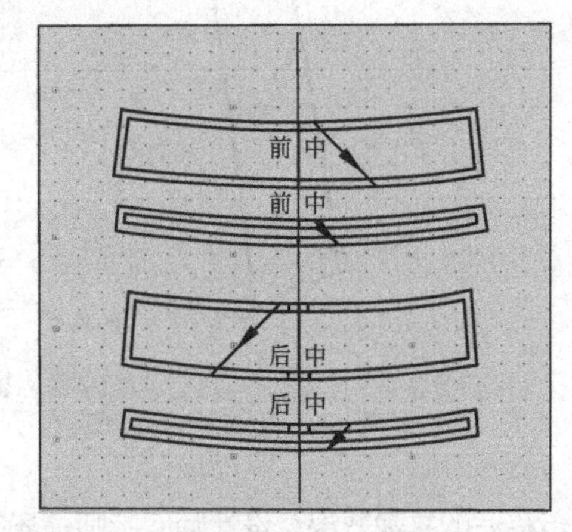

图7-22　前后外腰片的描刻及画法示意图

接下来谈谈有关腰部镶嵌色条描画纸样的问题。镶嵌条的完成高度是1cm，形状要与前后腰片的底边一致并相连。为了这镶嵌条的成型完美，要采用镶嵌工艺，就是把色布的两边镶缝到腰片和裙头之间，缝合前师傅需用一条1cm的纸版实样辅助烫出1cm的条形或者用褪色笔描画出来后再缝制，并留1cm缝份。关键是布纹一定要采用斜纹（Bias）并加烫斜纹黏合衬（Fusible）。采用斜纹嵌条的优点是使它与斜纹腰带之间避免连接后相互较劲状况的发生，显得顺服，打版和制作时做个试验就有体会了。

第十二节　加缝份和纸样工艺的注释

制版时给纸样加上缝份是不言而喻的，而版师考虑得更多的往往是缝纫方法和制作工艺细节、外观及成衣的档次等方方面面。缝制圆摆裙时，因为裙子的正中是直纹，两旁的裙侧缝是斜纹，所以缝合时，在缝纫机压脚及双手推进裁片的作用下，裙子的两侧缝份必定会被拉长。所以，在缝纫裙脚边（Hem/Sweep）之前，必须用长度喷粉仪（Skirt maker/Chalk hem marker）对裙摆长作标定，确定整裙长和裙下摆的均匀度，图7-23是使用长度喷粉仪对裙子的长度进行测量的示意图。

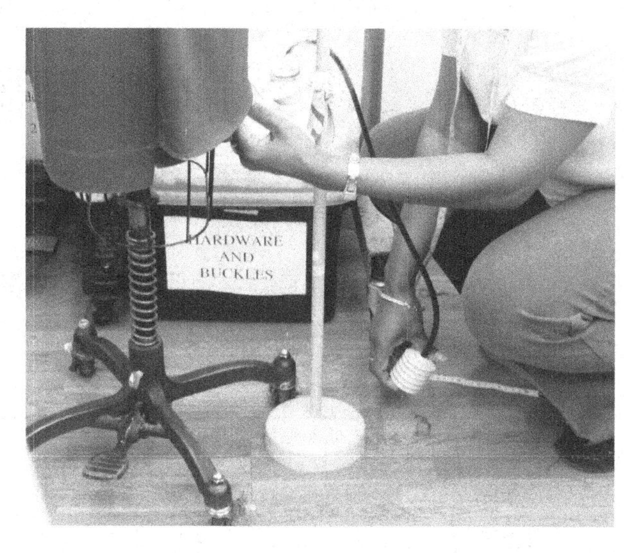

图7-23 用长度喷粉仪对裙子的长度进行测量

因为上述原因，版师做头板时要给这一类裙子裙长多留大约8cm的裙长余量，让缝制者按粉迹的标记修剪平齐后再缝纫裙脚边。通常的做法是完成头板（First sample），才考虑可否用修剪下来的布料来作为修改生产版型的依据。以下是该桌布裙留缝份的参考尺寸。

① 零缝份。袋盖的包边（Flap piping），因袋盖用色布包边，故无需留缝份，所以缝份为零。

② 1.3cm缝份。裙腰片上下线、侧袋布、袋盖上线、袋布、侧缝和拉链位。

③ 2.5cm裙下摆折脚线。先整烫后修剪裙长，需确保有1.5cm的缝份来缝压双折边后1cm的明线。

此外，在纸样裁片上加注文字或数字等说明是一道必不可少的工序，当然，在美国是用英文书写的。裁片填写的内容包括裁片名（Name）、片数（Pieces）、码号（Size）、款名（Style name）、布纹及箭头（Grand line and arrow）和制作工艺要点（Technical details）等，本款具体说明实例如下。

① 在前后腰片上书写完成的尺寸：腰的完成尺寸为66cm。

② 在前后裙片的左边书写：左侧缝25cm隐形拉链至腰头，美国服装行业的习惯是把裙子的拉链装在左边。

③ 在前后裙片的右边书写：侧缝份是1.3c m，先合缝后一起锁边。

④ 在裙腰片底边上书写：与1cm色镶边一起缝合。

⑤ 在袋盖书写：袋盖周围滚边完成宽为1cm。

⑥ 在裙脚边处书写：先在人台标定裙长并修剪裙下摆，后折边缝压1cm明线。

概括地说，版师设想衣服怎么制作，说明就怎么写。说明内容应该清晰明了，目的是使裁板工（Cutter）和车板工（Sample maker）看着纸样就能明白在什么部位做什么，怎么做等具体工作要求。图7-24是前裙片的名称内容及工艺细节写法的举例。在检查并确认没有错漏之后，版型交给裁板师，请他用类似格子布质地的精纺素色棉布裁出裙子，让版师制出裙样；设计师看过后拍了照，下班之前用电子邮件把照片寄给买家。

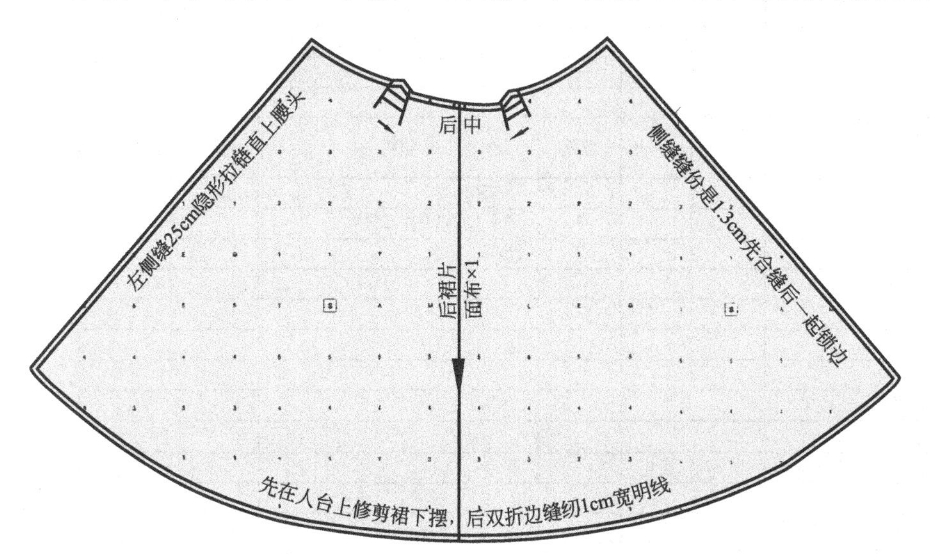

图7-24 低腰镶边圆摆裙后裙片的工艺细节写法举例

第十三节 版型和案例结束语

下表是低腰镶色边圆摆裙的裁剪须知表（Cutter's must）。

低腰镶色边的圆摆裙的裁剪须知表

此表需结合下裁通知单的布料资讯才能完整			
尺码：	4	打版师：	Celine
款号：	S77	季节：	春季
款名：	格子布低腰镶色边圆摆裙	线号：	

裁片	面布	数量	烫衬
1	前裙片	1	
2	后裙片	1	
3	侧裙袋片	2	
4	裙袋布	2	
5	裙袋盖	4	4
6	前外腰片	1	1
7	后外腰片	1	1
8	前内腰片	1	1
9	后内腰片	1	1
	色布		
10	斜纹色布宽长60cm×宽4cm，用以袋盖的包边	1	
11	前腰镶片	1	1
12	后腰镶片	1	1
	定位纸样		
13	裙袋盖纽扣位实样	1	
14	前后腰镶条熨烫用实样	1	

款式平面图

缝份
0cm：袋盖包边部位
1.3cm：面布缝合部位
2.5cm：裙下摆折边压明线完成1cm

数量	辅料	尺码/长度
1	小挂钩	1对
1	隐形拉链（直上腰头）	25cm
2	纽扣	28L

缝纫说明
1. 这是一条无里的格子布低腰镶色边圆摆裙
2. 需用＃12实样熨烫处理前后腰间镶条，然后缝纫。运用＃11定位实样缝袋盖纽扣
3. 裙子的侧缝不需对格，但前后腰裁片及袋盖布需要用斜纹
4. 裙子侧缝合缝后一起锁边，裙袋布用法国式缝法缝制。裙摆脚边先用长度喷粉仪定长度和修剪裙摆，然后折边压缝1cm明线
5. 裙袋盖用色边包边，包边完成尺寸宽为1cm；前后腰镶条完成尺寸宽为1cm。其他制作细节可与打版师商定

图7-25是低腰镶边圆摆裙的完成版型总图。

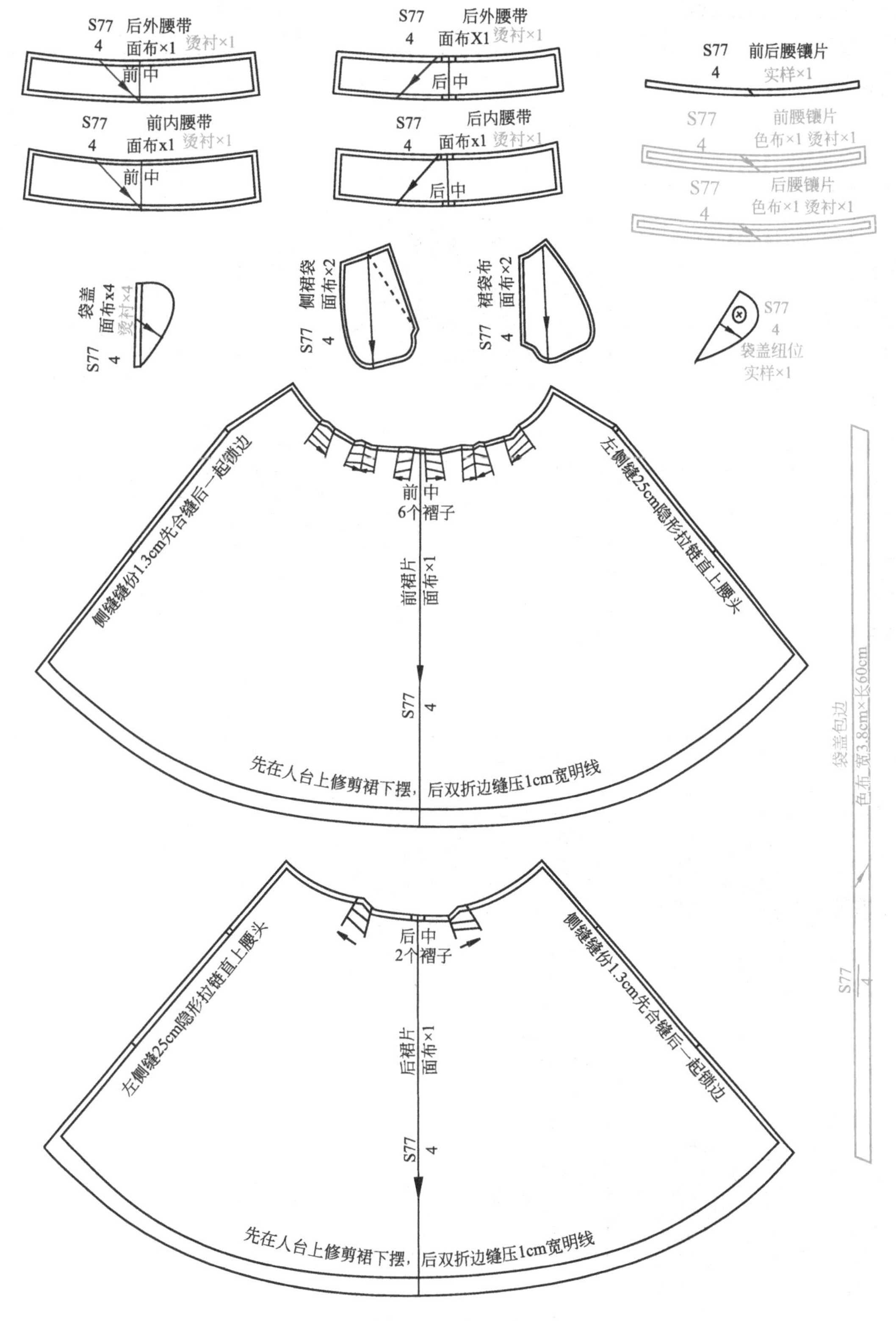

图7-25　低腰滚色边的圆摆裙的完成版型示意图

图7-26是低腰镶边圆摆裙的下裁通知单。

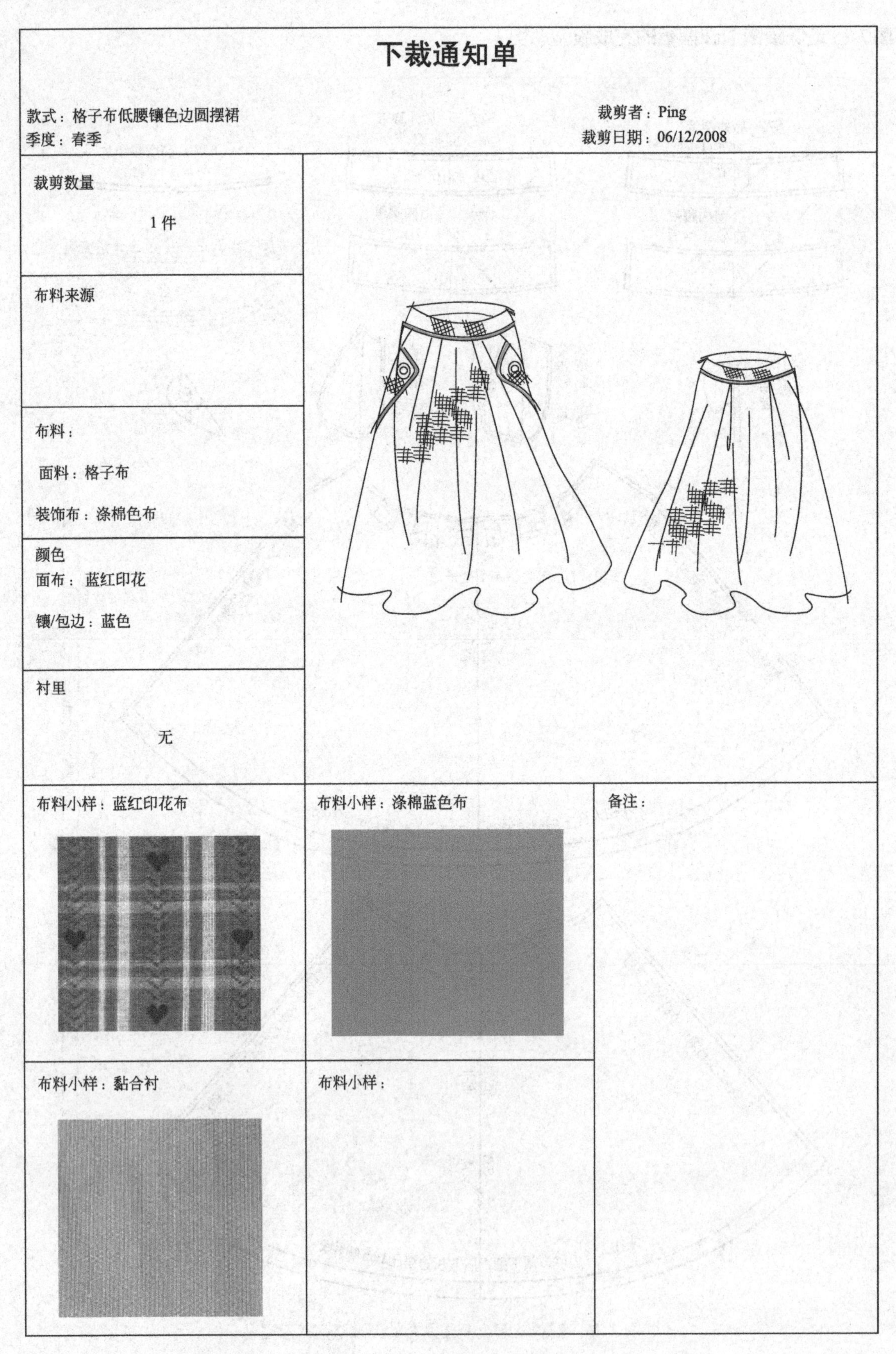

下裁通知单

款式：格子布低腰镶色边圆摆裙

季度：春季

裁剪者：Ping

裁剪日期：06/12/2008

裁剪数量

1件

布料来源

布料：

面料：格子布

装饰布：涤棉色布

颜色

面布：蓝红印花

镶/包边：蓝色

衬里

无

布料小样：蓝红印花布

布料小样：涤棉蓝色布

备注：

布料小样：黏合衬

布料小样：

图7-26 低腰镶边圆摆裙的下裁通知单

无论用什么样的立裁方法打版，版师都应在设计师的指导下工作。纸样完成后要做改动甚至推倒重来在打版日常工作中司空见惯。其实，改动的目的是为了把款式做得更好。把版型做好是版师的本职工作。遇到新的挑战不须埋怨和气馁，不要纠结于计较谁对或谁错。当版师的立裁成果被全盘否定，也不应给设计师脸色，这是版师工作的一部分。版师要有自己是设计师的得力助手（Assistant）这样的心态去工作，去帮助设计师达到他们的设计效果。

版师要善于换位思考，如果自己是设计师，在立裁效果出来时，原来只是想象的设计转化成了看得见，摸得着的服装了，更具象地体现创作灵感，要改变更好的想法就自然而然地产生了。所以，当设计师提出修改意见时，版师应该坦然面对。作为版师，在服务于设计师的过程中，遇事要多动脑子，多想办法，灵活变通，不弃不馁，协助设计师打造出精彩作品。这款圆摆裙的制作是一个特别普通的案例，笔者描绘的是版师生涯中经常发生的事情，是分享版师在工作中发挥其承上启下与桥梁作用的过程。

图7-27是笔者为某韩裔设计师制作的两款裙子的版型示意图。图7-28是笔者为某华裔设计师制作的一款裙子的立裁示意图。

图7-27　笔者为某韩裔设计师制作的两款裙子的版型示意图

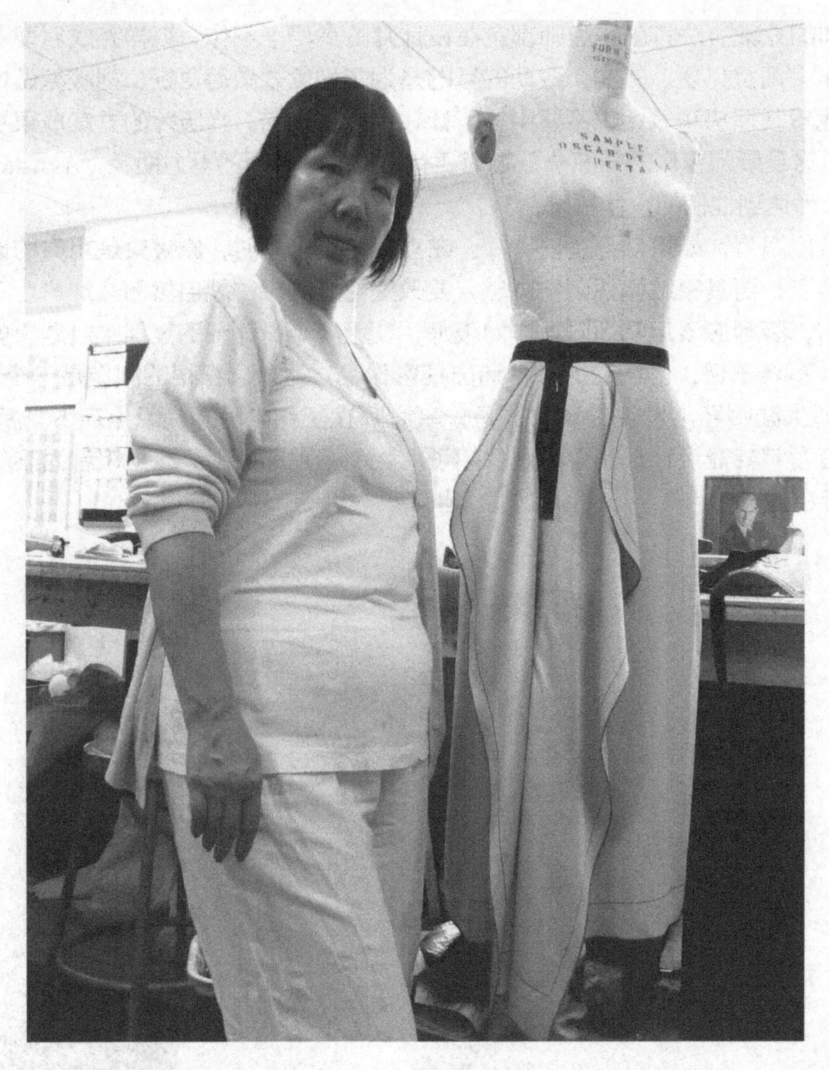

图7-28 笔者为某华裔设计师立裁制作的裙子效果示意图

思考与练习

思考题

1.从圆摆裙立裁案例中学到了什么？请说说你的心得体会。

2.平面提升法的优点是什么？它能帮助提高打版效率吗？请描述它的运用和发展远景。

动手题

1.请用平面提升立裁法做一件无袖背心连衣裙版型（款式自定），要求背心胸围处仅有小于2.5cm的抛围量，上衣用直布纹。裙子外形呈小A形，用标准的45度斜纹裁制，领口和袖窿用滚边工艺，袋口用镶边工艺，剪出坯布搬上人台变成立裁裁片，立裁后把裁片做成新的纸样。

2.复制一份刚做好的无袖背心连衣裙的新纸样作为原型，然后再把它改变成有从肩而下的公主线的六片连衣裙，改成用直纹布料完成。剪出坯布搬上人台变成立裁裁片，立裁后把裁片做成新的纸样。体会这款公主线无袖背心连衣裙与上一款无袖背心连衣裙裁法的异同。

第八章
斜露肩组合针织晚装的互借立裁法

第一节 款式综述和互借物

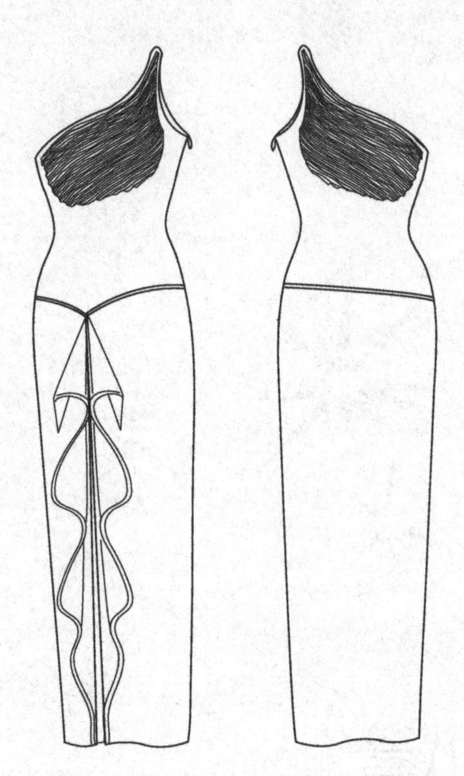

图8-1 斜露肩针织晚装的平面效果图

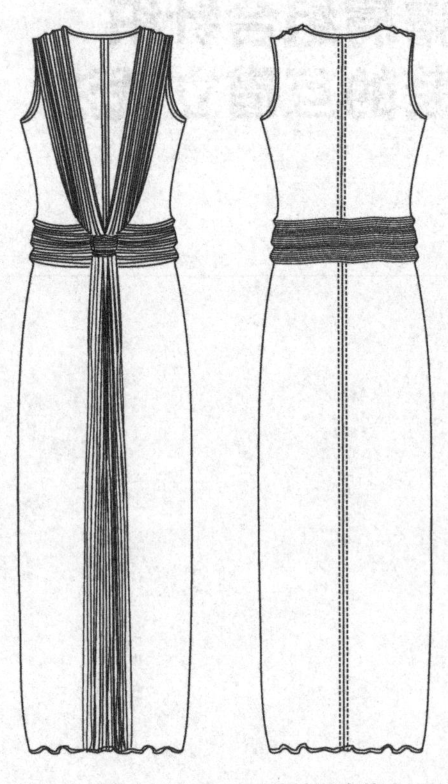

图8-2 作为制作参照物的另一款针织晚装平面示意图

图8-1是一款由双面针织物（Double knit fabric）与罗纹针织物（Rib knit fabric）共同组合制作而成的针织晚装（Knitted evening dress）。上身以斜露肩背心式（Sloping shoulder vest）上衣为基础，在前胸和后背处均以弧形紧缩密褶（Dense gathering）的罗纹装饰而成。下身是前侧开长高衩（Long front side slit）的裙子，同时，高衩开口饰有长流线型的波纹饰边（Long streamline ruffles）。这是一款既简洁又具突出设计感的流线型性感晚礼服（Streamline sexy evening gown）。

这款斜露肩针织晚装出自一位非洲裔的美国时装设计师之手，是他为年度秋季晚装系列而设计的其中一款。他是一位资深的、对高级晚装颇有造诣的私人订制设计师（High-end couture designer）。他的独特设计风格得到众多好莱坞明星以及社交名媛的青睐。他习惯按季度设计出新的款式，把样衣展示在公司的样板间（Sample room）里，然后通过发电子邮件让新老高端顾客上门定制（Custom-made）。

设计师在阐述自己的设计想法时这样说：这款针织晚装我打算采用纯黑色或者大红色的双面针织布与细薄的罗纹针织做组合用料。在斜露肩的上领线、袖窿、前开衩、波纹边沿、下摆以及密褶边等都用软缎子（Charmeuse）做成细小的包边（Binding），然后用手工暗缝到各条布边上。由于裙子前侧开衩，故下裙或许可以去掉侧缝而裁成一片裙。要达到吸引眼球的效果，除了上臀位低腰线的比例分割线要优美之外，前衩要开得高些，衩边的荷叶装饰边不要太隆重，要力求简约。另外，露肩线（领线）要紧而贴身，不仅要优雅，还要凸显女性的曲线美。

基于以上陈述，版师给出了自己的见解，如果按设计图在左边设定拉链，下裙就比较难做成一片裙，不过，因为采用的是针织材料，也许不需要拉链也能穿进去，这个问题可以在做头板（First sample）时再确定。另外，设计师进一步描述他对晚装上身密褶设置的构想：对上身的缩褶需要均匀（Even gathering）还是不匀细褶（Uneven gathering）的问题，得到的回答是不均匀的缩褶，即褶子经过胸部的一段要处理得细密一些。接着，他走到样板间，指着一件很漂亮的晚装裙说：这条裙子（图8-2）的褶子和前衩的做法就是新款式的参照物

（Reference）。图8-2就是这款将要作为制作参照物的黑色针织晚装平面效果图。

通过对参照晚装的仔细观察，版师发现这条借鉴晚装裙的V型领以及前衩褶子的细部缝制相当均匀精致，它由平面的针织巧妙地缝制成罗纹的视觉效果。因为用了透明鱼丝线（Fish thread）进行定缝，所以它的罗纹的视觉效果细腻别致。腰间的细褶也采用了同样的缝纫手法，在中央加了一个犹如发结般的装饰物，把两边的褶子分开之后又集中，集中之再分开，从而使这款晚装裙简洁但不单调。整件晚装都以发亮的软缎（Satin）进行包边，且全都用手针精挑细做地缝到布边沿线里面，整款裙子随处可见各种手工细节，凡此种种，整体风格低调不张扬，却处处显露晚装的档次。当着装者站立不动时，中间的前衩并不明显，一旦迈腿移步，设计特点就随之展现，能细腻地勾勒出女性该有的模样，精致与高贵的晚装裙在着装者身上闪闪发光。设计师要求的是对服装制作工艺和装饰手法的借鉴，它是立裁互借法中的一种。设计的到位不仅仅是款式的标新立异，更是通过工艺制作细节的变化及布料的巧妙运用和对比衬托设计的成功。具体到这件参考样板的特点，就是用平纹针织做大身、肌理感强的罗纹针织的相似物做装饰，以软缎打造细腻包边，在面料上运用较强的对比手法，手工细作，这些都成为工艺手法的借鉴。

工具和材料的准备：约80cm的罗纹针织、约3米的平纹针织面料，手针和线，大头针若干，款式胶条，剪刀，锥子（Awl），麦克笔，过线轮，橡皮擦，剪口钳，透明胶带及胶条座，曲线板（French curve）和直角尺等。

第二节 斜露肩组合针织晚装的立裁

选用一个4号全身人台（Full body figure），首先按照设计图把整件晚装的结构线（Structure line）用款式胶条设定出来，一边粘贴一边思考用什么方法立裁才能产生最佳的效果。粘贴完成后，版师可以倒退几步，观察它们的结构分布是否正确与合理。把人台前面、两侧以及背面都要反反复复地察看，还应转动一下人台直至感觉完美。与绘画的观察方法相似，立裁的远观审定比近看更容易发现线段位置的不完美或高低的不协调，版师应作出适当的调整，力求把整件晚装效果的基础打好。图8-3是针织晚装款式前后及其款式分割线（Seams）的布局。

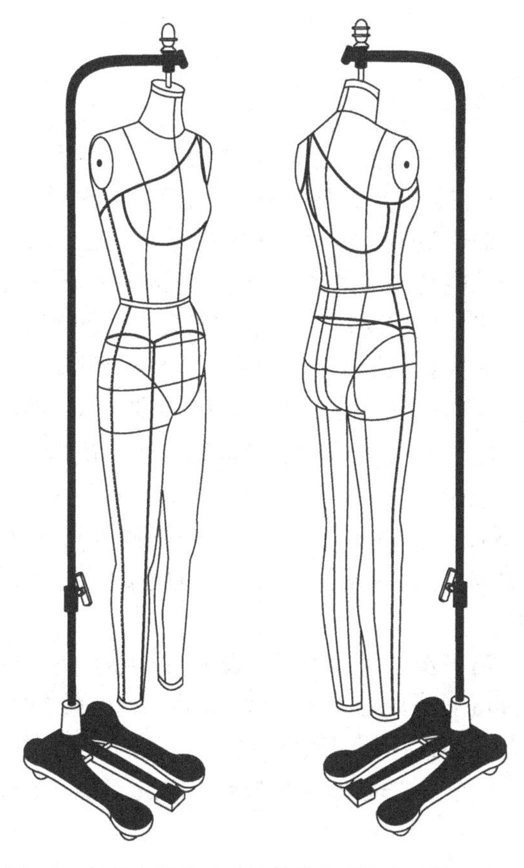

图8-3 针织晚装前后结构线款式黏条布局的示意图

（一）后身上片的立裁

用皮尺量出后上身的长和宽，各加上10 ~ 13cm，剪下针织布料后，用尺子从布边量出中心线，用笔在上下点出两个点，之后用尺子与两点在相交处画直线。然后把它放到人台的后中线上，上中下分别以大头针固定，用手抚平和拨正并拉紧针织布，使得后上身垂直、平顺、无皱纹，再用大头针在两边侧缝等处固定。图8-4是后片针织布别上人台的示意图。

用蜡片涂擦出针织坯布底下款式结构线的痕迹，用剪刀留出2.5cm左右的缝份，并修剪出大轮廓，如图

8-5所示。与普通梭织布料（Woven fabric）不同之处是针织布的立裁不必打很多剪口，因为针织布是有弹性的面料，所以不会发生依靠多打剪口来解决梭织布料常见的缝份绷紧和不方便立裁的现象。

图8-6是用手针和线分别把领线和袖窿缝份掖向人台缝好的示意图，当然，也可以把裁片（Draping pieces）从人台上取下作手缝处理并把露肩线和袖窿线的缝份折叠缝好。

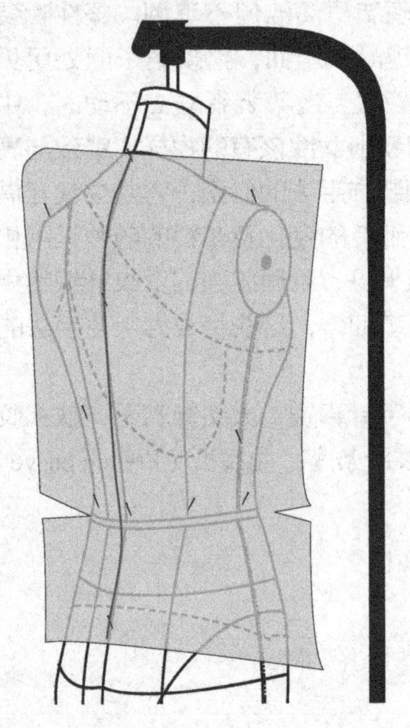

图8-4 后片针织布别上人台示意图

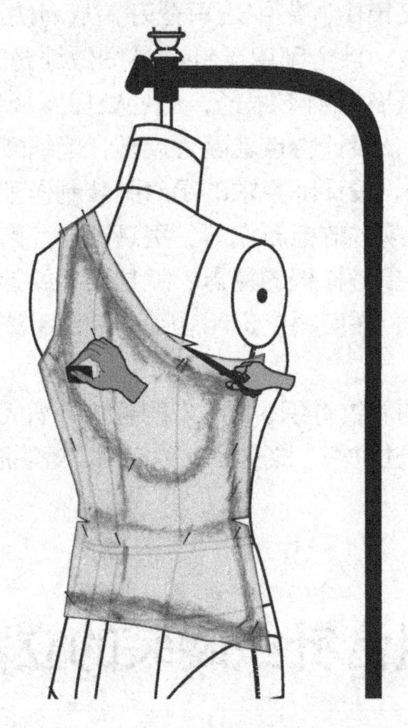

图8-5 后上片针织的结构涂擦示意图

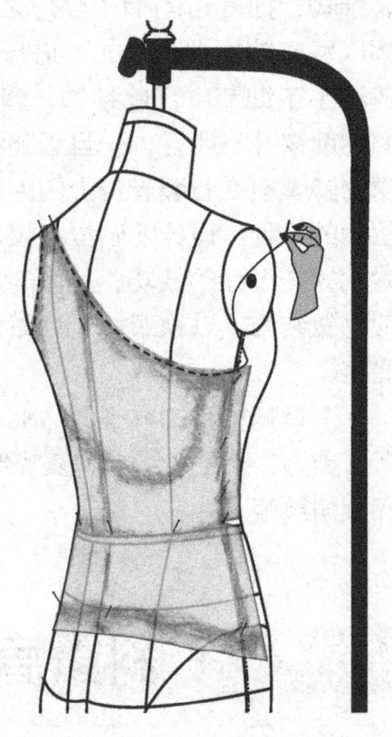

图8-6 用手针和线把领线和袖窿缝份缝好的示意图

（二）前身上片的立裁

先用皮尺量一量前身的长和宽，把两个尺寸都加大10 ~ 12cm后剪出；对折该坯布，在折痕上用彩色笔点出两个点，然后用尺子上下连线并成为前中心线。

把这条中心线对准人台的前中心线，分别在上中下用大头针固定，用手抚平针织布，向上下并向两边轻轻地推拨，在确定前胸（Front chest）无松动、无皱纹和自然垂直的前提下，用大头针把前片进行固定。图8-7是针织布固定到前面人台的示意图。

前片立裁的第二步是用蜡块把前面的领线、罗纹覆盖的位置轮廓、袖窿和侧缝都涂擦出来，接着用剪刀修剪并留出缝份，侧缝缝份习惯上可多留一些，而领口和袖口少留一点，如图8-8所示。

由于女性身体构造特征的原因，前胸的突起常使得袖窿（Arm hole）的一侧鼓起而欠平服。解决这种现象的办法，是用大头针在这个松位的两旁（3.8cm）做个记号，下一步在纸样上画上要缩小缩短（Shorten）的操作记号，提示车板师要用透明松紧带（Transparent elastic）或用其他的办法，如先用手针收缩，把鼓起的一段做拉紧收小的处理后再缝合袖窿。图8-9是这两个位置用大头针做记号方法的示意图。

第三步是用针线把上边沿的缝份（Top edge）按完成的样子缝好。当版师确认上身的立裁构成（3D construction）无瑕疵、无缺点后，把前后上片先用大头针别合。假如时间允许，应该把前后片的上身从人台取下，把侧缝改用针线缝合。因为对针织布的缝合而言，用针线会比用大头针的效果更平服且更接近完成状态，但大头针别合的步骤也不能省略。图8-10是针线手缝侧缝的效果。

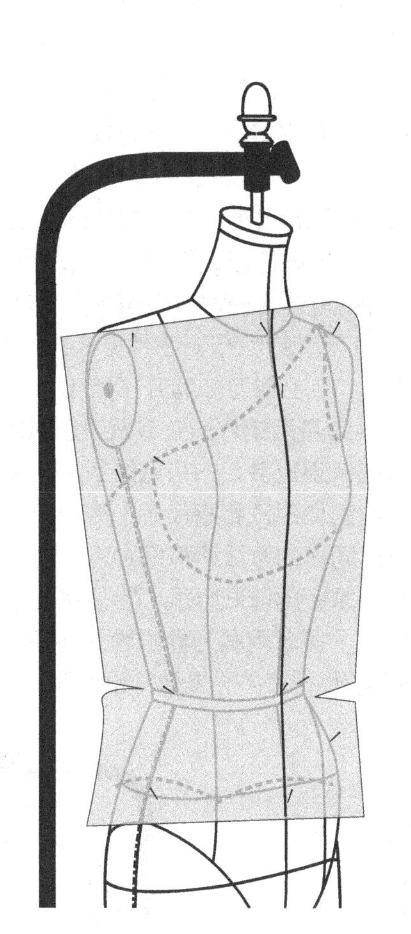

图8-7　针织布固定到前面人台的示意图

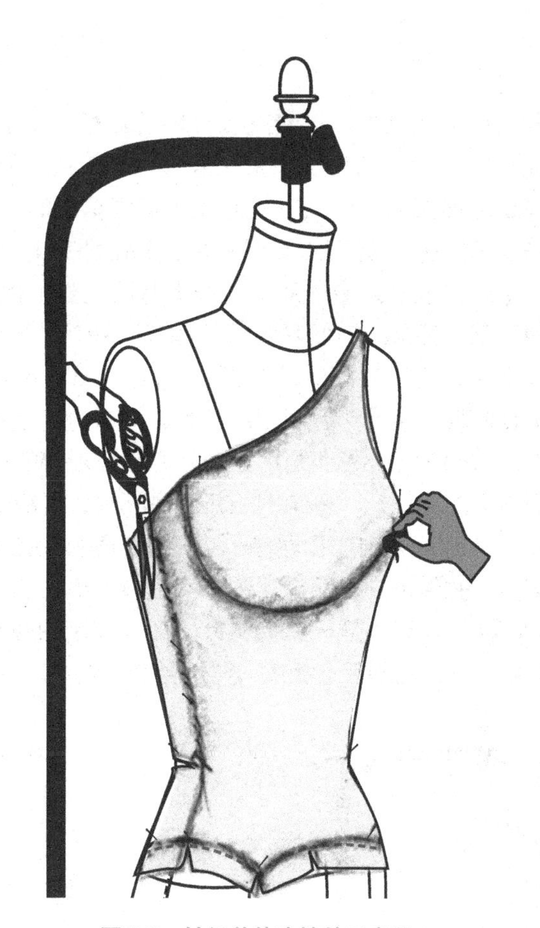

图8-8　针织前片涂擦的示意图

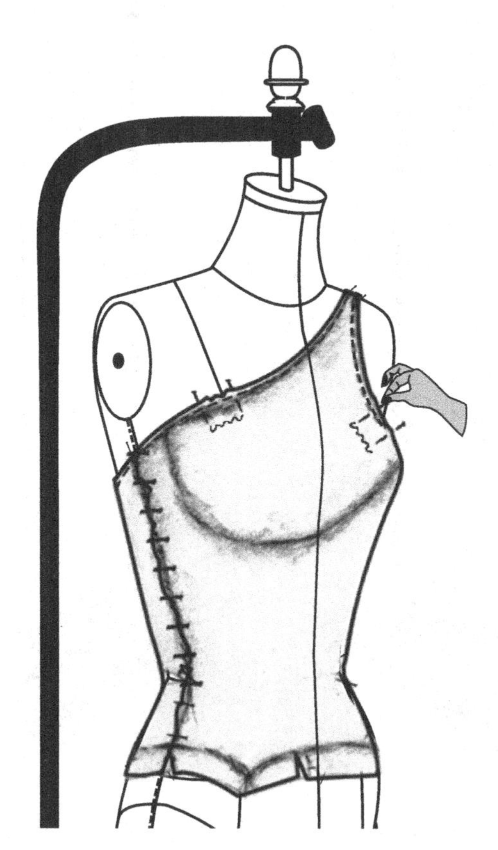

图8-9　针织前片两侧用大头针作记号的示意图

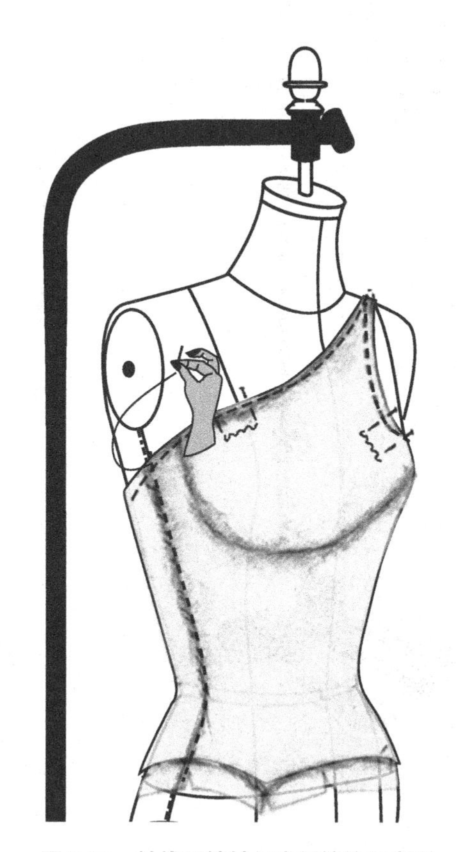

图8-10　针线手缝针织布侧缝的示意图

（三）前后裙片的立裁

前身上片立裁完毕，接着就该开始前后裙片的立裁。首先设定裙子坯布长度，这是一款低腰长裙，设计师要求这款晚装从腰线下量长度约为117cm，所以坯布的长度可暂定为120cm，考虑到设计师希望下裙最好是去掉侧缝，所以下裙的坯布宽度量取时，可量取实际臀围的大小，在前衩宽的布边另外加上10cm缝份，剪出后裙针织立裁用坯布。剪出坯布的同时用针线把后中线标出，然后以坯布上的后中心线为基准，把坯布插到人台的后中心线上并固定到前侧衩两旁，在前后必要的地方要用大头针固定，如后低腰线的周围、侧缝、前低腰线和前侧衩两旁等。用手抚平后身臀部的针织布，使其垂直、平整且无皱。如图8-11所示，用蜡块把前后低腰线（Low waist line）涂擦出来。后用剪刀修剪并预留出2 ~ 3cm的缝份，剪出其轮廓，用大头针由后片开始，把裙身与上身别合。图8-12是后裙片的立裁效果示意图。

把人台转到正面，先调整前左裙片低腰位坯布的位置，尽量把低腰位多余的布量拨到前侧衩，由于左衩离左侧缝的距离较远，多余的布料无法移动，解决的办法是以左侧加捏低腰褶代替，接着把左边的裙衩上角提高，借用大头针的帮助把裙衩下摆平直的状态固定好。再以同样的方法调整好右边裙腰和裙衩的布量和垂直度，并保证开衩两边平服、不咧口、不外翘。然后用蜡块涂擦出前低腰线、前裙衩上线以及左右侧缝线的痕迹，可以多插一些大头针，把该固定的地方都固定起来，接着用剪刀修出约2cm缝份并剪出其轮廓，然后先别合前侧衩上缝线，再别合前低腰线。图8-13是晚装前身裙子的立裁效果示意图。

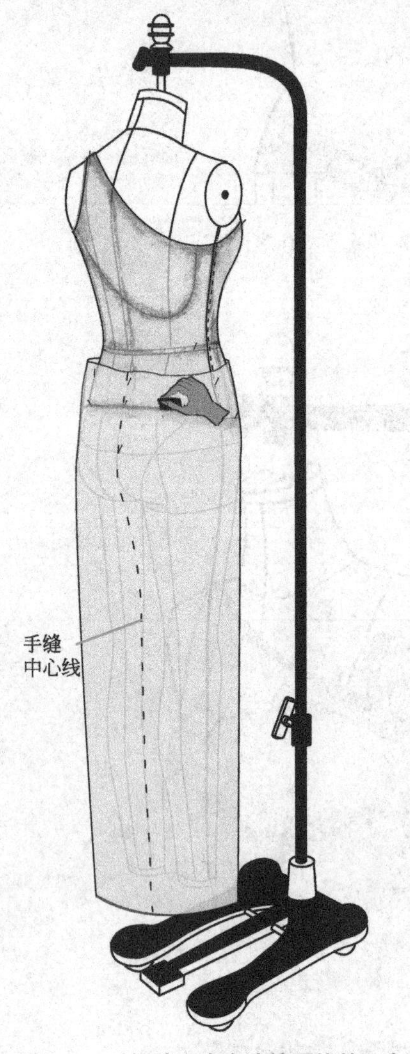

图8-11 后裙片上人台涂擦腰线的示意图

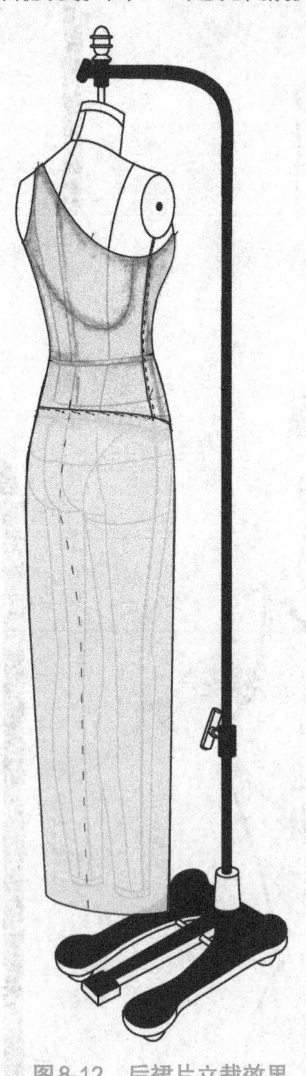
图8-12 后裙片立裁效果的示意图

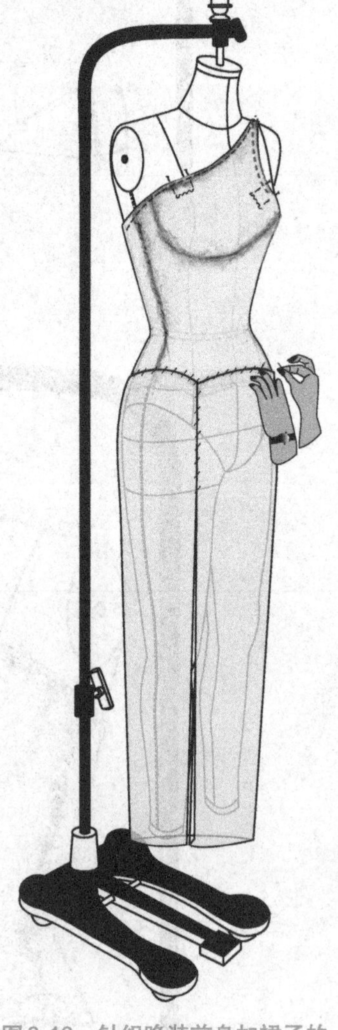
图8-13 针织晚装前身加裙子的立裁示意图

版师在立裁时务必把握好自测自查这一关，每完成一步，都必须用批判的眼光去检查所完成的结果。任何地方不合适、不如意、不平服、不垂直、不畅顺、不好看、不成形等都不能放过，应该马上纠正，不要急于继续往下进行，从而防止错上加错，无可救药、前功尽弃的情形发生。

裙身立裁基本完成时，要不断地对上一步进行检测与调整，是理想的立体（Three-dimensional）造型效果的保证。如果版师具备锐利的判断目光、丰富的经验和良好的立体布料塑造能力，自然而然对立裁造型的完美有莫大的帮助。立裁工作如同其他专业工作一样，需要用心去做，要喜欢它，要钻研它，要战胜它；要脑到、心到、眼到、手到、缺一不可。

（四）前胸密褶片的立裁

前后胸密褶用的是细薄罗纹针织布料，罗纹针织布的肌理外观与灯芯绒布（Corduroy）较为相似。立裁前胸密褶如能合理地运用罗纹的布纹方向，就能更有效地衬托出褶子的美。

如图8-14所示，面料的方向与罗纹的摆向相同，而这种把直向罗纹处理成斜纹的视觉效果的裁法正是设计师的意图。

斜纹密褶的做法是首先提起罗纹针织布的一角，斜着摆放到前肩上，用剪刀剪出一段10cm的布角，用大头针固定在肩斜线上。用剪刀把罗纹坯布按图8-15示意的形状修剪，为下一步的缩褶作准备。

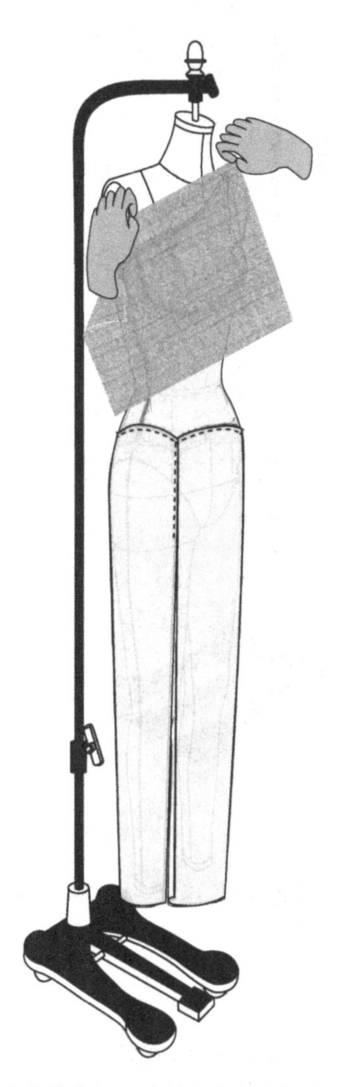

图8-14　针织晚装前密褶罗纹针织布斜纹摆放的示意图

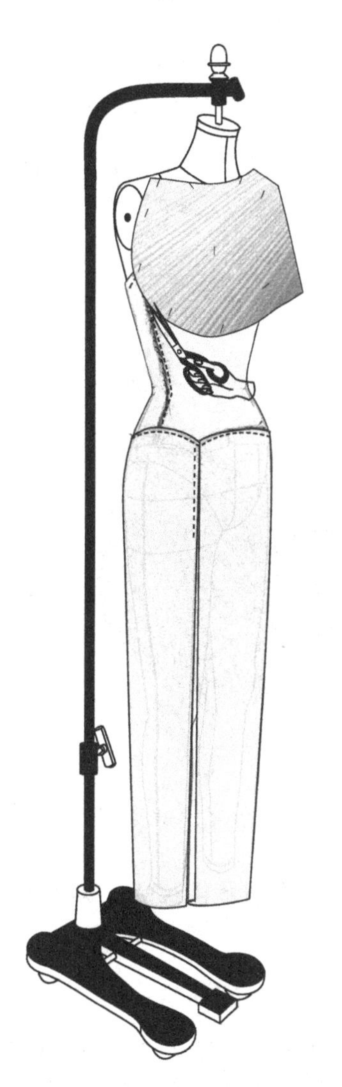

图8-15　针织晚装前密褶立裁过程的示意图

接着继续把这块罗纹布片修剪为扇形，然后用大头针在靠近密褶的外轮廓及肩部等部位稍加固定，用蜡块涂擦出密褶的实际轮廓痕迹。把罗纹裁片从人台上铺到桌面上，以穿双线的手针沿着划粉线密集地缝两道线，每道相隔0.3cm并留出一段稍长的线头并打上结子，在肩膀的位置用手针和线把它抽缩到1.5 ~ 2cm，图8-16是前密褶手缝和留出一段线头的示范。

用皮尺在人台上测量密褶下摆的成形宽度，记下所得数据，以双手牵拉收紧两边的线结，使褶子缩至与记录相符的尺寸，重新摆上人台前先用锥子理顺密褶。图8-17是用锥子理顺缩褶的示范。再次把理顺了的前胸密褶片放上人台，用大头针固定在前胸位置上，然后再用锥子小心细致地把褶子拨正。这里的正指的是把乳房部位的褶子密度调高，否则穿上后胸部的褶子会显得稀疏而不均匀，而两旁的褶子密度则可以略低。完成后，用大头针在密褶的疏密之间做上记号，量出具体尺寸，并做好记录，作为后续填写图纸内容的数据。图8-18是前密褶罗纹针织布缩褶后摆上人台的效果示意图。

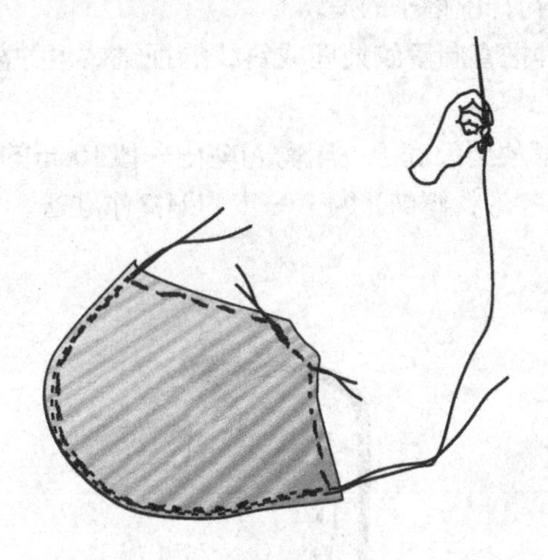

图8-16　针织晚装前密褶的手缝示意图

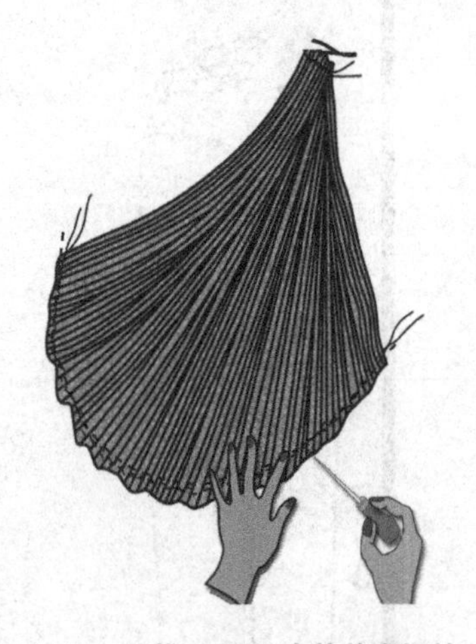

图8-17　用锥子理顺晚装前密褶的示意图

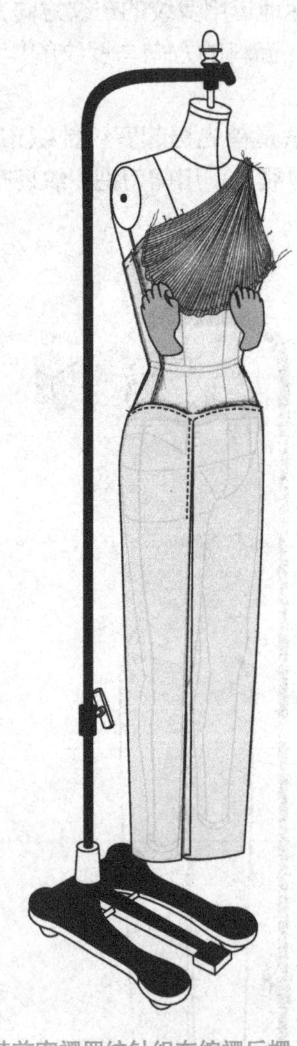

图8-18　晚装前密褶罗纹针织布缩褶后摆上人台的示意图

小提示：在制作样板时，需要做出前后密褶的成型实样（Sloper），以帮助车板师掌控密褶的成型效果。

（五）后背密褶片立裁

后背密褶裁片的做法与前胸的做法大致相同。所不同的只是肩膀上端的容褶位可以少一些。因为后背较前胸平坦，所以不需设置与前胸等量的褶子，图8-19是后背罗纹坯布放上人台的示意图。

图8-20是后背罗纹坯布的斜纹摆放示意图。

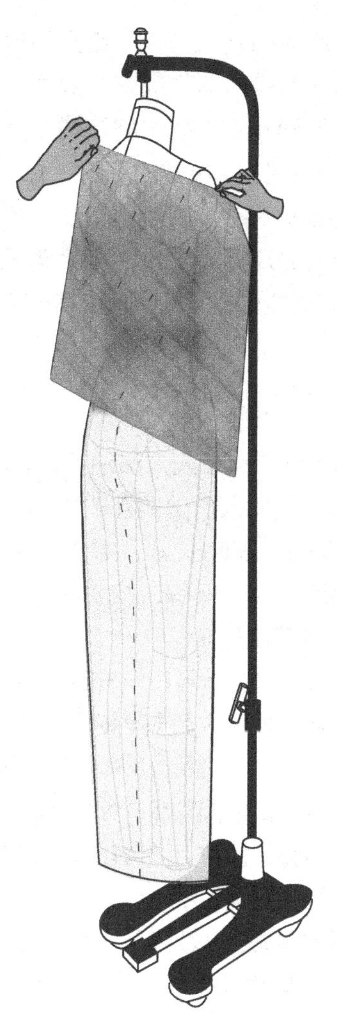

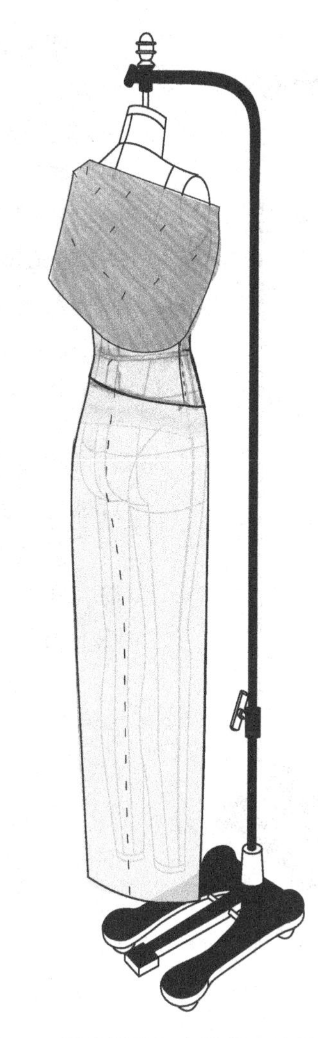

图8-19　后背罗纹坯布放上人台的示意图

图8-20　后背罗纹坯布的斜纹摆放示意图

用皮尺在人台上量度一下密褶下端的成形宽度，做好尺寸数据记录，之后以双手牵拉收紧两边预留的线结，把褶子收缩至刚才记录的尺寸数据，放上人台前仍然需要用锥子辅助理顺褶子。图8-21是后背缩密褶片手缝缩褶线和以锥子理顺褶子密度示意图。

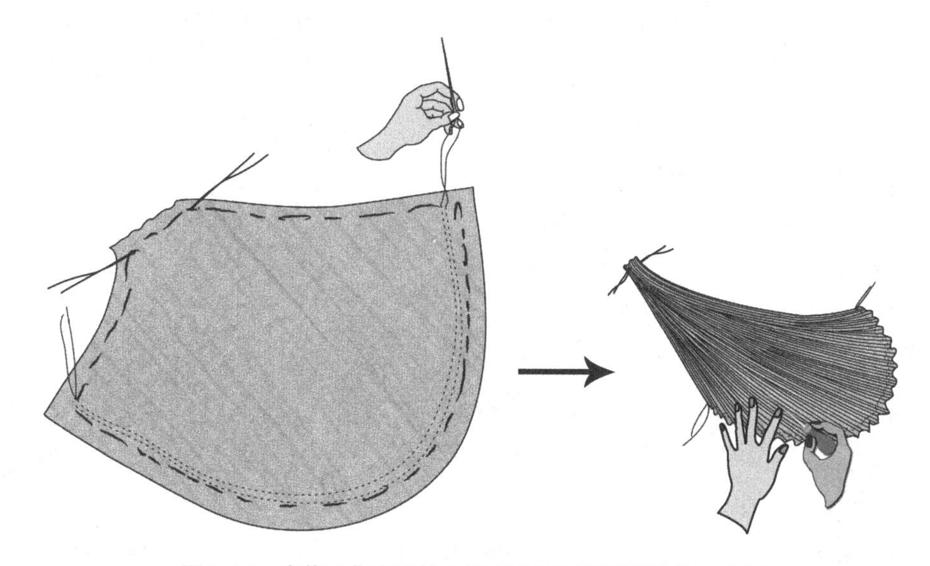

图8-21　晚装后背密褶的手缝和以锥子理顺褶裥的示意图

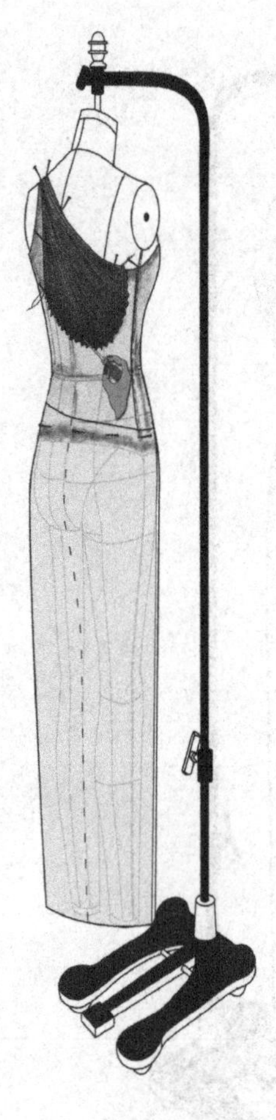

图8-22 针织晚装后背密褶人台上的效果示意图

理顺褶子密度后把后背密褶片放回到人台上，用大头针固定在后背的位置上。再次用锥子细心地把褶子拨顺，达到满意的效果，图8-22是后背密褶在人台上的效果示范。在实际操作中，如果缩褶时发生布料不足的情形，版师需要先估算出密褶片与密褶完成尺寸的差量，然后按约1 ：2的缩褶比例重新裁出坯布，重复收缩密褶的步骤得出新的密褶裁片，也可以用原形画线后展开的方法达到所需的尺寸。立裁时应尽量做出与所借用的样板最接近的效果，版型才能有望达到理想，样板的效果才会符合设计要求。

（六）前衩瀑布式波纹裁片的立裁

前衩瀑布式波纹片（Front ruffle）的立裁方法沿用的同样是先预定裁片外形、设定剪开线、剪开后展开再上人台做调整的三个主要步骤。

① 参考设计图，用尺子量取裙前衩的长度，对波纹片的宽度进行估算。在纸上先勾画出一个直纹波纹裁片的初稿，按波浪起伏的距离在上面画上剪开线若干，如图8-23（a）的蓝线所示。

② 按设定的蓝线剪开裁片，制作技巧是布与布之间不能剪断，然后估计波纹起伏距离的需要量，把裁片展开，用笔勾画出想要的外形，如图8-23（b）的蓝线所示。

③ 把新裁片的外形用另外一张花点纸画好，如图8-23（c）所示。这时候不用担心是否合适，既然是初稿，把它用布剪出来还可以别到人台上进行修剪和调整。版师用大头针把它别到裙衩上，观察后感觉与设计图比较接近。从图8-23（c）中所展示的新波纹裁片目前用的是直纹，这是因为最终采用的针织布有弹力，没有绷紧硬挺的担忧。倘若用的是梭织布料，

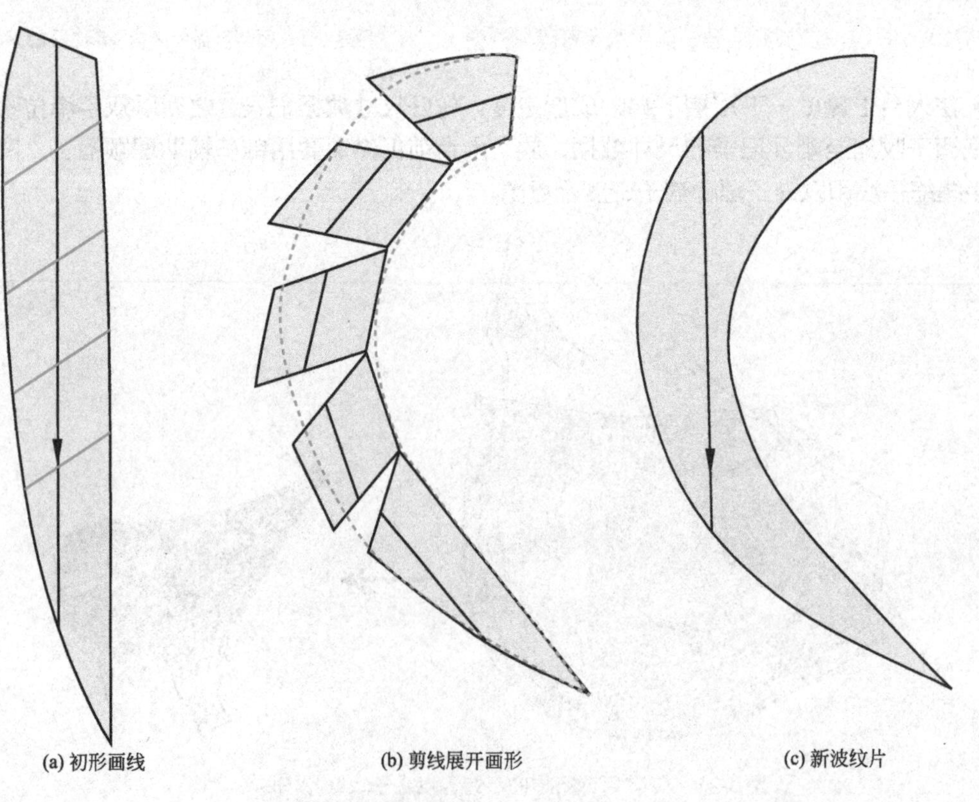

图8-23 瀑布式波纹坯布裁片示意图

改用斜纹就没有疑问了。应该说用什么纹向的布料话语权在人台，版师要具备的是应变能力、对各种面料性能的了解与对设计者或客户要求的感悟，还要有能够把它转化到人台上立裁的技术手段。说到底，版师的应变能力其实是他们专业素养底蕴的自然流露。图8-24是晚装前衩的瀑布式波纹立裁的效果示意。

大外形确定了，下一步当然是转入调整的阶段了。现在把设计图拿出来，对着人台，目测检查晚装的整体立体构成，要对前后密褶的外形曲线、疏密层次、下摆的长度、肩斜与人台的服贴程度等进行观察，并对不足之处逐一修剪整改。就像学生作文，列了提纲，打了草稿，写了文章，下一步是重读一遍，对遣词造句、修辞段落、标点符号等开始精心删改润色，再请老师批改。请出设计师，就是给版师的作业阅稿批改评分的时刻了。版师向设计师做了左侧腰褶问题的补充说明后，考虑到穿着者常常都是化了妆，做了发型再穿晚装的穿着习惯，裙子不设拉链会给穿着者带来不便，设计师提议在裙子的左侧（Left side）加隐形拉链。版师认为侧缝既然需要捏褶，干脆就在裙身开一条接缝（Side seam），设计师还表示自己对不对称的结构偏爱，并在讨论中主动征求版师有关如何处理裙低腰线与前衩之间缝份的建议，版师表示可采用先细包边，后合缝再烫开缝份（就是把针织布当成梭织布处理）的方法，避免缝份重叠造成的问题，而其他缝份则仿照设计师提供的样板裙执行，设计师采纳了版师的观点。到此，整件晚装在人台上的立裁就落下帷幕。

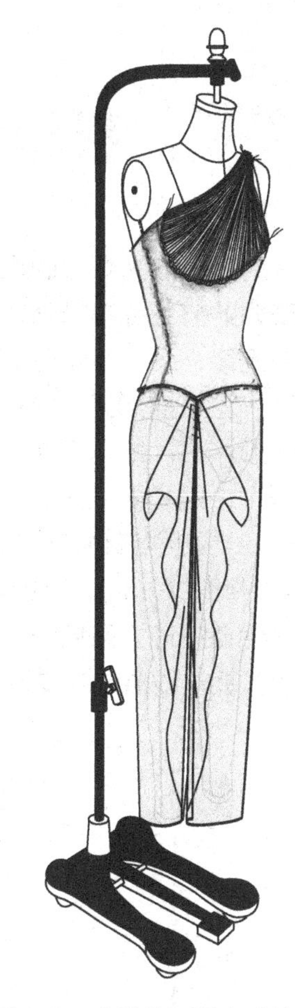

图8-24　晚装前衩瀑布式波纹的立裁示意图

第三节　在裁片上做记号

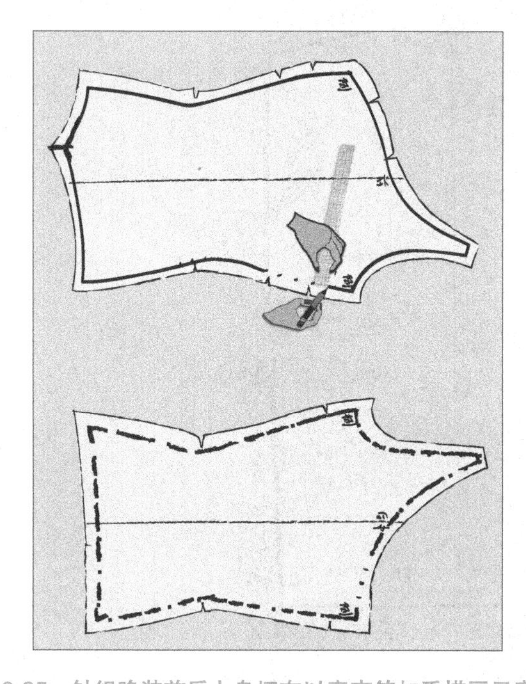

图8-25　针织晚装前后上身坯布以麦克笔加重描画示意图

做记号实际上是把裁片从人台到桌面的重新组合，再现人台连接原状的过程。有了记号，就有效地避免了无法还原，或耗日费时地试图重新拼接的麻烦，这是前辈版师们给后人留下的制胜法宝之一。裁片拆卸下来后，通过所做记号的帮助，版师能迅速地恢复原状，达到呈现人台服装造型结构轮廓及细节的一致性的结果。做记号时，可使用有颜色的麦克笔沿着各缝线的缝隙标示出来，写上前中、后中及备忘符号，添加剪口标记等，如图8-25所示。在确认所有的裁片都做了记号后，可以把裁片逐一地拆卸下来，建议拆卸一片，复制一片，马上描画一片。这个有条不紊的做法，不仅有助于做纸版时的思考和制作的条理性，而且还方便了裁片与裁片之间的检查和校正，有效地减少了差错和丢失裁片的可能性。

第四节　针织坯布到软纸样的复制

复制纸样的主要方法是用过线轮把刻有麦克笔笔迹的针织坯布复制到花点纸上，再用尺子和铅笔等把过线轮的痕迹临摹描画成纸样，描绘的过程中要把图型的线条画得更流畅、更规范，更符合人体线条变化的规律，图8-26是前后上身坯布裁片用过线轮描画复制轮廓的示意图。图8-27是用麦克笔加重描画和用过线轮来描刻裙子裁片的示意图。在复制纸样时，建议按从上身到下身或从左片到右片，或者从外到内的顺序逐片地拆下并画出纸样。要一边画一边修改和调整在复制过程中有差错的线段和位置。在这一过程中，同样要用人体的立裁概念和批判的眼光来描画所有的线条，只管照葫芦画瓢的态度不可取。关于这一点初学者也许比较难理解，也很难做到，因为人体立体结构概念的形成并非一朝一夕的事情，它需要时间的积累和经验的沉淀。但从现在做起，从我做起，朝这个方向培养和训练自己，才能尽快提高纸样的造型能力及缩短与高水平打版师之间的差距。图8-28是复制前上身针织裁片时，在检查和比较中用曲线板对线条做修改的示意图。

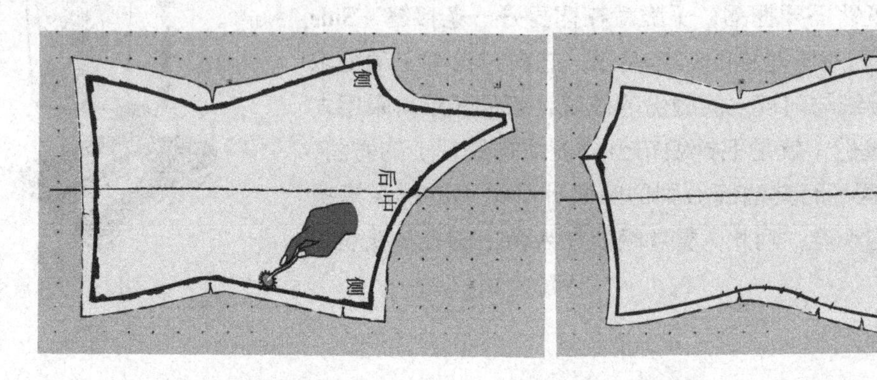

图8-26　针织晚装前后上身坯布用过线轮描画复制的示意图

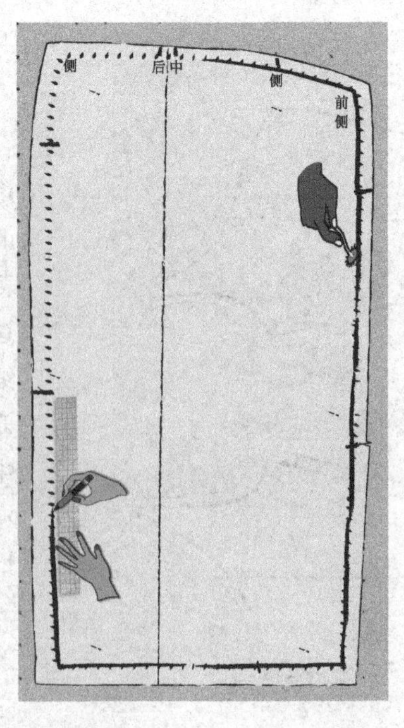

图8-27　展示用马克笔加重描画和用过线轮刻画裙子裁片的示意图

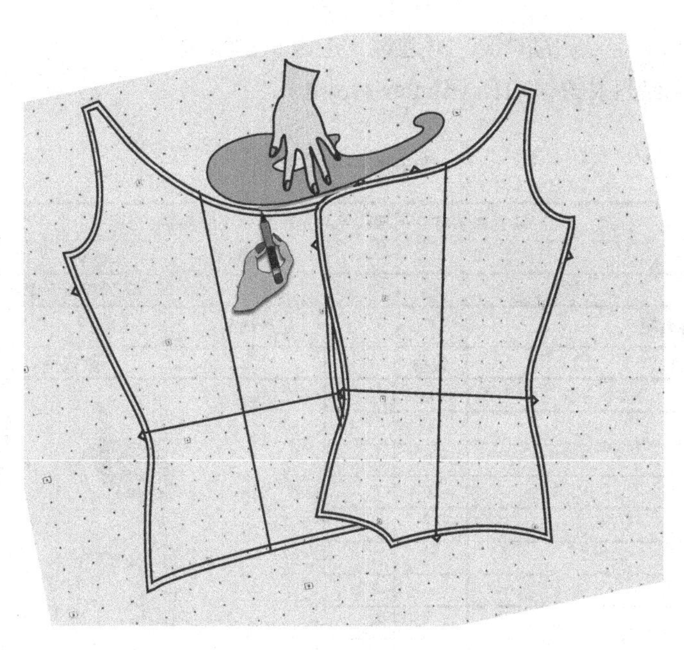

图8-28　复制前上半身裁片时用曲线板对前后上身裁片的衔接与修改的示意图

第五节　针织服装的缝份和工艺设计

针织服装的缝份预留与其他类型的服装不同，印象中针织服装缝份通常较少。但不同的工艺设定和做法却决定了针织服装留缝份留量。它可分为0(用于自然边和包边)、0.3cm(用于缝制毛缝/等)、0.5cm(用于上下重叠缝份如罗纹等或绷缝机)、0.7cm（用于锁边/如三线已缝、暗包边或滚边等）、1cm（用于五线包缝）、1.3cm和1.7cm（用于缝线后锁边）、1.5 ~ 2.5cm（用于双针机等）以及根据款式设计的需要而设定更多不同宽度的缝份等。

本款的一些缝份因为采用的都是做暗包边或滚边，所以缝份可以是0.7cm，做暗包边和1.3cm做包边后烫开缝份（针织布缝份套用梳织布的缝制方法）。假如胸密褶边沿、瀑布式波纹裁片、领边和袖窿用的是外露的滚边，就不需要留缝份，可以直接在布边上做滚边或包边（Piping）处理。滚边用暗挑（Blind stitch after piping）的手工完成方法，则应改留0.7cm的缝份了。裙脚在试身前预备5cm长度，试身结束再确定最后的长度和做法。总之，版师可根据设计师的设计要求决定采用各种不同缝制工艺。

针织服装缝份的工艺处理也是多样的，有锁边（Lock stitch/Merrow stitch）、滚边或包边（Piping or binding）、链式双针边（采用针织专用双针机/Double needle lock stitch sewing machine）、罗纹脚边（Rib hem）、绷缝机（Butend seam machine/Flat-lock machine）毛边（Raw edge）等。在版型中，版师采用了凸三角的剪口来处理针织晚装的剪口，用意是使缝纫者在相当容易卷边的针织布边快速地找到和对准剪口进行缝纫。

第六节　针织晚装的版型与裁剪须知表

假如时间和条件允许，最好能把画好的纸样用代用的材料裁出裁片（Cutting piece），用手针或五线锁边机合上缝份后套在人台上进行整体效果检查，针对观察的结果再进一步修改版型。如果时间紧迫，则

采取先裁出面料裁片，在缝合头板的时候，再边做、边看、边修改。

下表是斜露肩针织晚装的裁剪须知表（Cutter's must）。

晚装的裁剪须知表

此表需结合下裁通知单的布料资讯才能完整			
尺码：	4	打版师：	Celine
款号：	EJ008	季节：	2012年春季
款名：	针织晚装裙	生产线：	＃2

裁片	面布	数量	烫衬
1	前上身	1	
2	后上身	1	
3	左裙片	1	
4	右裙片	1	
5	前衩波纹片	2	
	罗纹布		
6	前密褶	1	
7	后密褶	1	
	香梦思绉缎		
8	斜纹布条宽4cm×10m（所有缝份的滚边）	10m	
	定位实样		
9	前密褶定位	1	
10	后密褶定位	1	
11	前密褶实样	1	
12	后密褶实样	1	

款式平面图
缝份
0.7cm：领边、袖窿、前后密褶外沿、裙脚边及前衩波纹边。
1.3cm：其他内缝份。

数量	辅料	尺码/长度
1	配色隐形拉链	45cm

缝纫说明
1. 用香梦思绉缎分别在领边、袖窿、前后密褶外沿、裙脚边及前衩波纹边做完成尺寸为0.8cm的滚边
2. 内缝份缝纫完成后，先合缝烫后开缝烫，然后再用香梦思绉缎做缝份滚边，完成尺寸为0.8cm
3. 用手针把滚好边的前后密褶缝到前胸和后背上
4. 请用＃9、＃10、＃11、＃12定位纸样定位前后密褶
5. 头板先不绱拉链，看是否容易穿脱，然后考虑绱配色拉链
6. 其他制作细节可请教版师

图8-29和图8-30是斜露肩针织晚装的版型完成示意图。

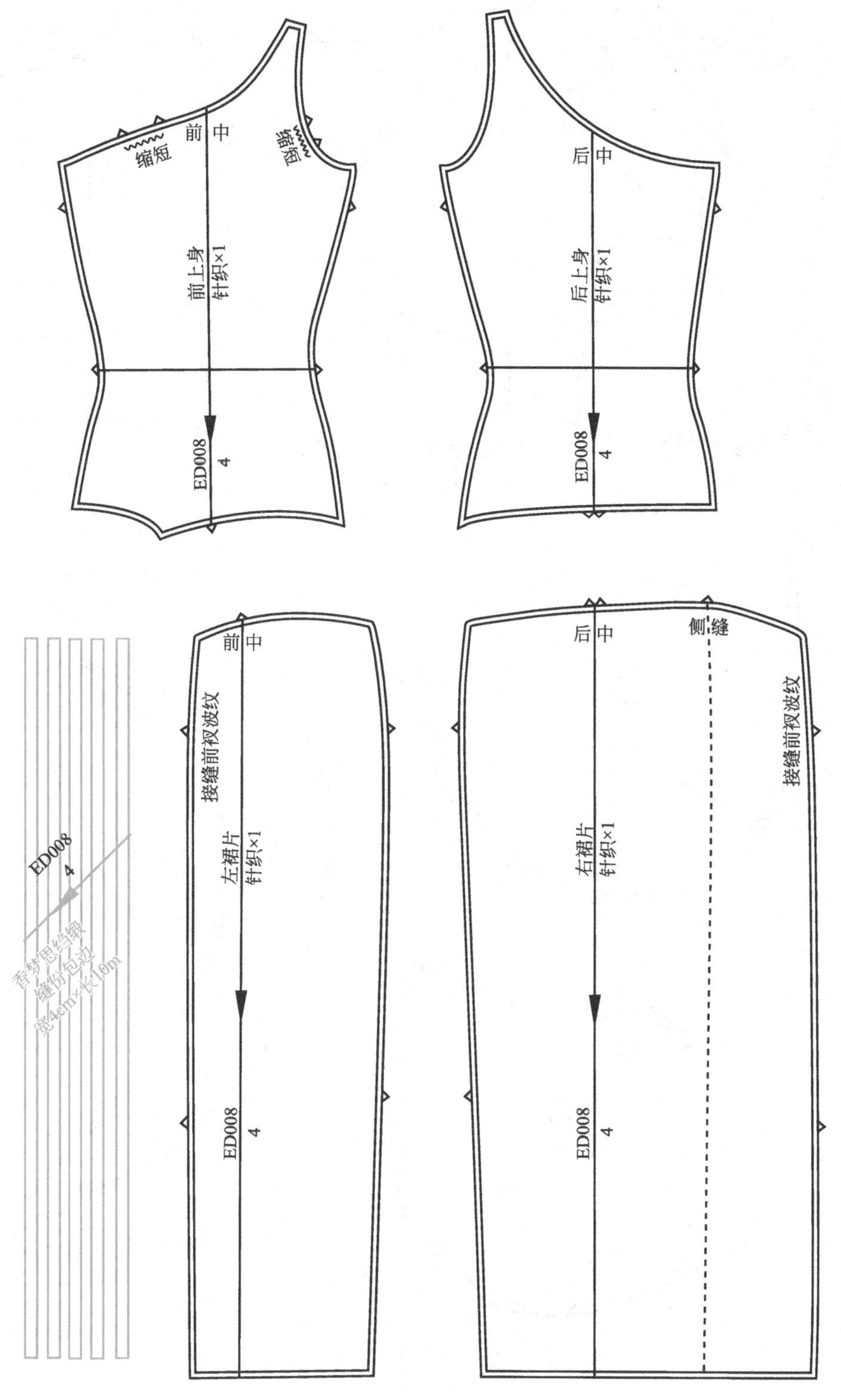

图8-29 晚装版型完成示意图1

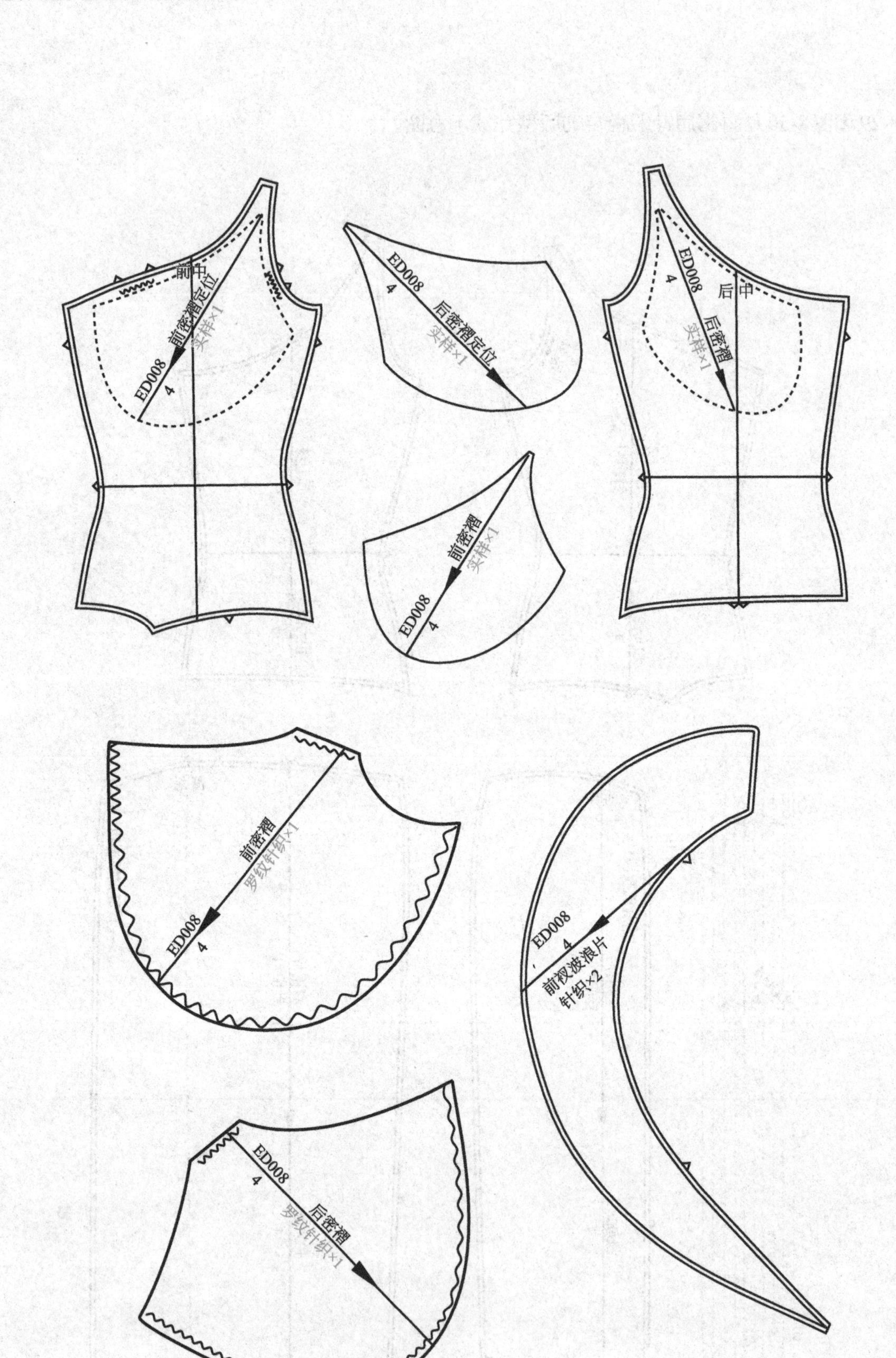

图8-30 晚装版型完成示意图2

图8-31是斜露肩针织晚装的下裁通知单（Cutting ticket）。

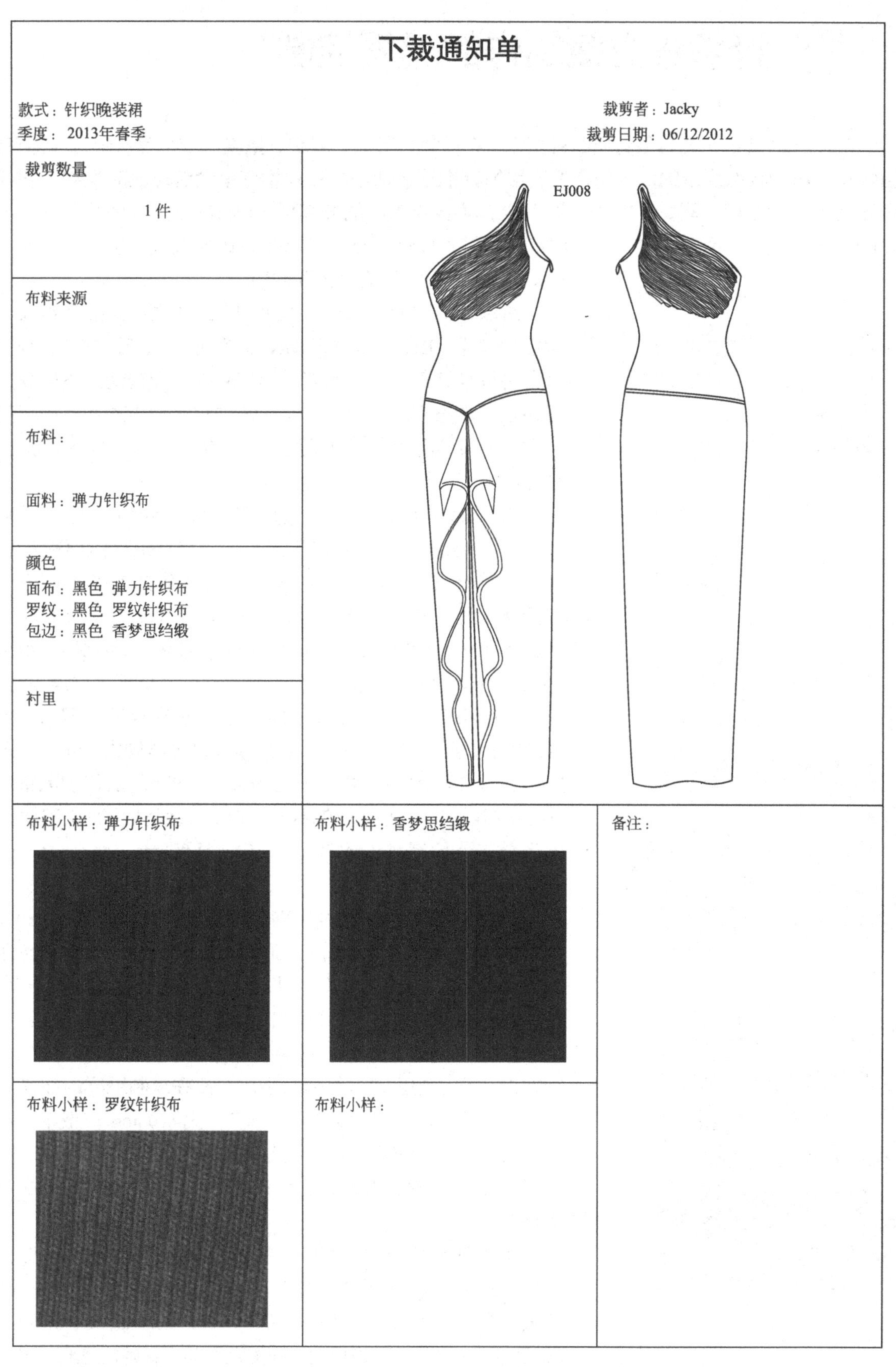
下裁通知单

款式：针织晚装裙　　　　裁剪者：Jacky
季度：2013年春季　　　　裁剪日期：06/12/2012

裁剪数量 1件	EJ008
布料来源	
布料： 面料：弹力针织布	
颜色 面布：黑色　弹力针织布 罗纹：黑色　罗纹针织布 包边：黑色　香梦思绉缎	
衬里	

布料小样：弹力针织布	布料小样：香梦思绉缎	备注：
布料小样：罗纹针织布	布料小样：	

图8-31　晚装下裁通知单示意图

第七节 针织布立裁制作的品质控制

针织布（Knit fabric）与其他材质面料相比，在立裁、缝纫、复制、量度、成型等各个方面都有区别，这是由针织布料的特性决定的。针织布是利用织针把纱线弯曲成圈并相互串套而形成的织物，它分经编针织布和纬编针织布两大类。不同的针织面料有着各自不同的伸缩性（Flexibility），表现为有时候是经纱（Warp yarns）方向的伸缩性较大，有时则是纬纱（Weft yarns）方向的伸缩性较大，也有经纬纱（Warp and weft）方向的伸缩性相同的情况。

所以，不同的针织布从人台卸下或布卷打开时，带有不同的织物回弹性（Rebound resilience）。有的针织布会卷边，令剪裁布片变得很难铺平，形状改变，操作起来比较被动，不好掌握。幸好路是人走出来的，前辈们在实践中对针织布的特性有了更多的认识，通过各种手段变被动为主动，化解了这些难题。以下17点是非常实用的经验分享。

① 立裁之前，先做针织坯布的蒸汽伸缩试验，即测试针织物的热缩量（Thermal Shrinkage）。常见的行业做法是剪出50cm×50cm的卡纸和布料各一片，在直纹方向的一端剪一个小三角作记号。然后，把布料用蒸汽熨斗熨烫，并给予这块布料足够的蒸汽，待它冷却（Cool down），收缩定形之后，用这块布料与作为参照物卡纸作对比，找出它们之间尺寸的差别。对比时，卡纸和布料的三角缺口对缺口，保证布纹不会混淆。量度了经纬方向的变化量之后，确认热缩量是经纱向为2cm，如图8-32所示。具体应用到将要裁剪的服装上，假设衣长为61cm，把每10cm的收缩量作为计算的基础，就知道纸样要加长和加宽的具体尺寸了。经纬纱的收缩量每10cm是0.4cm，那么，61cm就约等于2.4cm收缩量。

② 计算出针织布的经纬向收缩变量（Shrink volume）之后，版师在因“材”施裁时就有了底气。在做纸样时，要考虑在纸样上调整或增加其长度或宽度，以保证纸样和成品的相对准确。

③ 立体裁剪时，如果款式是紧身型，要把布料绷紧。反之，如果款式相对宽松，若在塑型中把布拉得太紧，可以考虑把纸样稍做大一些，防止成衣缩得太小。假设在复制纸样时在前后三围（上、中、下围）的各布边加大一点，比如0.3cm，整体就加大了1.2cm。以下数据仅供做版和购买针织衫时参考：在鉴定针织布与梭织布成衣的宽度时，它们的宽度比是0.8 ：1（针织布：梭织布）。

④ 有些针织布的下摆自来卷现象很明显，要看清长度，透明胶带（Scotch tape）是个好帮手。利用透明胶带在布边贴一圈就能解决。至于版型长度，也可把卷短（Roll-up/Shorten）了的部分作加长处理来确保样板的长度，前提是要与设计师沟通再做决定。

⑤ 在做针织物立裁时，建议多用手针缝合取代大头针别合裁

硬卡纸

50cm×50cm

直纹剪口

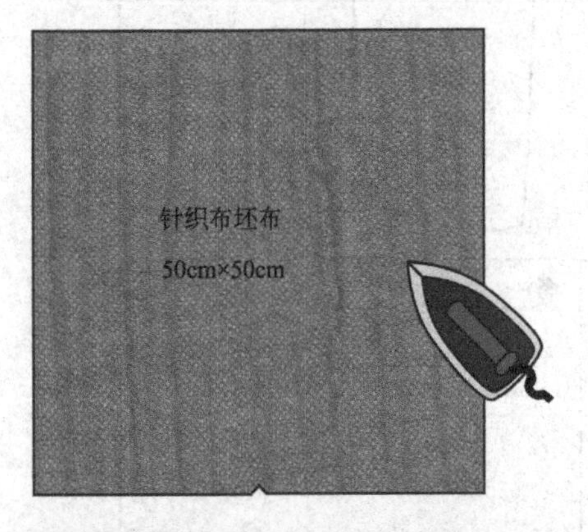

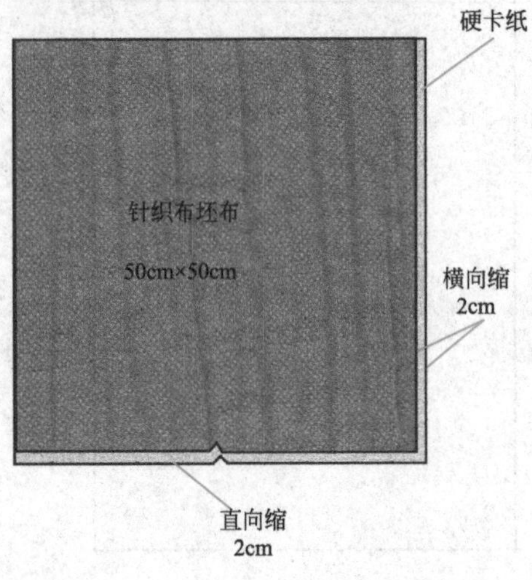

图8-32 针织坯布料的蒸汽试验示意图

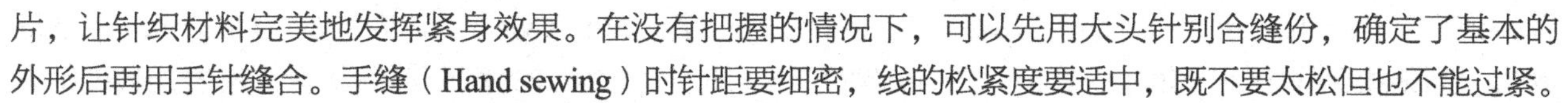

片，让针织材料完美地发挥紧身效果。在没有把握的情况下，可以先用大头针别合缝份，确定了基本的外形后再用手针缝合。手缝（Hand sewing）时针距要细密，线的松紧度要适中，既不要太松但也不能过紧。

⑥ 做针织款式立裁后，在纸样完成上交之前，最好能用原本的针织布或近似的（Similar）针织布先裁一件，然后用针织的专用机械缝制，假如没有专用机，可选用三线或五线锁边机（Marrow machine）合缝，还可以用手针缝合。如果使用普通的平缝机缝合，必须调整好缝纫线的针距和松紧度，防止跳线的现象。因为普通平缝机的线迹紧，无弹力，与针织面料的伸缩性反差大，不易协调，难以胜任。此外，撤换压脚和调整牙床也是办法之一。

⑦ 针织服装的缝份通常预留量很少，如果没有特别的需要，不必多加缝份，但衣脚和特殊机械加工例外。

⑧ 做针织布立裁和头板时，尽量选用与头板相同的布料。假如没有，要尽可能采用很近似的布料，拿到布料后要反复检查（Double check）所用的布料与原设计的布料的弹力和材质等是否贴近，如果设计师没有异议和特别指定，可把弹性大一点的方向设为横向。

⑨ 因为针织布具有很强的弹力，通常在塑造各种款式时不需捏褶或收褶（Pleat）就能塑造人体的曲线和满足设计的特别需要。

⑩ 现代针织服装设计早已摆脱了孤芳自赏的设计理念。这意味着针织材料常常与其他各种布料混合设计和制作，如雪纺（Chiffon）、真丝（Silk）、针织（Knit）、皮草（Fur）、皮革（Leather）、梭/梳织（Woven）等。由于每种材料自身特性各有差异，这对纸样设计及工艺和车工的制作都增加了难度。所以版型师要与车板师傅共同合作，开动脑筋，努力找出解决困难的途径和方法。

⑪ 在进行梭织布的打版时，每遇到领底、滚边和包边时，都会采用斜纹布，这是因为利用斜纹布的伸缩性而避免包边起皱，增加服饰自然平顺的效果。但裁剪针织布时，处理的方法就截然不同了。针织布经纬向有各自的伸缩性，常用的做法是采用横纹代替斜纹，当然也可用针织的直纹，但是直纹在排板时节省材料比较困难，而横纹则相对容易，久而久之也就成为行业习惯了。

⑫ 针织布纸样的剪口做法也有自己的特点。最常用的是三角形剪口和普通形剪口，又以三角形（Triangle）和梯形（Trapezoid）两种居多。一般前片用单个的三角形，而后片用一个梯形，也有用两个三角形表示的。普通形剪口就是指用剪口器打出的凹进去的U形缺口，比较适合较厚重的针织物。

⑬ 用针织布做套头衫的领口、袖口和下摆时，领圈、袖口以及下摆的罗纹要小于领子、袖口和下摆的尺寸。通常的比例是1 ∶ 1.1或1 ∶ 1.2，就是说罗纹需要短一点，缝合要领是把罗纹均匀地撑开到与之缝合的针织布部位等宽。此外，它们之间的比例尺寸还可根据拉力试验、罗纹的松紧度和款式设计的需要而设定。

⑭ 缝纫针织服装时，遇到裁片尺寸拉长和变形的情况乃家常便饭。如果情况严重，比如4号纸样成衣变为8号，应马上把布料的变形情况报告设计师和老板，寻求解决办法。预防和解决措施一是用原身布料剪成细条，以此垫缝容易拉伸的部位达到控制变形的目的，而传统的用编织带或透明橡皮筋垫缝手法也是常用手段。不过，选用编织带虽然可以帮助控制尺寸，但却不具备针织面料的弹性。而透明橡皮筋（Clear elastic）虽然富有弹性，在反复洗涤和烘干后容易产生老化现象，因而效果都不如使用原布好。二是通过整烫和用裁剪纸垫缝达到减少裁片的变形的目的。

⑮ 在裁剪针织布时，建议把将要使用的针织布分量从布匹卷剪出，摊开平放在裁床歇上半天，给针织布从布匹卷紧绷的状态充分放松回弹时间，这样，裁出来的样衣的尺寸准确度较高。同时，在立裁打版时，要特别注意某些部位的长度，如腰带或袖长，可以预加一定的尺寸，从而避免样衣成品长度不足的后患。

⑯ 当针织服装需要制作规定的长度或以自然边（Raw edge）完成时，要注意裁剪后的布边是否有卷口现象，否则，样板完成才发现卷边缩短问题再收拾残局就太晚了。

⑰ 整烫针织成品时，防止热缩量过大的办法是控制蒸汽（Steam）量，还可以把成品穿到人台上进行熨烫，它既达到控制成品的回缩，又兼具了定型的作用。有些制衣厂还会制作专门的模板来熨烫成品，

以保证产品尺寸的一致性。针织布早就跨越了仅做运动服装（Sports wear）和内衣裤（Underwear）的旧时代，而跻身到了五光十色、千变万化的时装新纪元。所以，掌握好针织布的立裁特性特质是版型师之必修课之一。

图8-33 ~图8-35是笔者正在立裁针织连衣裙及其成衣的效果。

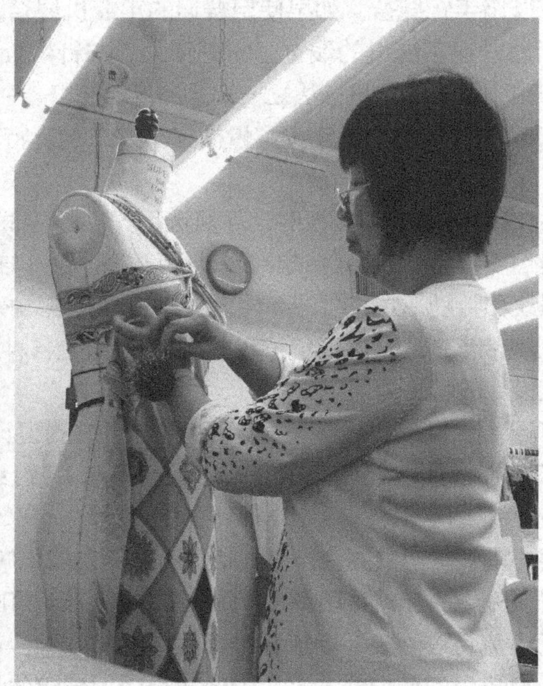

图8-33　笔者正在进行针织连衣裙立裁示意图1

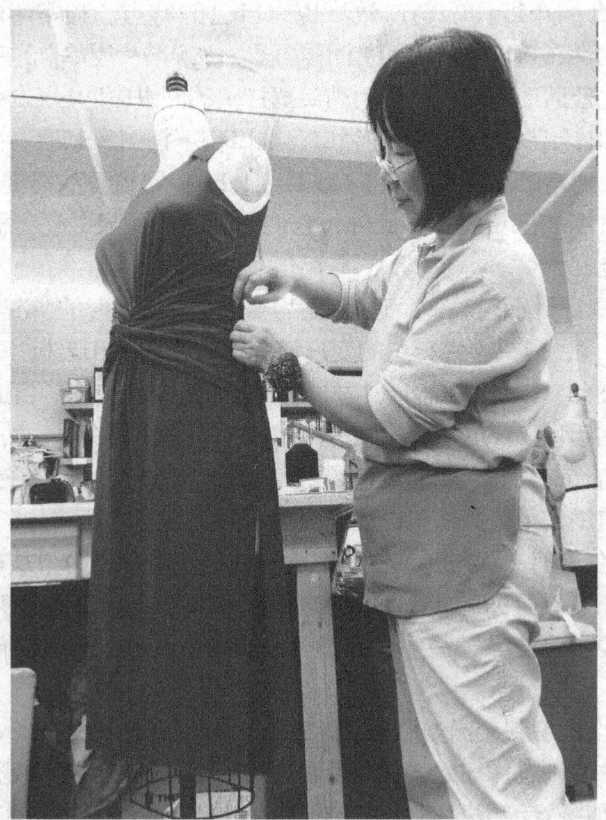

图8-34　笔者正在进行针织连衣裙立裁示意图2

图8-35　笔者制作的针织服装立裁及其成衣的效果图

思考与练习

思考题

1.互借立裁法的“互借”指的是什么？它的好处在哪里？怎样才能运用互借法把设计师的意图尽快地体现在立裁里？

2.做针织立裁要注意什么？请复习针织晚装的互借法，找到其中的要点，在今后的立裁里再继续总结和掌握其特点。

动手题

1.自己设计一条针织紧身晚装裙，再用相应的针织布立裁后打出纸板。

2.从网上查找一款针织晚装裙，借用这款晚装裙的某些设计元素，设计出另一款类似的针织晚装裙，独立在人台上立裁该裙子，打出版型。

第九章
塔夫绸晚装的从平面到立裁提升法

第一节　款式综述

这是一款以闪着亮光的宝石蓝（Sapphire blue）真丝塔夫绸（Silk taffeta）为设计主面料的晚装。晚装呈长A字外形，上身的背心式贴身胸衣（Corset vest）自然地塑造出女性的胸部线条。低深的V形领和后背的长U形领线以及袖窿，都恰到好处地展露出女性的美脖和香肩。这款晚装的另外一个特点是夸张地表现臀部以下的扩张感，设计师运用塔夫绸缩褶之后的特有膨胀效果来夸大女性臀部以下的造型，并用了一朵超大而炫目的茶花装饰吸引人们的眼球。此外，闪亮的宝蓝石珠片装饰带（Sapphire blue sequin ribbon）装饰点缀下裙，从而增加晚装的细节与精彩。为了支撑起那夸张的A形，裙下摆里面还辅以多层硬网纱做成的塔形裙（Pannier skirt/Petticoat）支撑，那椭圆拖尾裙后摆的设计，无疑是豪华晚装的经典标志，如图9-1所示。

图9-1　真丝塔夫绸晚装的平面效果图

本章讨论的重点除了款式立裁和版型之外，还侧重于分析晚装立裁制作的常用技术，包括首先立裁出晚装的衬里（Lining），然后立裁本布（Self）的先里后布式的立裁技法；工艺技术如前胸的胸罩杯（Bra cup）的选择和放置方法，前髋（Front pelvis）大茶花的裁剪及做法；下裙（Bottom skirt）立裁绘制及裙内撑裙（Petticoat）的相关知识和做法；晚装椭圆拖尾（Round tail）的立裁和打版方法等。

修长拖尾晚装立裁人台的首选是全身人体模型（Full body dress form）。开裁之前，与设计师讨论本款的特点，倾听设计师的诉求及想法。与设计师的直接沟通让版师更直接、迅速、准确地了解草图背后所包含的丰富内涵。与设计师讨论款式时了解到，这是一款为老顾客出席盛大时尚派对而专门定制的宝蓝色塔夫绸晚装。客人要求晚装能体现柔美婉约的性感，既显性感但不裸露，翱翔在性感与传统、华贵与浪漫之间。根据客人的身材特点，上身采用了背心肩带式的设计，下身外加罩裙、A形大裙摆（A shape train skirt）和前侧大茶花设置，着力塑造走动时摆动的下身和站立时高贵时尚的外形。同时，这是客人衣物间里的晚装中还没有过的新款式。

设计师之所以把上身设计成贴身、富有线条感的背心，是以此与下身的夸张外形产生强烈对比。因此，上身的立裁和制作要设法体现其曲线感来加强胸部的轮廓线，要通过捏褶和收腰使上身的曲线突显。裙子的下半身从臀围位置开始用外加的缩褶一片裙形成罩状裙，前侧超大的茶花的底盘可用塔夫绸与厚欧根纱（Organza）四合一制作，花瓣由边沿缝细卷边（Baby hem stitch）的斜纹欧根纱盘缝。裙摆外层是用塔夫绸裁剪制作的多片裙，裙后摆的拖尾长85 ~ 90cm。裙内层的撑裙是用一种较硬的网纱（Heavy tulle）制成的。前裙长从腰往下量到地面约为120cm，后拖尾形状需要先由版师自主决定，客人的身材为

10码上身，8码下身，设计师为改变客人的下围较上围小的视觉效果而煞费苦心，同时也成就了这款晚装的创作灵感。

版师征询设计师是用10号模型还是8号模型立裁。设计师则与版师寻求建议：考虑到客人的上半身是10号身材，结合礼服裙上半身贴身设计用10号会比较合适些。臀部略小的体型特征因为撑裙的设计可以忽略。设计师认为这样的分析合情合理并决定用10号模型立裁。至于立裁布料的采用，设计师的意见是最好能用上一季库存的塔夫绸。经过与设计师简短的沟通后，接下来的操作方向就更加清晰。

第二节 立裁前的准备和思考

找来10号全身人台，在上面把大致的比例轮廓和结构勾勒出来。如图9-2所示，用0.3cm的细编织带和大头针，将款式的结构比例标定，然后用皮尺将几个必要的尺寸量出并写在平面图上作为立裁的参考完成尺寸。比如量出10码的臀围及腰围，前罩裙长和前下裙长、后罩裙长和后拖裙长、后裙总长等，其他尺寸在立裁时还可以随时通过人台量度取得。

小提示：*参考完成尺寸并不等于立裁的坯布尺寸，因为立裁坯布尺寸往往要比参考完成尺寸加长10～12cm，通常是整件晚装立裁和制作完成，甚至是最后试身结束才能修剪至完成尺寸，这是立裁制版中不成文的制作规则。*

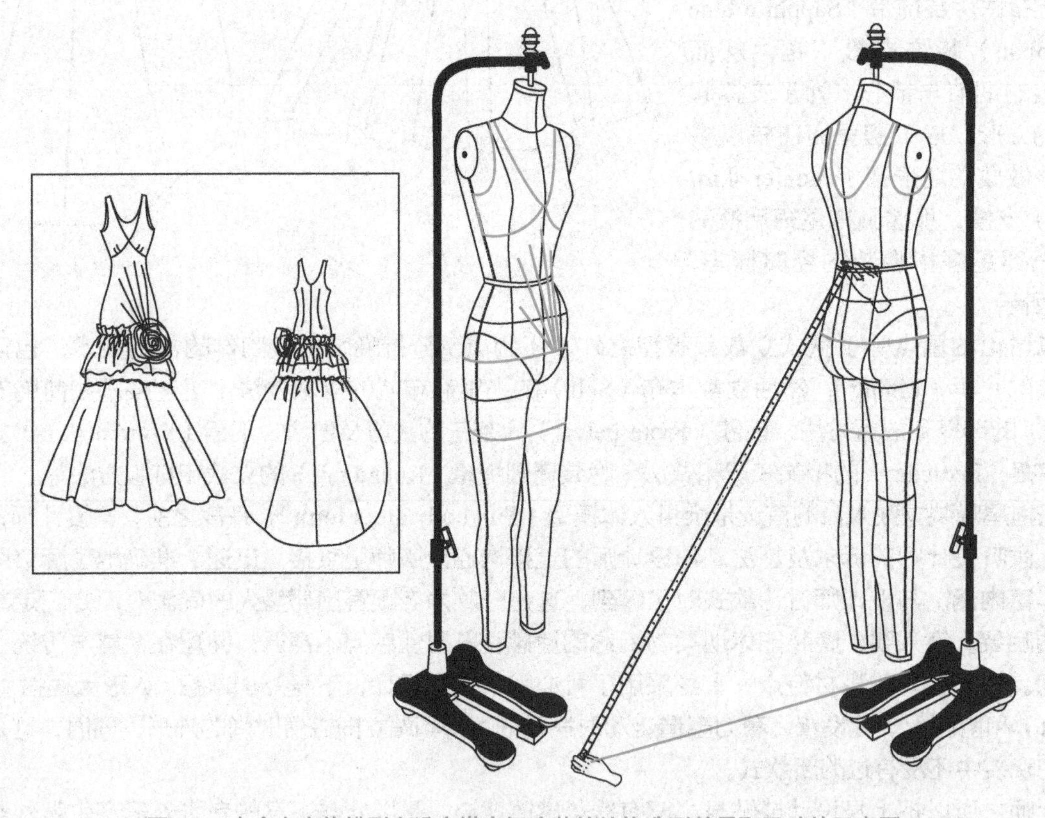

图9-2　在全身人体模型上设定塔夫绸晚装的结构造型并量取尺寸的示意图

在量尺寸时，可根据设计要求增加需要量度的尺寸，因为在为客人量身时，款式图也许还没出来，版师需用专业的眼光加上经验估算尺寸。但估算的基础则建立在对人体的衣着尺寸常识、人体的活动机能认知以及对款式尺寸概念的了解和把握。版师要在日常工作中，通过不断的积累，把许许多多的尺寸储存在大脑的尺寸库里，这样在遇到尺寸不详的立裁款式面前才会胸有成竹，挥洒自如。此外，考虑到晚装要求突出客人的胸部曲线，立裁前需要把人台的胸部垫高加大。于是，版师找来38号B形胸罩杯（Bra cup），在10号人台的胸部位置先垫上一对半球状的胸罩杯，用大头针固定好。按成衣的里外结构，本款晚装立裁应按从里到外的顺序裁剪，即先裁衬里，后裁夹在中间的塔形撑裙，最后再裁面布和大花。因为前片背心和后背都相对简单，可以用普通立裁的方法制作，至于前身的多褶前片可用先平面后立体的方法裁剪。而下身的小外罩裙（Cover skirt）和下身的A形裙也同样可采用半平面半立体（Use both flat pattern and draping）的方法处理。考虑到客人定做的价格较高，且立裁的效果需一步到位，版师决定直接采用布料立裁。准备好7 ~ 8m的蓝色塔夫绸、3m浅蓝色仿丝里布（China silk）及1.5m欧根纱（Organza），立裁的前期工作就准备好了。

第三节　衬里的立裁

一、衬里后上片的立裁

塔夫绸晚装衬里的立裁需从后上片（Back top）开始。先用皮尺量出后片上身的长和宽，分别加长加宽12cm后剪出里布。用熨斗折烫出2.5cm的布边，用大头针分上、中、下及肩斜、腰、臀等固定到人台上。接着用手指触摸人台上的公主线，在公主线上面把后身腰间多余的布料别出一段长后腰褶，如图9-3所示。接着通过人台上的款式定位线，用剪刀修剪后片衬里的袖圈（Armhole）、后领线（Back neckline）和臀位（Hip level）的立裁缝份，在腰部剪上几个剪口，完成后上片，如图9-4所示。

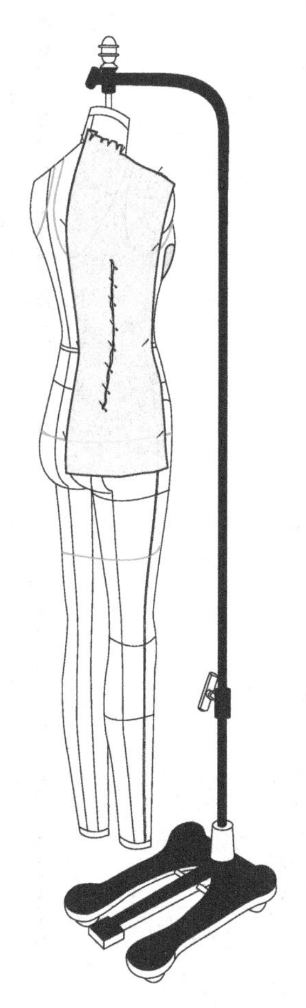

图9-3　在全身人台立裁后上片衬里并别出长腰褶的示意图

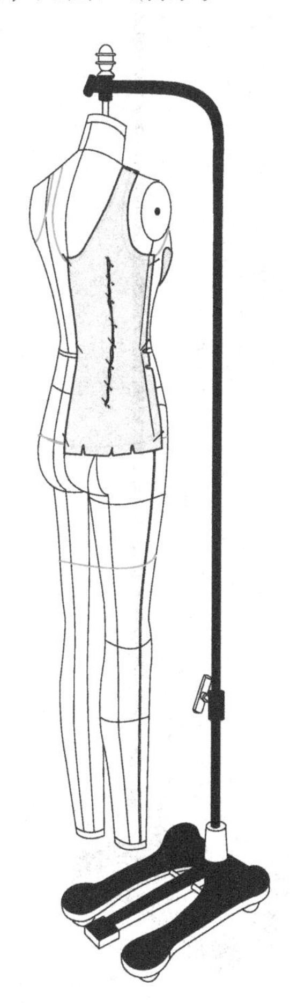

图9-4　在全身人台上修剪后上片衬里的示意图

二、衬里后裙片的立裁

取皮尺量出后裙的长和宽，量后长时对照原来量好的后裙长的尺寸加10cm，宽另加12cm，剪出衬里坯布。用划粉和尺子，在衬里坯布上用平面裁法画出后衬裙外形的大致轮廓，剪出后用大头针拼接到人台上进行调整，如图9-5所示。

三、衬里前上片的立裁

前上片衬里分为胸上片（Top front）和前中片（Front Middle）两部分。裁胸上片的做法是用皮尺量取一半的胸宽并增加10cm，从肩颈点（HPS）到胸罩底线（Breast bottom line）的长度增加10cm，剪出两片相等的衬里坯布备用。用熨斗烫出2.5cm的折边，以它为基准，在人台的右胸把一片坯布用大头针垂直地固定后开始立裁，如图9-6所示。

如图9-7所示，用蜡块在背心上方涂擦轮廓线，用剪刀在需要的部位打上斜向剪口。

图9-8是集中精力做胸罩杯下方的两个褶子和省道（Darts）的示意图。用手指把胸罩杯下面的坯布余量分成两部分。捏褶时两边的量和距离要均匀。用大头针别好褶子，褶尖应该在离乳房最高点（BP/Bust point）以下约2.5cm的位置停止。最后用蜡片涂擦并修出右胸上片的胸下弧线。完成胸下弧线后，往后退几步，远观右胸的成形效果，满意时可按照同样方法裁出左胸片。也可用麦克笔在人台上做标记后卸下并烫平，用过线轮和复写纸对右胸片进行复制，重上人台继续立裁。图9-9是左右前胸上片衬里立裁完成

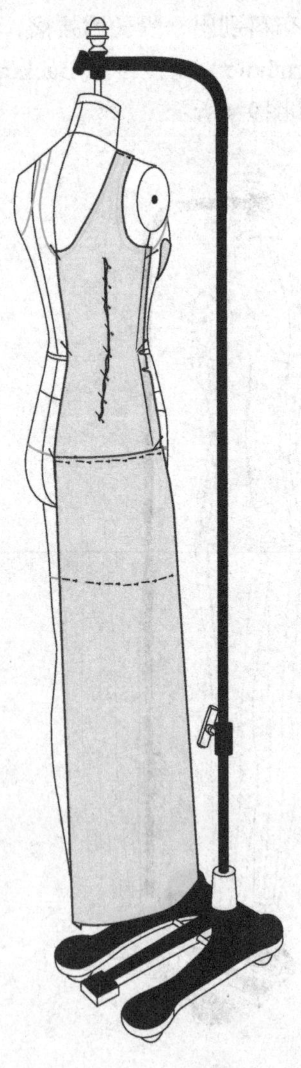

图9-5 在全身人台上立裁后下裙片衬里的示意图

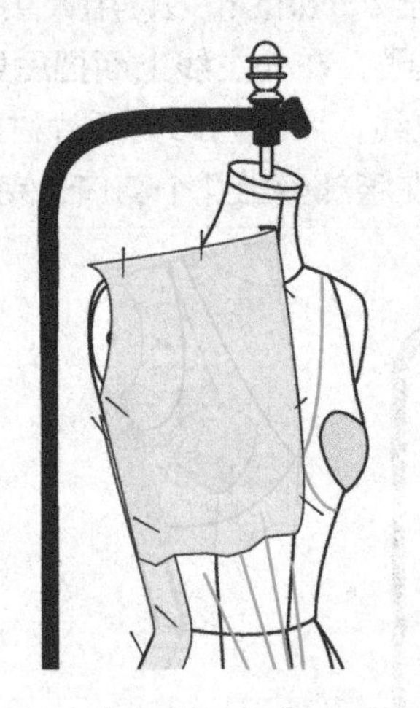

图9-6 在人台上用大头针把坯布垂直地固定于右胸的示意图

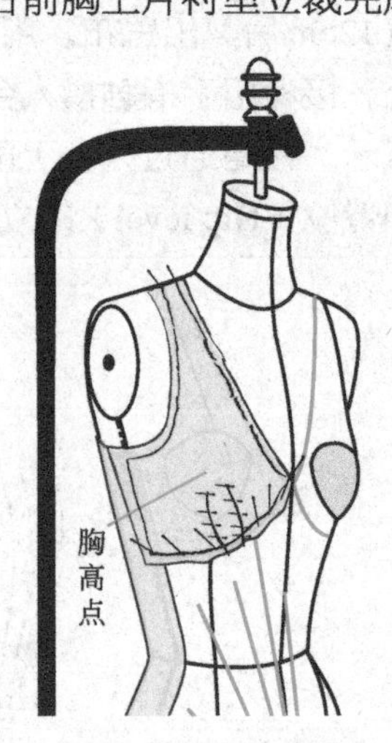

图9-8 前胸上片衬里胸褶及别合侧缝的示意图

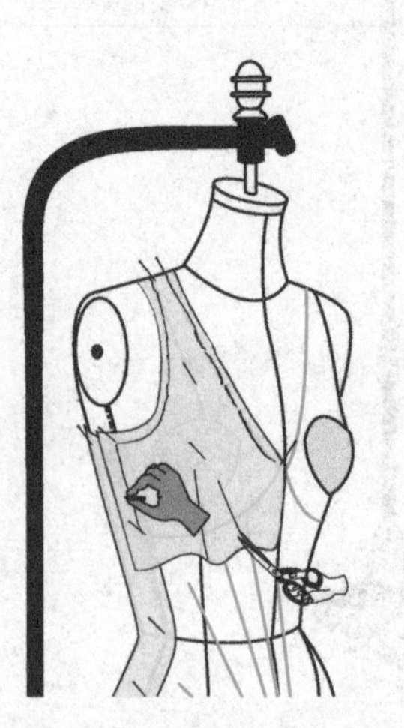

图9-7 前胸上片衬里打剪口和涂擦轮廓线的示意图

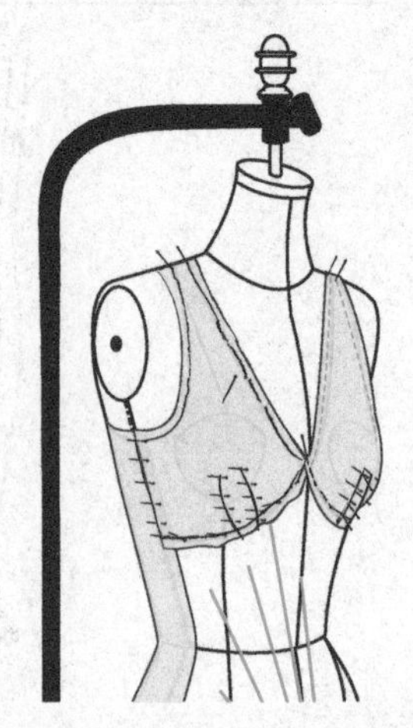

图9-9 左右前胸上片衬里立裁完成效果示意图

效果的示意图。

现在要裁的是前中片衬里部分。它分以下两个步骤完成。

① 先用皮尺量出从V领最低点到下围长度后另加10cm，宽度的计算是量下围的最宽位置外另加大6cm，剪出一块像房屋轮廓形状的坯布，用划粉画出前身的大轮廓和它的中心线，用大头针把坯布插到人台上，如图9-10所示。

② 用手指触摸人台的公主线，在该位置上捏出两旁的腰褶。然后在侧缝和胸下线上用剪刀打上一些剪口，利用大头针把两侧缝和上胸底线用平行排列针法（Horizontal pin method）拼接，如图9-11所示。

版师在衫里立裁中没有采用斜向插针法（Oblique pin method），原因是紧接着要在衬里的外面继续裁剪罩裙，斜向针法的使用将妨碍和干扰外层裁片的立裁。图9-12是塔夫绸晚装的前、后衬里的完成效果示意图。

为什么晚装前身衬里是对称的结构，却立裁成完整的，而后身也是对称结构，但只需立裁一半？这是因为款式的前身有两个不对称的结构部分。一是多褶的前片和大腿上的罩裙，它们都需要完整裁片的衬托和支撑。所以，衬里就相应地裁成对称的；二是在立裁晚装时，版师要想方设法地把衬里的结构合理化和简单化。既要考虑它的结构美观，也要对款式的外层起到承受和支持的作用。

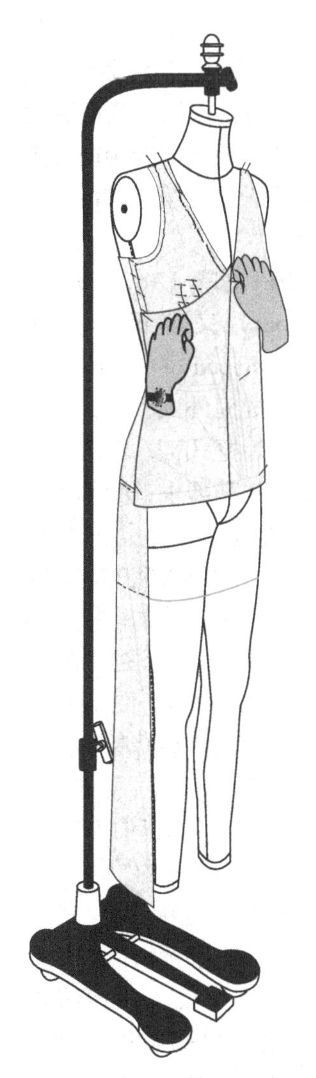

图9-10　前中片衬里上人台立裁示意图

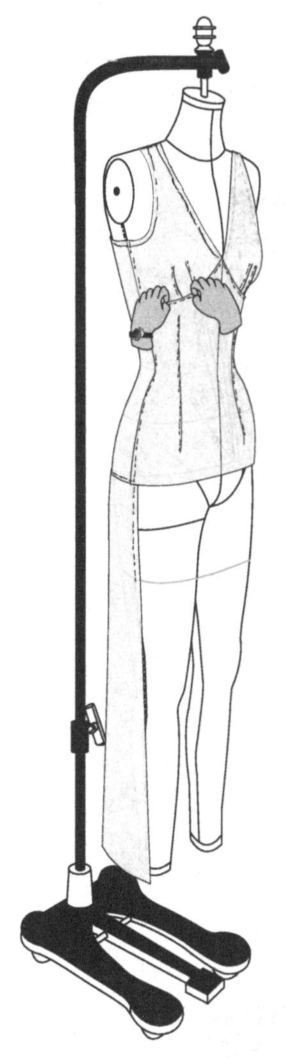

图9-11　前中片衬里立裁完成示意图

图9-12　塔夫绸晚装衬里立裁前后效果示意图

如果将下身衬里的下臀线（Low hip level）设为接缝线，则需考虑外罩裙的定位和缝纫的方便。图中用大头针标拼而成的是大腿围线，它将在复制纸样时和做裙撑缝纫时作为定位线；后裙里布设定成直身，好处是省布，只需在后中开一个长后衩以方便穿用者移动。

总而言之，衬里的设计空间比较大，是灵活的，没有固定的模式和方法。对版师而言，它既是挑战，也是创作的机会，绝大多数的设计图并不提供任何有关衬里的信息，版师的工作是使其从无到有，因而是挑战。版师要在各种模式中选择最合适的版本，用得恰到好处，故它又是创作的机会。衬里做好了能让穿着者感到舒适，给成品加分。

第四节 裙撑的设计和版型

裙撑（Petticoat/Pannier skirt）是对裙子起着支撑作用的支撑物，是能使外层裙子蓬松鼓起的衬裙。裙撑分为硬裙撑和软裙撑两大类型。硬裙撑通常不与裙子本身连为一体，并且所使用材料往往偏坚硬沉重。而软裙撑则可与裙体相接，用材偏柔软且较轻。根据设计需要，本晚装的裙撑是一款与裙里相连的软裙撑。在晚装的结构设计和制作中，软裙撑的样式是多样的。一些晚装或婚纱公司更是准备了多种大小各异、形状有别、单一或多层的裙撑，帮助设计师和版师撑托他们的作品，并把裙撑的纸样和不同的样式存放在电脑以便随时提取，这样的电脑化手段的确节约了版师和设计师们的不少时间。根据本塔夫绸晚装的外形设计，选用塔形撑裙作撑托是上策，如图9-13所示。

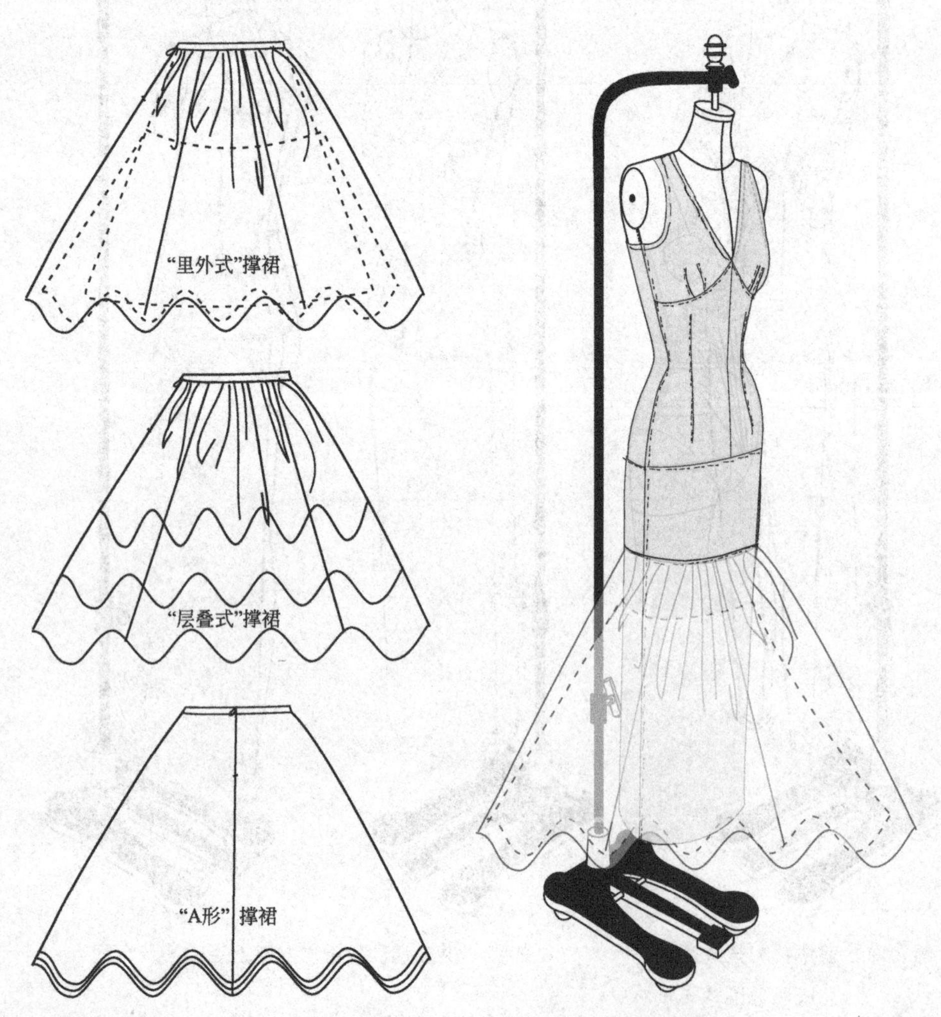

图9-13 三种塔形撑裙的构成图例

图9-14 里外式塔形撑裙上人台的效果示意图

塔形撑裙（Tower-shaped petticoat）又名锥形撑裙（Cone-shaped petticoat），它被设计成里外式、层叠式和单层式等好几种。考虑到本款式的外观要求，版师和设计师商定选用里外式撑裙衬托这一款塔夫绸的A形晚装。因为里外式的撑裙的网纱是自上往下，没有中断，而里面内层的短网纱就是起着撑托外层网纱使其不往里塌陷走形的作用；很明显，其他两款撑裙都可以使用，但带来的是不同的效果。

图9-14是把里外式撑裙用大头针别到人台上观察效果的示意图。假如手头没有现成的撑裙可用，建议动手立裁。锥形撑裙是对称的，裁撑裙的版型只需要对折后裁出右边。

用皮尺量出撑裙的理想长度、前上围、后上围、前下摆和后下摆，以平面裁剪的方法，先裁出前裙片上沿和下裙摆的外型，然后采用剪开法把前后裙片展开成版师预设的大小，用缝纫机拼合后，放上人台观察效果，判断是否达到设计所需要的形状和外轮廓。图9-15是先平面后立体的方法立裁塔形撑裙的步骤展示。

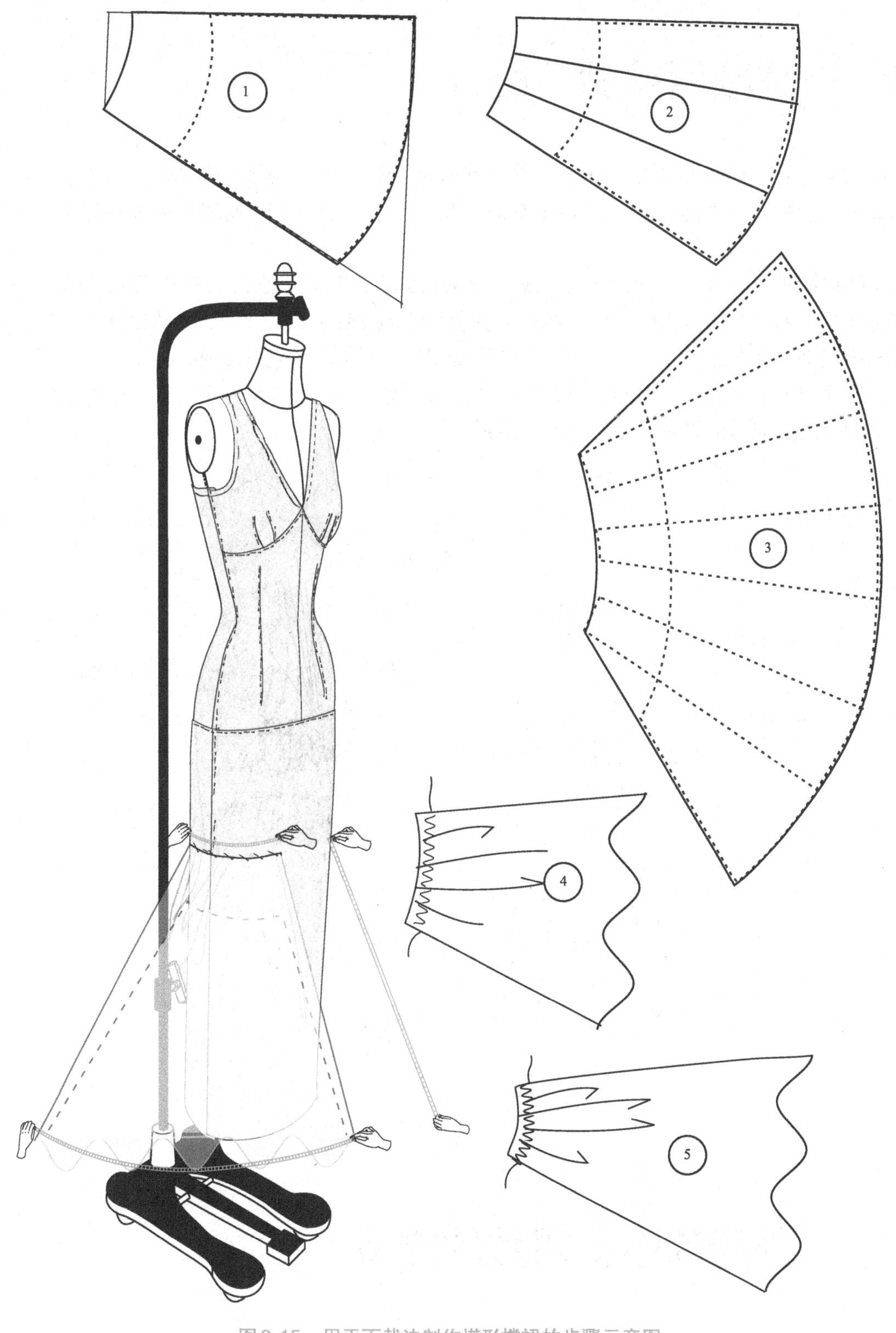

图9-15　用平面裁法制作塔形撑裙的步骤示意图

① 用平面裁剪的方法画出裙片，裙中长的虚线表示内裙的形状和长短。

② 在裁片上设定多道剪开线（Slash line）。

③ 把裁片沿剪开线剪出、展开、画出新图。

④ 把短撑裙片4和长撑裙片5各按需要合拼后缩褶，分成上下里外两级，用大头针与裙里相连后再上人台进行观察。如果下摆A形不够大，可以考虑增加网纱的层数或者增加版型圆形的直径进一步修改。

第五节 理顺后续剪裁路径

衬里和撑裙的立裁都相继立裁完成了，外层面布该如何制作？在继续操作前，理顺思路再动手很有必要，明确方法、操作步骤能让后续的制作有条不紊，不出乱子，少走弯路，并能在最短的时间内完成整个作品。

如果先做撑裙外面的A形下摆裙（A shape bottom skirt），却因与它连接的内罩裙（Undercover skirt）尚没有剪裁出来，故暂时不能做。上身的背心与衬里的结构和形状几乎一致，故裁片纸样可一石二鸟，所以可以不用另裁，能节省时间。而前面与罩裙相连的多褶前中片应是目前的关键，这个承上启下的部分完成了，外罩裙和它下面的内中裙、下摆裙及大茶花等做起来就变得一气呵成，条理清晰，顺理成章。图9-16是理顺后续剪裁思路先后次序路径的示意图。

图9-16 理顺后续剪裁先后次序路径的示意图

第六节 外层前中多褶片的立裁

按既定的程序先裁出外层前身的前中多褶片，它共分9个步骤操作。

① 如图9-17所示，准备一片棉坯布（Muslin），用皮尺量取人台的前中多褶片的长和宽并加放10 ~ 12cm，对折后用蜡片涂擦出中心线。保持对折形态贴合到人台上做造型。用蜡片涂擦出上下及侧缝的轮廓线，捏好腰褶并用大头针别起来。接着涂擦前中多褶片的轮廓和褶位（Darts placement）。

② 取下坯布，放到桌上用剪刀修剪裁片轮廓，保留约2.5cm的缝份，如图9-18所示。

③ 把折叠着剪好的坯布打开，沿中心线和轮廓线用大头针别上人台后要双手操作，一只手负责触摸人台最底层的褶子款式胶条的定位线，另一只手持麦克笔跟着手感把设定的位置连线，做出标记，如图9-19所示。

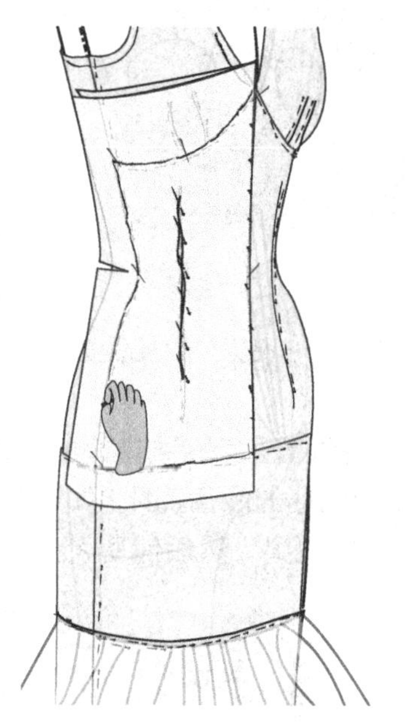

图9-17 对折棉坯布用蜡片涂擦轮廓的示意图

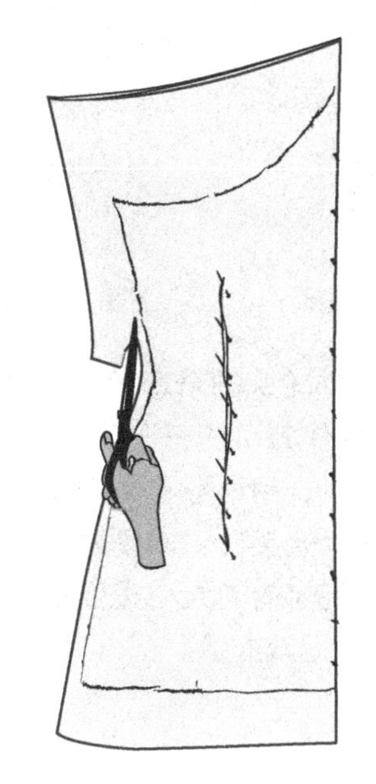

图9-18 把坯布放到桌上修剪缝份的示意图

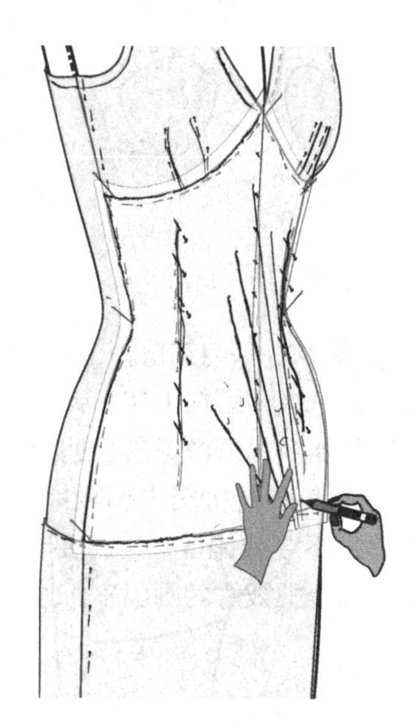

图9-19 打开裁片重上人台并标记褶子位置的示意图

④ 把标记好褶子定位线的棉坯布取下人台，并平铺在一片准备好并画好布纹线的塔夫绸上面，把上下直纹线对齐，用大头针在上方的顶端设定一点做固定位置（因为下方需要展开，所以不宜固定下方）。手提腰褶用剪刀在腰褶从上向下、向斜下方剪出五个人字形的剪口，每个剪口深4 ~ 5cm。然后把裁片放在桌面上用手轻轻拍平裁片褶子的位置，使褶子的部位由起伏转向相对的平伏。这是立裁中解决并平整因合拼后造成的起伏不平的腰褶或侧缝等部位的简单易行的实用方法，如图9-20所示。

⑤ 沿着标记线把中间的褶位剪开，剪到褶尖点时，剪刀尖必须急转弯，目的是把褶子的长度在拐弯处锁定。

小提示：**要在每一个拐弯顶点的实线边沿外，逐一打上斜向剪口，同时避免剪通、剪断，连着一丝丝为最佳状态，剪断的后果是展开裁片时，产生移位、不准确、连接不顺当，见图9-21。**

⑥ 图9-22是把裁片按剪开线分别展开的示意图。这一步是立裁前中褶片中的关键。展开褶位前，版师要考虑并设定褶子的宽度；假如褶子的作用仅仅是装饰，褶宽就不宜过大，在3.2 ~ 3.5cm之间足矣。褶位摆放接近设定效果时，可用划粉做标记。

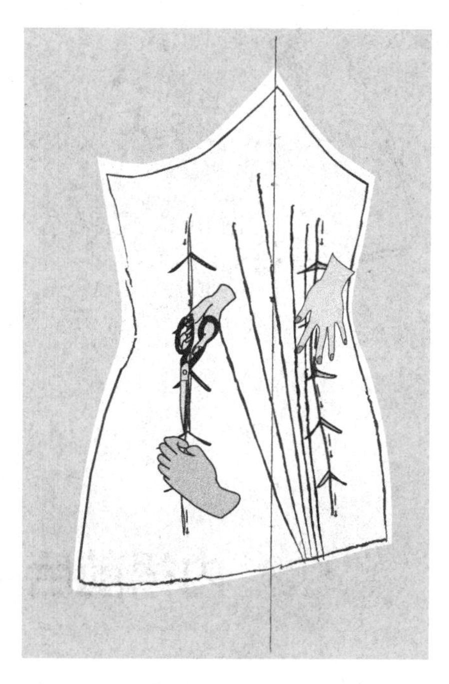

图9-20 把坯布放到桌面上，在腰褶位剪出几个人字剪口后用手拍平的示意图

图9-21 沿标记线剪开坯布的技巧示意图

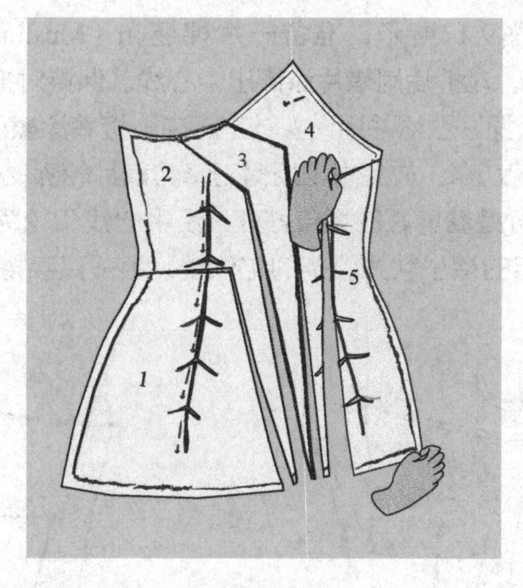

图9-22 把裁片按剪开线分别展开的示意图

⑦ 图9-23是用划粉画出褶位的大小和外轮廓的示意图。用蜡块描画其实也可以，但相比之下，划粉的痕迹在塔夫绸面料上较后者更为清晰，操作者可任意选用。

⑧ 图9-24是把覆盖在上面的棉纱坯布揭开，用划粉或尺子把不清楚或断开的位置画清后修剪的示意图。

⑨ 图9-25是把塔夫绸裁片的5个褶子用大头针斜向别好，放上人台调整别准的示意图。如果两边侧缝的缝份不够或偏多，这时要通过加减调整前褶的大小宽度平衡褶子的整体效果。然后借助大头针的轮廓线的别合把裁片勾画出来，为下一步的标记做准备。

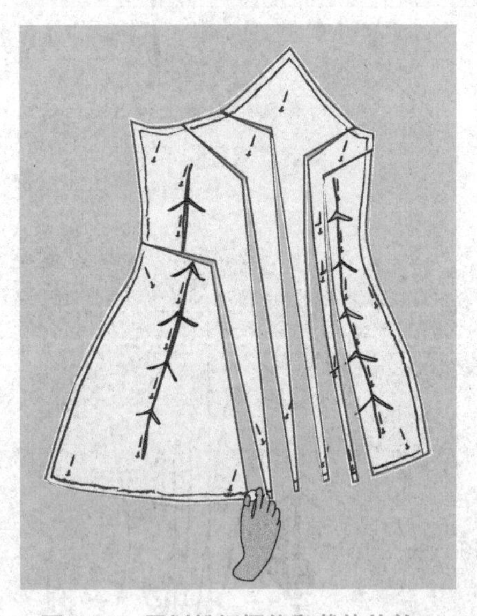

图9-23 用划粉把褶位和裁片外轮廓勾画出来

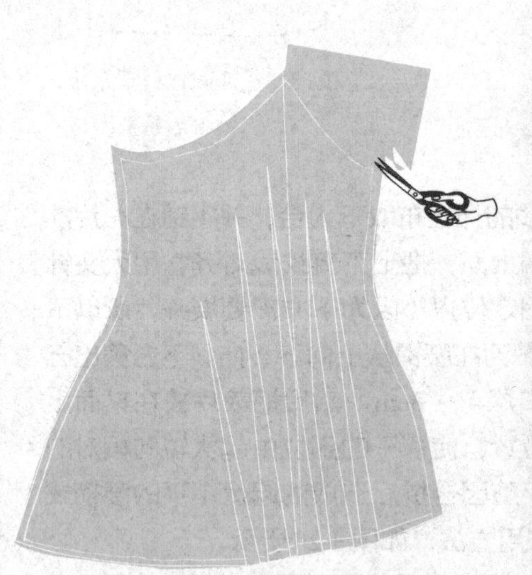

图9-24 修剪中的新塔夫绸裁片的示意图

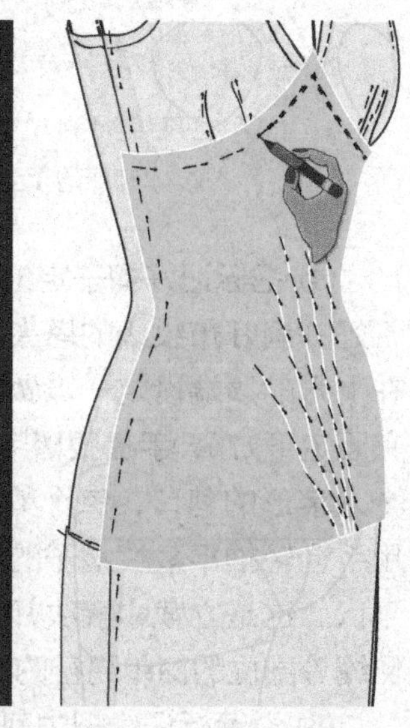

图9-25 裁片上人台作调整并勾画裁片的示意图

第七节 内裙前后片的立裁

如何以面布立裁内裙（Inner skirt）的前后片？为什么称它为内裙片呢？因为它的位置处于外罩裙的里面，被覆盖了，所以称之为内裙片。内裙片起着承上启下的作用，它上连前中多褶片和后上片，下接前后大裙摆，外连外罩裙和大花。所以其连接的中坚作用不容忽视。

立裁前后罩内裙片相对简单，从设计图中看到内裙片的位置在晚装的下半部。它需要的轮廓是上部较为贴身而下部相对宽松。开裁时需要准备长与宽合适的塔夫绸坯布，用蜡片沿轮廓涂擦出它的外形，然后可把涂擦后裁片再进行平面展开处理，把整理后的前后裁片重新放上人台，就可立裁出该前后内裙片。图9-26是前后立裁出内裙片的裁片原形示意图。

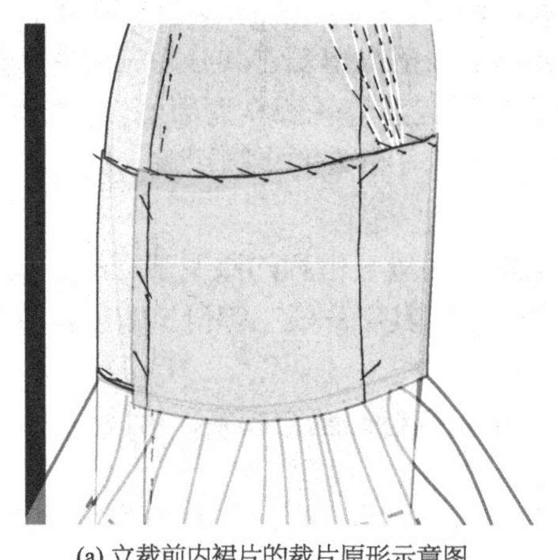

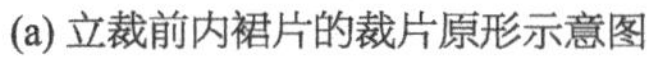

(a) 立裁前内裙片的裁片原形示意图

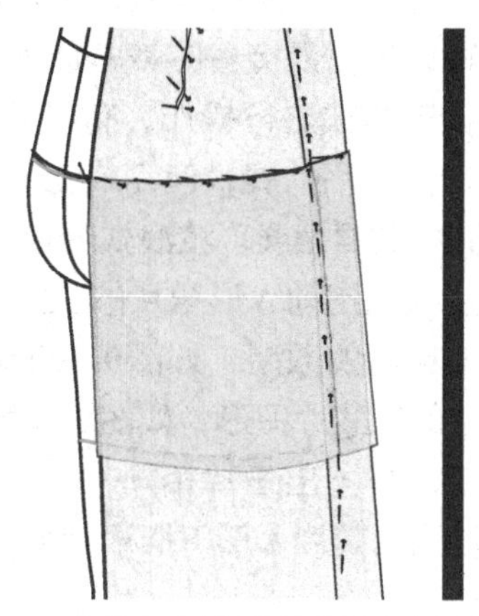

(b) 立裁出后内裙片裁片原形示意图

图9-26　立裁前后内裙片原形的示意图

图9-27是用平面方法处理内裙片下摆的示意图。把花点纸垫在下面一起剪出新的外轮廓，产生新前后内罩裙片的纸样。图9-28是新前后内裙再别上人台的效果。

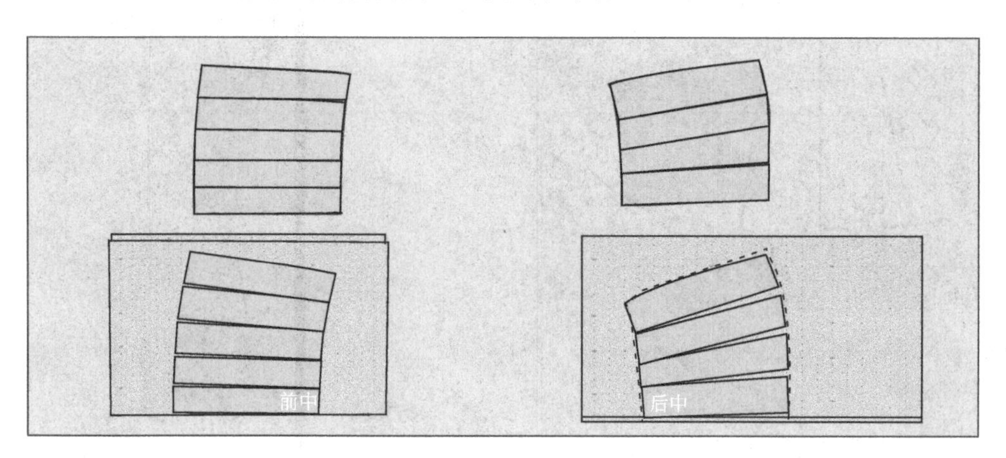

图9-27　用平面方法处理和展开后的内裙片示意图

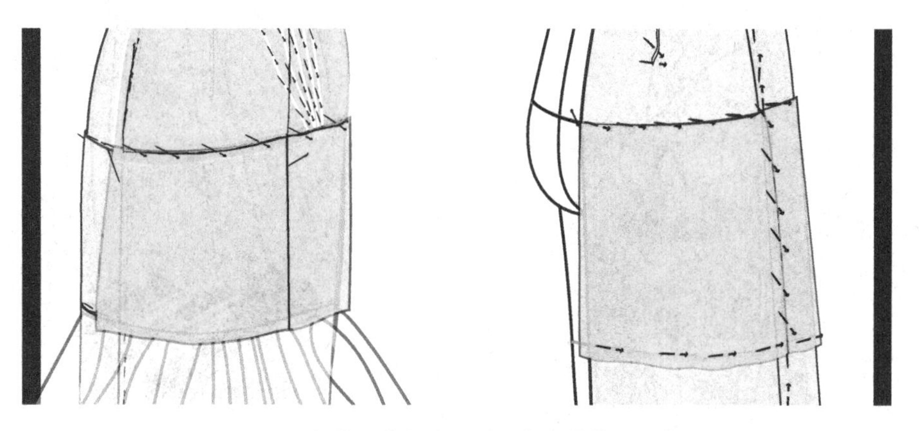

图9-28　新前后内裙片再别上人台的效果示意图

第八节 外层前A形下摆裙的立裁

动手裁外层前A形下摆裙以前，必须重新审视晚装设计图，重温一遍设计师的要求，分析它的设计结构，理清思路，考虑紧接着的裁剪计划。通过解构A形前大摆裙得知它共分为三大片，裁剪完全可以用先平面后立裁的方式进行操作。有经验的版师常常会先以完整外轮廓作为原型，将原型平分三等份，取其中一份进行剪开和扩展，使完成的三合一前裙摆成为大于180度的半圆裙摆。剪开和扩展技法的运用，目的是让完成的裙摆展现波浪式的起伏效果。

操作时用皮尺量出前A形裙片的上边沿尺寸，再用皮尺估量准备画的原型下摆的宽度，画出一个A字裙的平面裁剪图版的原型，如图9-29所示。以原型为基础把其平分成三等份。取出其中的一份平分剪开扩大就成为了的新裁片图形，如图9-30所示。

用图9-30的纸样剪出三片相同的塔夫绸裁片，用缝纫机把它们缝合起来，再放到人台上进行比较，如果形态大小恰当，前片A形下摆裙就生成了，如图9-31所示。

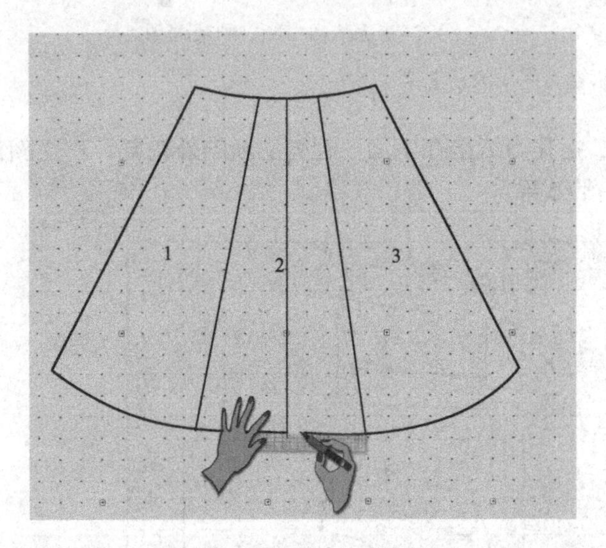

图9-29 画前外裙外轮廓大平面原型示意图

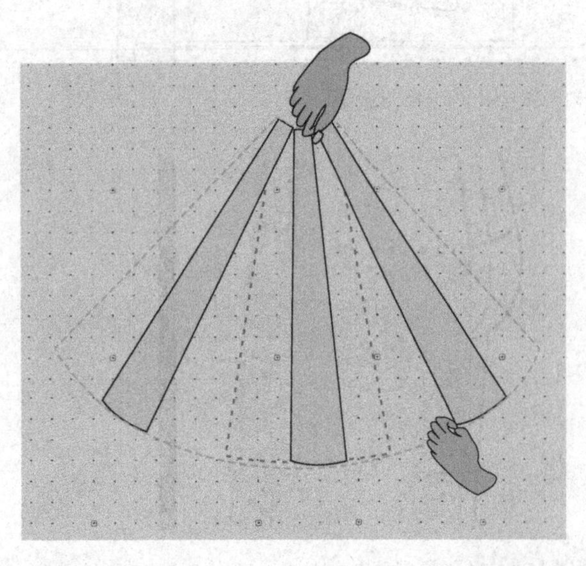

图9-30 取平面原型的一份进行平分扩展生成新裁片的示意图

图9-31 A形下摆前裙片立裁示意图

第九节 外层后拖裙后中片和后侧片的立裁

外层后拖裙（Out layer back skirt with train）由后中片和后侧片组成，它们是两片不可分割的裙体，是晚装整体效果重要的款式结构。在开始立裁之前，再次重温设计图的要求后，用皮尺量取几个参考尺寸以供制作后拖裙整体平面图时参考。后拖裙常常是又大又长，只是面料可以很长，却不能超越其幅宽，因此版师的策略是化整为零，把后拖裙的裁片作一分为四片的处理。而首要的是量取必要的尺寸：它们是后下摆裙上沿宽、后拖尾长度、后裙尾部弧长（Curved hem width）及后侧裙长。图9-32是后拖裙尺寸量取的示范。为什么版师总是不断地在量尺寸呢？

其实，这就是立体裁剪和平面裁剪的重要区别，立裁省却了计算，只需直接地在人台上量取所需要的尺寸，简单快捷，直截了当。同前片裁法一样，后拖裙的做法也可以用先平面后立裁的混合剪裁法进行。

有经验的版师在量取和描画后拖裙的纸样坯布时，往往把后拖裙尾部刻意多增长一些，甚至预留长度45 ~ 50cm也不显得夸张。因为设计师往往在模特试身（Fitting）前，对后拖尾的完成长度、完成外形的弧度，或者需要什么形状都悬而未决。多留出余量，试身时，想做减法很简单，一剪刀的功夫；反之要用加法，续布补布，手脚忙乱，事倍功半。

图9-32 用皮尺或绳子量度后拖裙的轮廓示意图

量取完毕后裙片所需尺寸，把数据记录在纸上。取一张大花点纸，按尺寸把后裙片想象的外形绘画，现在画的不是后拖裙最终的外形和长度，往大往长画有备无患。

如图9-33所示，现在注意力要放在后拖裙左右两块裁片的布纹线的设定上。通常后中片的布纹线设定为后中线本身，考虑的是使两后中片合拼后外观平直，不产生扭纹现象。后侧片的布纹线要设定在它的中央，考虑的是使前后两边后侧缝的布纹基本一致，相同布纹缝合结果是缝纫熨烫平顺服帖，缝合起来没有扭曲生皱（Twist）的麻烦。所以布纹的设定也不是一成不变的，要根据具体情况具体分析，因“款”制宜。继续操作前，通过重新审视设计图，注意到后裙片上方有些不均匀碎褶（Uneven gathering）。此外，为了使裙后拖尾及地时能自然地产生铺向地面（Back skirt with train sweep to the ground）的角度，使裙子上下部分过度有序，版师应对该平面原型图进行适当的调整。图9-34是如何用三个步骤调整裙后中片的示意图。

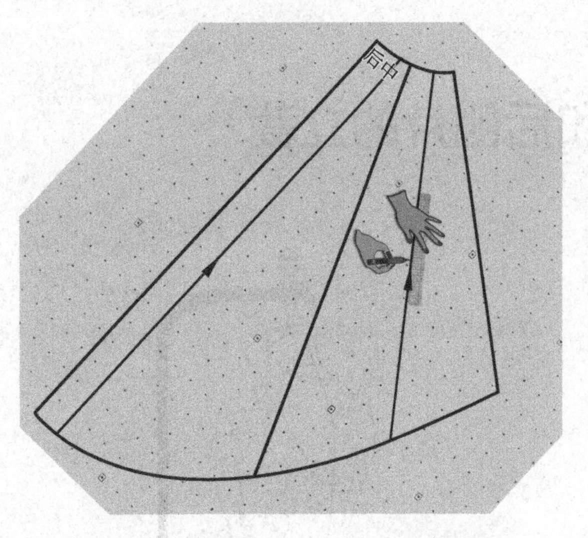

图9-33　用平面裁剪法画出后裙片轮廓并标出布纹线示意图

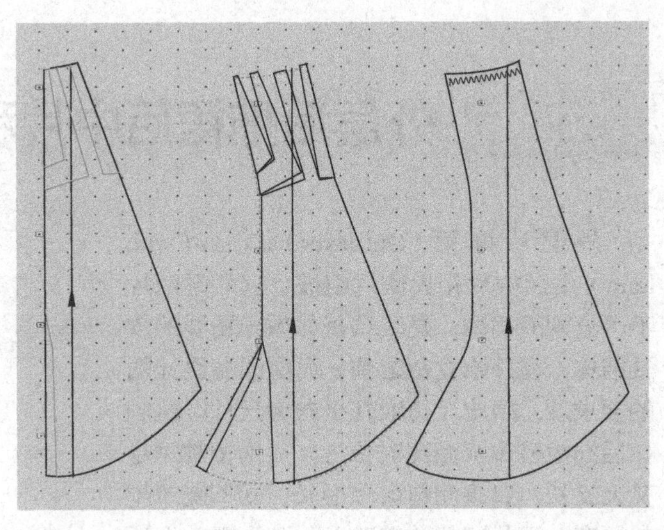

图9-34　用平面裁剪法画出后中裙片新轮廓的示意图

首先在裁片上设定剪开线，剪开并展开，然后画出新裁片。图9-35是采用三个步骤来调整后侧片，使其腰部增加缩褶的容余量的示意图。先设定剪开线，之后按画线剪开再展开，最后画出新的裁片。后中、后侧和前侧完成后，把三片合在一起，很有可能发现前与后的侧缝边线长短不一，不必担心，这种情况是意料中的事。最为简单易行的办法是用一小片塔夫绸拼补到空缺的位置，如图9-36所示。用麦克笔把下摆弧线画顺，以塔夫绸裁出新的裁片，用大头针拼到裙后面，之后再修补纸样，如图9-37所示。

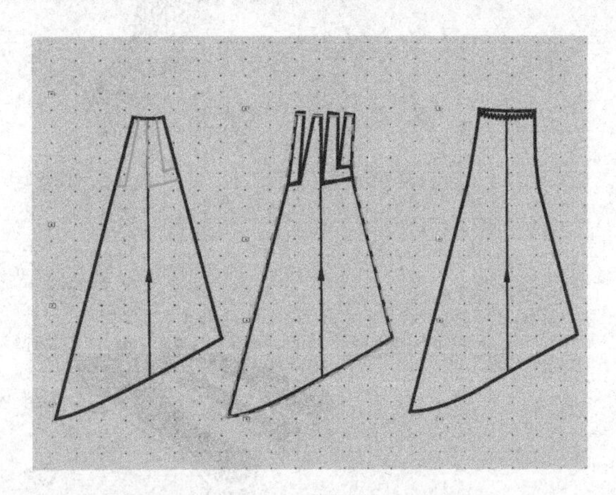

图9-35　用平面裁剪法画出后侧裙片新轮廓的示意图

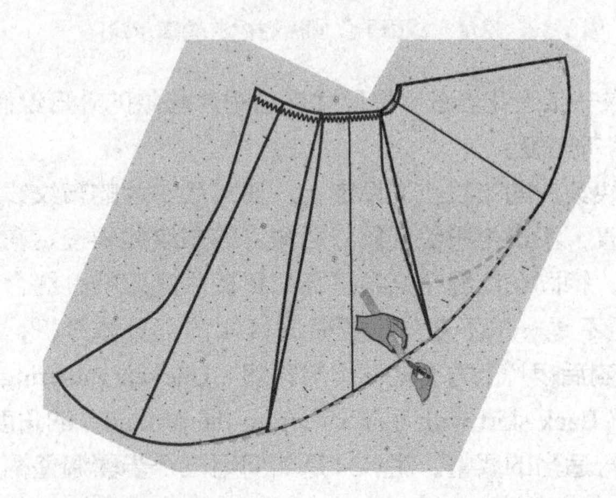

图9-36　把后中、后侧和前侧纸样连接画顺的示意图

图9-37　把两后片别到后身并补上侧面缺角的示意图

第十节　外罩裙的立裁和茶花制作

外罩裙在这款塔夫绸晚装中指的是罩在外臀围的重叠碎褶裙（Gathering skirt）。其裁剪方法同样是先平裁后立体。用皮尺一一量出平裁所需要的如裙长和上边沿的尺寸，然后在坯布上把外罩裙原型的一半轮廓图形画出来，如图9-38所示。通过在坯布片上画上均匀的若干剪开线，把这个图形伸展再放大产生新裁片，如图9-39所示。用塔夫绸裁出外罩裙新的裁片，用缝纫机大针距缝两道线，把外罩裙裁片紧缩至需要的尺寸。在人台的前髋（Frant Pelvis）/低臀部位置用橡皮筋绕一周系（Tie）牢，把紧缩好的裁片掖到橡皮筋里面并整理好，然后对人台效果进行观察，如图9-40所示。如没有修改的需要，外罩裙的立裁就完成了。

制作花饰是立裁工作中颇为常见的一项。设计师们都很喜欢以各种大小花卉作为时装的装饰物（Ornamentation）。身为版师，动手做花饰也应该是必修的，如果学校里没有学，平日里做些功课，在实践中学习和积累也是可行的：包括注意市场上的不同服装上各种花饰的做法，空闲时练一练，积累素材，避免出现书到用时方恨少的窘境。

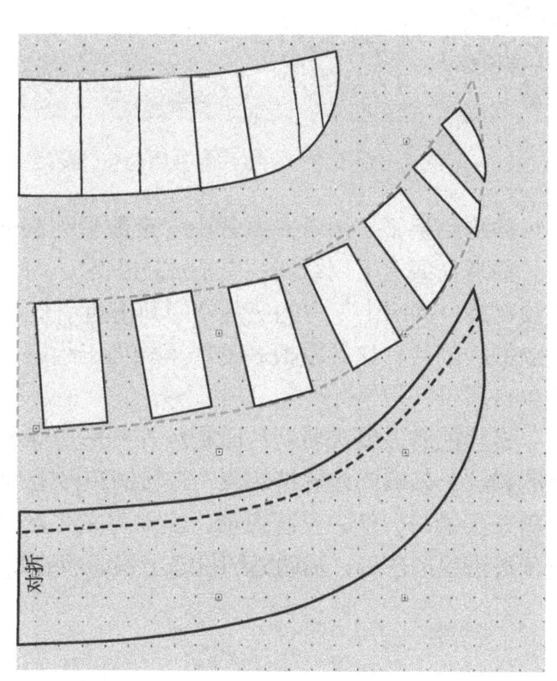

图9-39　展开外罩裙坯布成为新裁片的示意图

图9-38　用坯布做外罩裙的原型图

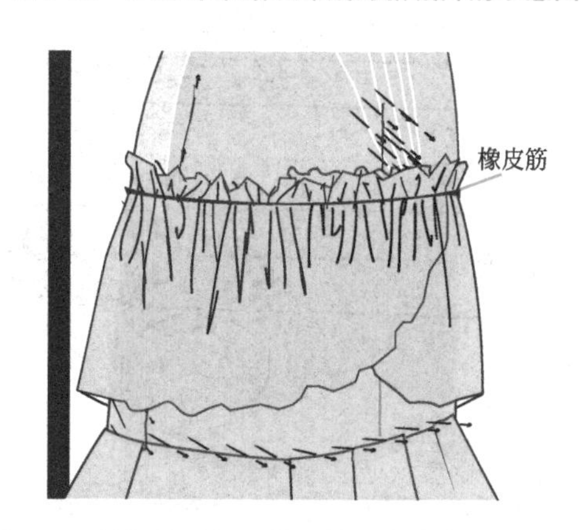

图9-40　缩褶外罩裙用橡皮筋系在人台上的示意图

动手制作前，首先分析一下这朵大茶花的细节。它比一般的花要大很多，而把它装饰在裙子上的手法有固定和装卸两种。版师决定采用手针固定的处理手法，好处是既能防止大茶花位置的变动，又可避免因临时戴上大茶花的方位方向不佳而影响礼服的整体外观效果。这样的大花可以裙子同色的斜纹塔夫绸布条制作，进行不均匀的缩褶后，用缝纫机在圆盘上由外向里绕着圈缝而达到设计效果。版师还可从过去的经验和平时搜集的资料或照片等方法找到灵感，图9-41和图9-42是可以参照的做法。虽然这只是个单一的案例，它却是笔者反复强调日常工作和生活中有目的地积累素材的重要性的体现。

图9-41 用斜纹布条不均匀缩褶后缝制成的装饰花示意图

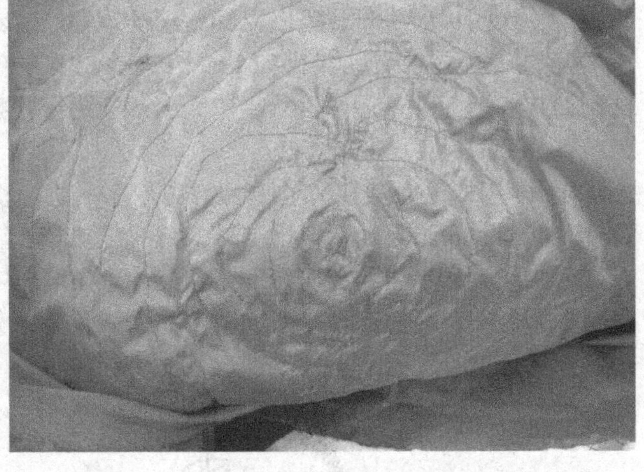

图9-42 装饰花底盘缝制线的痕迹示意图

开始动手了，用塔夫绸裁出一定数量约5cm宽的斜纹布片。裁布条前，在纸上画一些相隔5cm的线条，把塔夫绸上下用纸作三文治式的固定，用大头针别好每一条通道，辅助剪出，辅助剪出均匀笔直的斜纹布条。利用上下方的三角空间剪出两个直径约22cm的圆形，下剪之前，要在纸和塔夫绸之间加上两片欧根纱圆片，这层欧根纱的作用相当于给塔夫绸加烫了黏合衬，但效果比烫黏合衬显得轻巧生动，如图9-43所示。

接着把塔夫绸夹着两片欧根纱在圆形边缘缝一圈，生成四片合一的茶花底盘。然后用缝纫机把剪出来的斜纹布条斜向地缝接起来，连接时只做上片压下片（Overlap）的0.3cm的细边压线。如图9-44所示，修剪布条端口，使之呈圆弧形，操作时在底盘上由外向内车缝，缝纫时推进动作要慢，边缝边用锥子把布条拨进单边压脚，辅助缝纫机缝出缩细褶的效果。

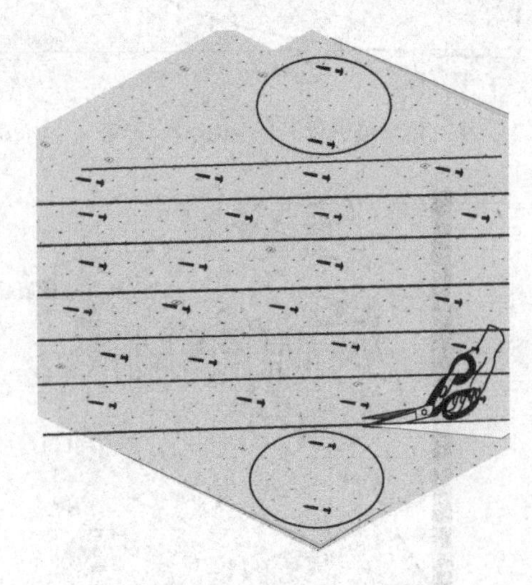

图9-43 塔夫绸上下夹花点纸以大头针固定剪出斜纹布条和圆盘的示意图

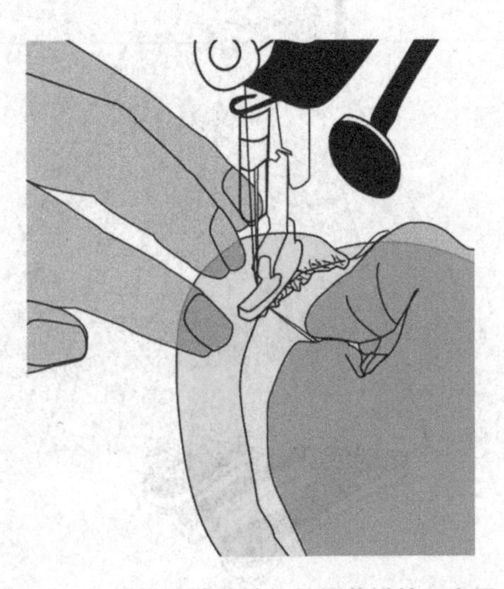

图9-44 用锥子辅助缝纫缩褶花瓣的示意图

把完成的茶花用别针（Safety pin）别上人台。图9-45是戴上茶花的接近立裁完成效果的塔夫绸晚装。把人台上的大花整理好，版师可在人台边上绕圈圈，从多个角度检查（Checking）整件晚装的效果，力图发现仍需改进和再做调整的部位。比如，把下身的里撑裙下调2.5cm，因为里撑裙与面布缝合后叠加厚度过大（Too thick），看上去不舒服，穿起来不美观，这一不起眼的挪动，给晚装整体效果加分了，也是立裁接近完成时慢下步来审视检查的收获。

版师这时请出了设计师对立裁效果（Draping effect）进行审核，设计师发现了版师对撑裙接线过厚的处理，客气地表示立裁比原设计图漂亮。对每一位版师而言，这无疑是最美妙的音乐和最贴心的话语了。

图9-45　用别针把茶花别上人台后的晚装立裁效果图

第十一节 标记与制版的方法

一、做标记的原则

获得设计师的首肯，打版的工作重点开始从立体转向平面。把立体裁片转换（Transform）成平面纸样（Flat patterns）的第一步是做标记（Making marks）。

做标记实际上是给裁片的外轮廓和结构做定格式的记录，使它们不因从人台上拆卸下来而使轮廓改变、残缺或消失。做标记是让裁片格式化的过程，所以在记录时要求版师精神高度集中，仔细认真，宁多勿漏，确保打出优质的标准的版型。标记如何做，怎么做，借助什么做，每一步都是有讲究的。版师要尽可能地利用身边的各种工具对人台上的裁片进行标记，并且要加注一些完成尺寸（Finished garment measurement），如领深、衩长、小肩、裆深、袋口、褶宽、容缩褶长（Shirring measurement）、袖围等；添加关键剪口并标注上缩写符号，把它们用笔标写在裁片的所属位置上。

常用的缩写符号有：CF（前中）、CB（后中）、BP（胸高点）、SS（侧缝）、FW（前腰）、BW（后腰）、A/O（袖窿）、LH（下臀围）、HH（上臀围）、PK（口袋）、NL（领线）、CT（中央）、SC（袖山）、FA（前宽）、BA（背宽）、SLD（肩宽）、UP（上部）、BM（下部）、SF（前侧）、LF（左前）、RF（右前）、LB（左后）、RB（右后）、FOLD（折）、RAW（自然边）、PLT（褶子）、ZP（拉链）、BN（纽扣）、BSM（袋唇）、WELT（贴边袋）、FLAP（袋盖）等。附上标记清晰的裁片与主体分离后，应该毫不费力地被准确识别。同时，在后面的制作中，这些资讯和细节将起关键作用。

由此可见，做标记不是可有可无的程序，更不是为记录而记录，它也不是盲目的。做标记不但要求用心和细心，还应该边标记边审改裁片。什么是边标记边审改（Marking and checking）？这是在进行标记和量度尺寸的同时，能重新审查有关尺寸的合理性和比例的协调性。例如在标记中需注意侧缝线位置的准确性，检查是否偏前或靠后；左右两线是否流畅，是否符合人体体态等。只要你能用审核的心态来标记，就不难发现那些潜在的错误，从而使差错消灭在版型完成之前。

二、塔夫绸晚装各裁片的标记与制版方法

就这款塔夫绸晚装而言，做标记时还要求从最外层开始，从上向下有序标记，思路是每拆卸一片，制版一片裁片；接着拆卸相邻的裁片，制版邻片，同时检查这两片纸样的合理性。这是与前面章节案例的做法有所不同的制版方法。完成了最外层的裁片制版，接着标记中间层，这中间的一层同样是拆卸一片，制版一片，并检查与之相邻的两片，结束中间层，才开始标记最里面的一层。为何拆卸一片，制版一片并检查与之相邻的两片？这是由本款晚装的多层结构特点决定的。按照从外到里，由上至下的次序，保证整个过程不会混淆，容易检查出错漏。具体表现在本款拥有多重外层的塔夫绸晚装标记操作，是从最外层的花饰和短小外罩裙开始。

1. 大茶花的标记与制版

大茶花在标记时需要做的并不多，它的缝纫和缩褶是比较随性的，只需取得斜纹布条用量数据。测量时用侧立的皮尺随斜纹布条绕圈，把得到的尺寸加倍就是斜纹布条的总用量。掌握了数据，还要选择花的布边制作，版师剪出几段塔夫绸请车板师做几种小样，第一种是自然边（Raw edge），即不做任何加工，第二种是车细边（Baby hem），第三种是珠边（Pearl stitch），就是用珠边机缝边，第四种是锁边（Marrow）。结果是四个选项中效果最漂亮的珠边当选。但立裁时只做缝纫小样即可。把这个选项表现在裁剪须知表里的缝纫备注栏里，就是制作花瓣边沿用珠边机（Pearl stitch at flower top edge）。

2. 外罩裙的标记和制版

外罩裙的标记很简单，只需要把左右重叠的前中点及缩褶完成的长度（Shirring measurement）标出即

可。把外罩裙放上人台，量出完成尺寸（Garment measurement），写到纸样上，把前中点（CF）和两边重叠的点用剪口在纸样上标出，配合大花的珠边边沿，外罩裙的边沿也采用相同工艺相互呼应。

同时，在裁剪须知表里的缝纫备注栏里写上说明是必需的。图9-46是制作大花和外罩裙的标记在坯布及纸样标写的示意。建议接下来处理后拖裙，这样可腾出工作台的空间。在本章第九节做后片的立裁时，版师曾用花点纸画好了它们的纸样。首先找出后拖裙纸样，再与人台上的后拖裙坯布的立裁效果做比较，对比找出不足之处。如有不满意，这是在纸样上补救的机会。如果没有修改的需要，则直接把后片上方的完成尺寸量出并写好，在纸样上标出缩褶后的完成尺寸并加上缝份。完成后与相邻两张图纸并拢和对接，核对长短、剪口和衔接的一致性。如图9-47和图9-48所示，纸样上所有裙片的布纹箭头方向与其他案例有所不同，方向反了，全都朝上了。是的，这是纽约某时装公司的画图规定，裁片箭头都要求朝向上，目的是强调裁片统一向上铺排。裁片箭头朝向由各家服装公司的不同工艺规范决定，不可一概而论。图9-49是过线轮复制前侧裙片纸样。前侧裙的裁片要点是接补下缺角；把前侧裙片拆下人台放置于花点纸之上，用过线轮刻画裁片外轮廓，复制该纸样。同理，接着把前侧片和前中片相互拼接，检查它们的准确性，如图9-50所示。

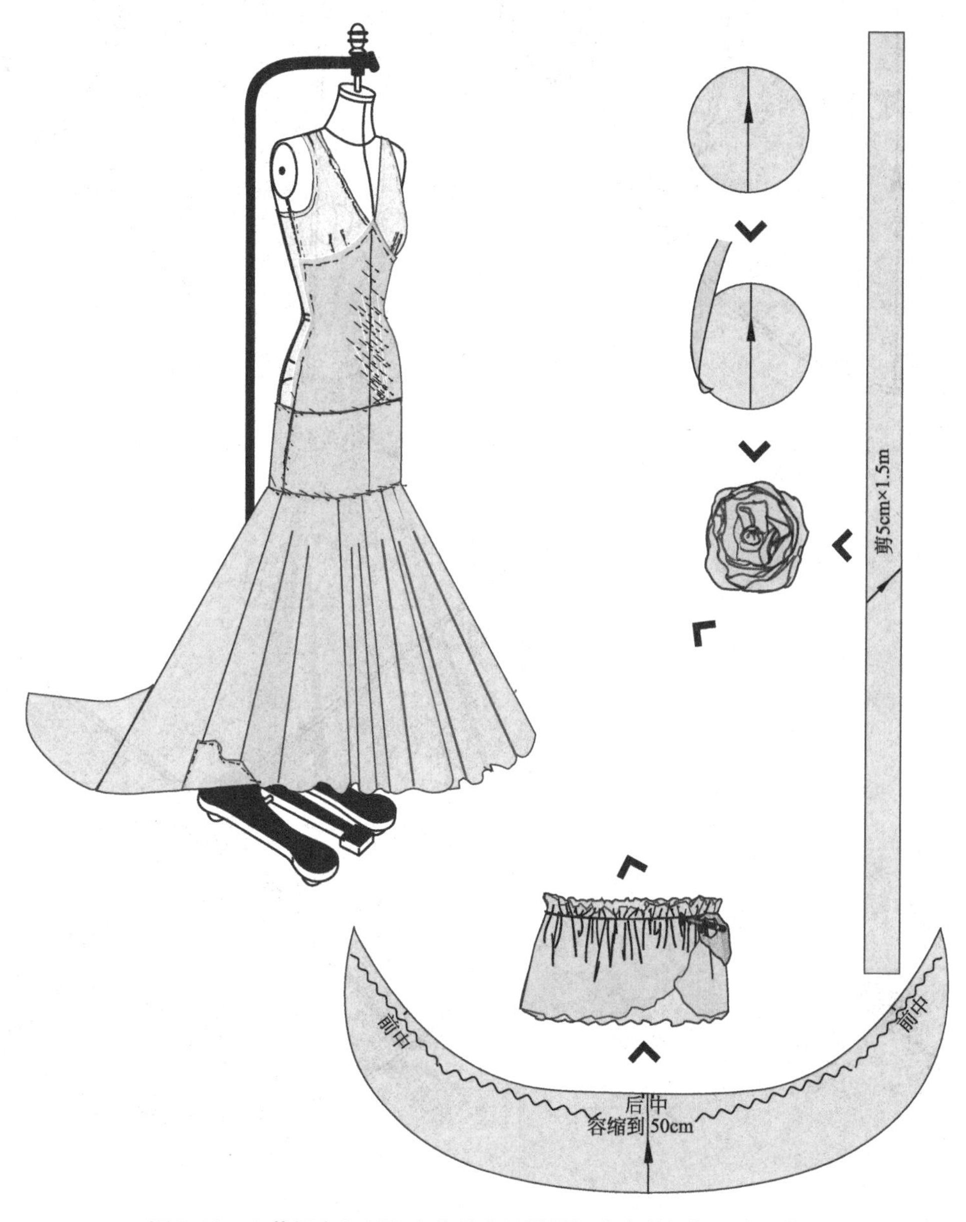

图9-46 立裁裙身和制作大花并在外罩裙坯布上进行标记的示意图

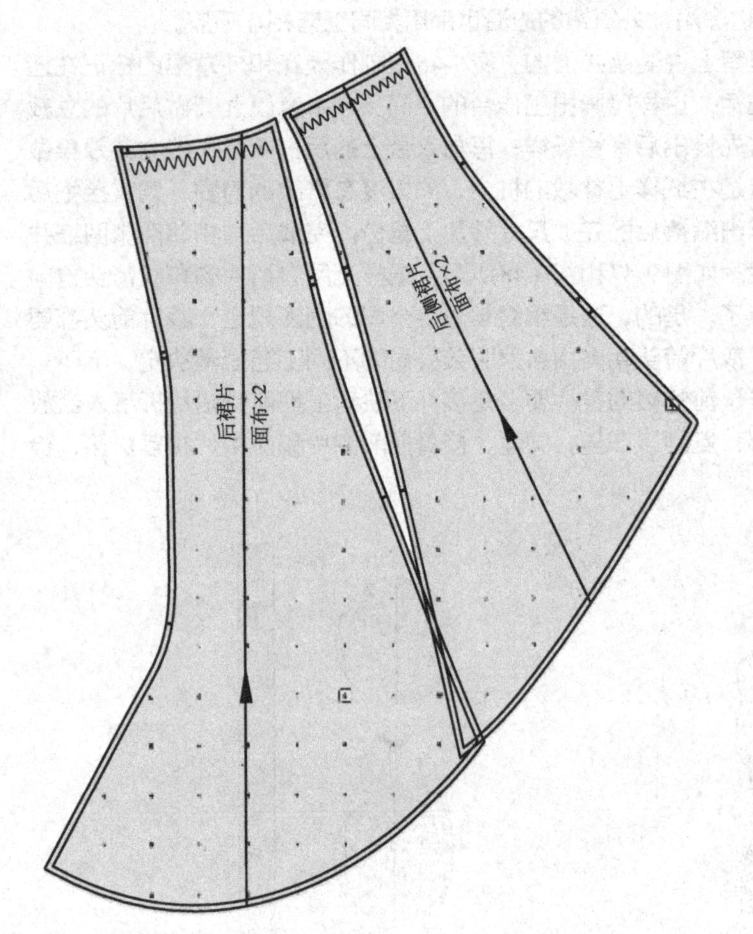

图9-47 两片邻近的后拖裙纸样相互比较的示意图

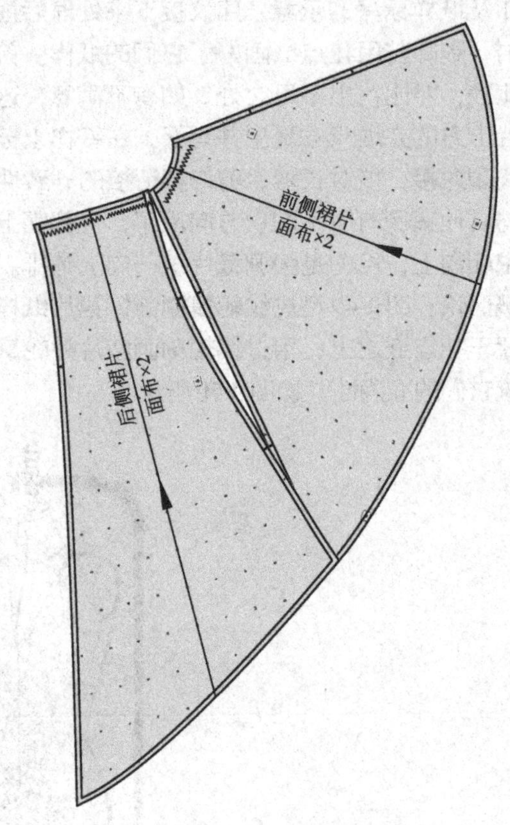

图9-48 与相邻两张图纸拼拢和对接的示意图

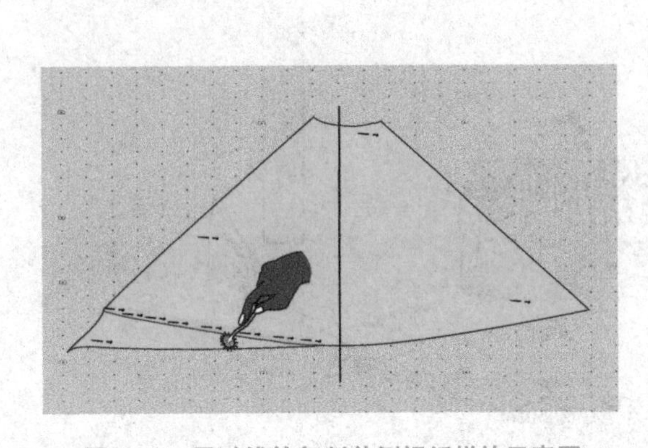

图9-49 用过线轮复制前侧裙纸样的示意图

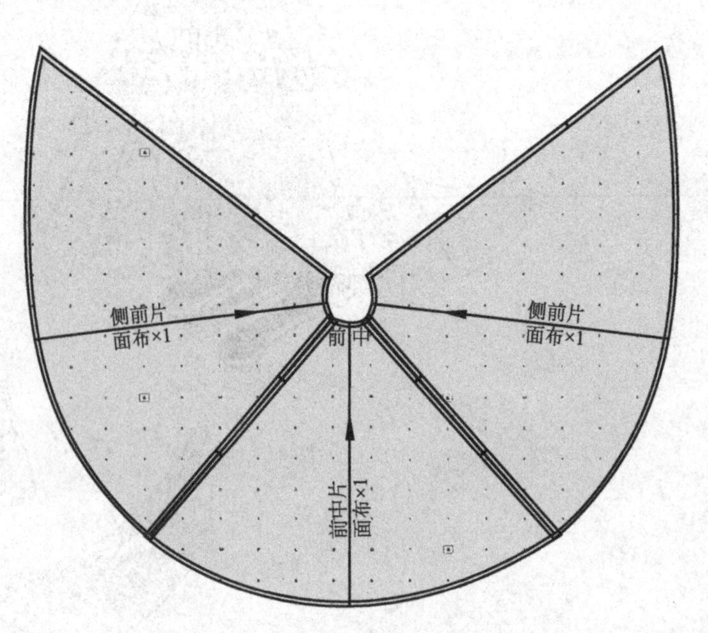

图9-50 两前侧片和前中片的对比示意图

3. 里外式撑裙的制版

外裙的面布完成了，下面要从电脑里打印出里外式撑裙版型。电脑数据库里A形裙有三种款式，里外式撑裙是其中之一。里外式撑裙是由里外两层结构组成，里面短裙的作用是支撑裙里面的空间，保证外裙的造型，防止外裙往里面塌落（Slumped）。图9-51是撑裙长和短裙片的版型形状。撑裙问题解决了，就该在制作裙大身版型了。版师的操作习惯是立裁时多从后片开始，制版也不例外。

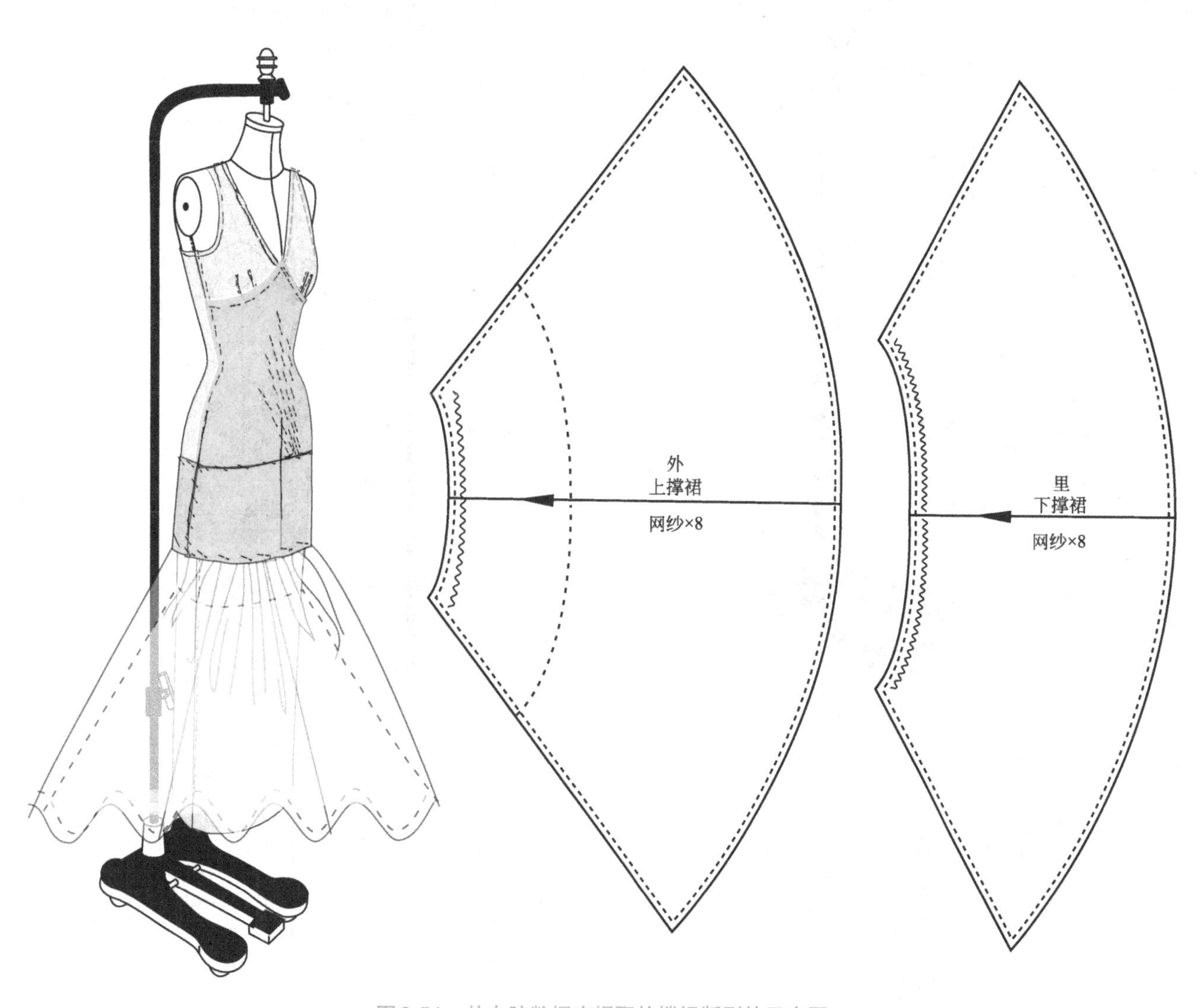

图9-51　从电脑数据库提取的撑裙版型的示意图

4. 裙大身的标记与制版

如图9-52所示，用麦克笔把后片轮廓标出来，当然，还应把它与前上片和前下片的连接点的剪口和腰位等做上相应的记号，利用过线轮把后片复制成纸样，用尺子和笔把纸样连线，如图9-53所示。

如图9-54所示，用麦克笔接着把前上片和前中褶片的轮廓点做标记，小心翼翼地把前上片拆卸下来，用花点纸及过线轮把它复制成纸样并画成版型，然后把它与后片画圆顺，检查前后袖窿是否连接圆顺、侧缝的长短是否等同、肩线的宽度是否一致和领线前后是否顺畅，如图9-55所示。

接着还要折叠胸前的两个褶子，以曲线板沿弧线画顺下弧线，如图9-56所示。

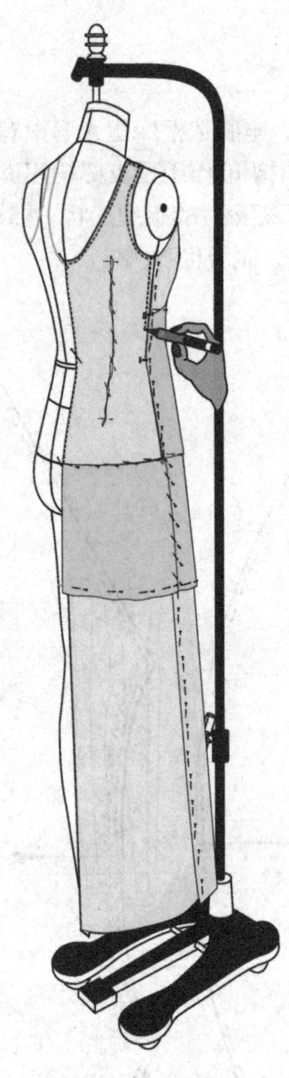

图9-52 用麦克笔给后片轮廓做标记的示意图

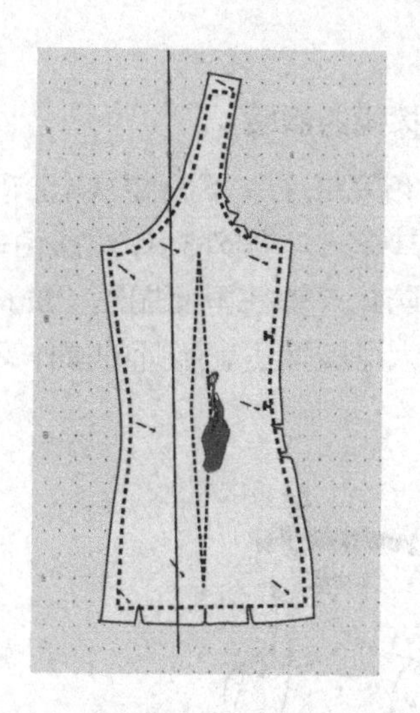

图9-53 用过线轮复制后背上片纸样的示意图

图9-54 用麦克笔标记前中褶片的示意图

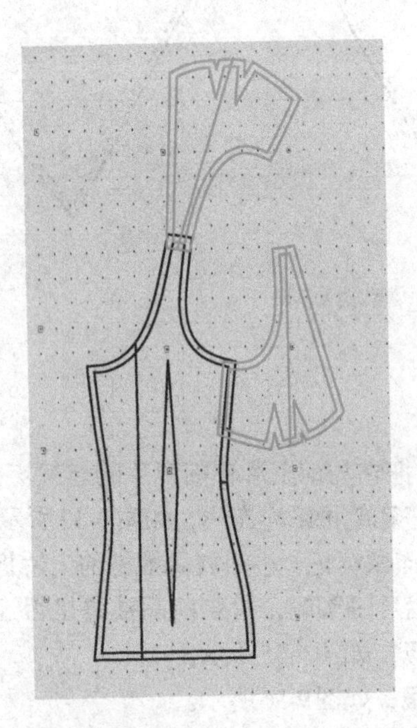

图9-55 前上片拼接后检查上片的示意图

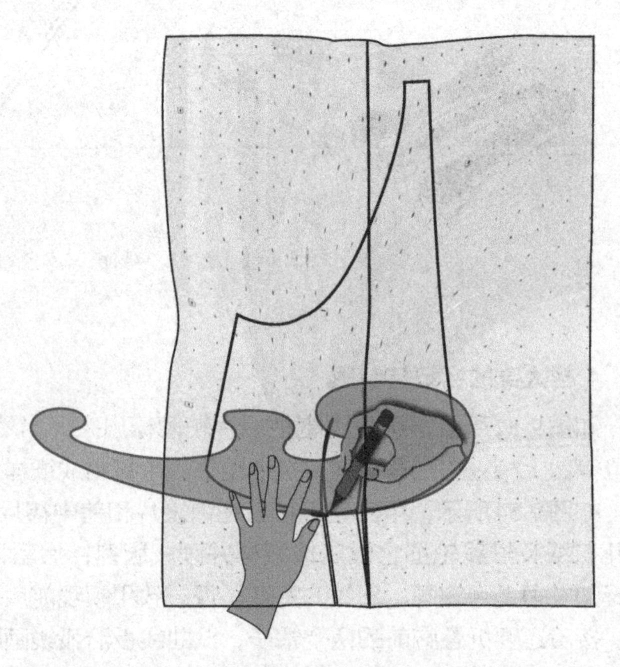

图9-56 折叠纸样上的褶子后用曲线板画顺的示意图

前中褶片的标记是众多裁片中较为复杂的一片，动手拆卸前中褶片之前，可以再次确认标记有没有错漏，放上桌面烫平后，用大头针固定，运用尺和笔接顺连线，如图9-57所示。

加垫花点纸，手持过线轮把前中褶片的所有内容细致刻画到花点纸上，依据过线轮的痕迹，把前中线画长、画清，把褶子等描画清楚。随后按描画线迹把褶子逐一地用手折叠（Hand fold），并确认它们顺畅、合理和均匀协调，如图9-58所示。最后，用曲线板把褶子底端连线，用皮尺复核量度人台该位置尺寸，比较它与纸样上尺寸的重合度，假如不相符则需做必要的调整。调整时可直接做侧缝互借的加减，或对中间的褶子做一些宽窄的调整，以达到版形尺寸的要求。

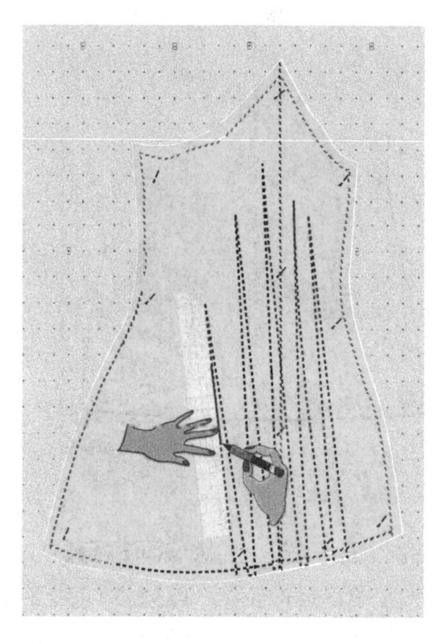

图9-57　打开前中褶片的褶子烫平并用尺子画清画顺的示意图

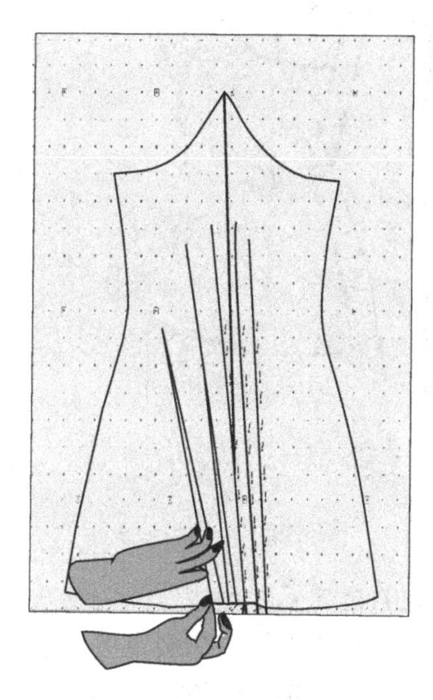

图9-58　根据画线折叠褶子的示意图

检查左右轮廓的相对对称性，描线时先描画两边的轮廓线，然后按中心线对折，对比找出另一侧缝线的差异。虽然有时候裁片因受款式特征的影响，造成左右轮廓不完全对称，但在褶子折好后，它们侧缝线的形状（Side seam shape）应该相对地接近。而此时还有较大差异者，可用过线轮取中做必要的修正，如图9-59所示。

图9-60是前多褶片纸样经调整后完成的效果示意图。

图9-59　按中心线对折纸样比较侧缝线异同的示意图

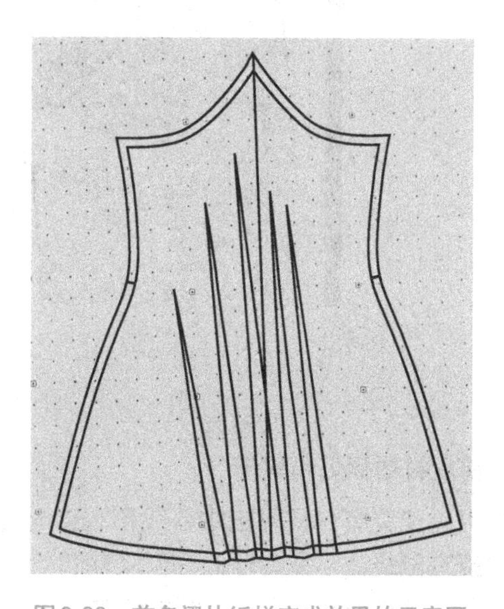

图9-60　前多褶片纸样完成效果的示意图

到此，人台上的裁片只剩下前中片衬里、前后中裙片及前后衬裙，共5片。

5.前中片衬里的标记与制版

如图9-61所示，用麦克笔标记前中片衬里，要领是在裁片上添加中心线和腰线，为下一步利用中心线复制裁片纸样做准备。取大小合适的花点纸，把前中片衬里挪到桌面上。但铺放时只需将前中片衬里裁片的一半，对准花点纸的对折中心线，用大头针上下固定，以过线轮复制裁片轮廓，如图9-62所示。

图9-61 标记前中衬里的示意图

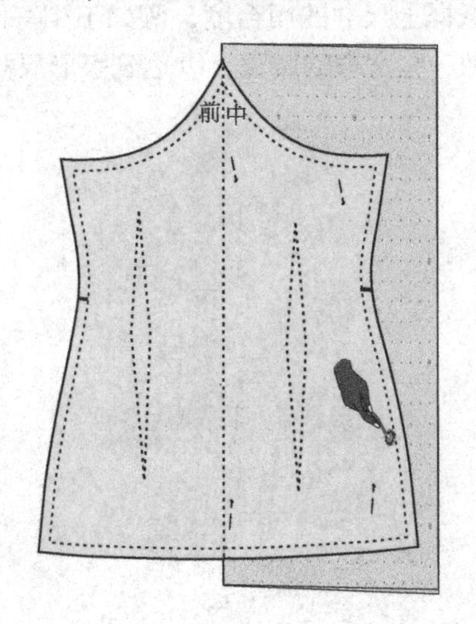

图9-62 前中衬里的一半铺在花点纸上的示意图

下一步要标记的是前后中裙片，标记的方法与前中片衬里一样，注意点画裙身的中心线。中心线的准确性对裁片的制作至关重要，它会直接影响到裁片的大小和对称与否。点画时可用手指先触摸到人台的中心线，另一只手用麦克笔随之标点，如图9-63所示的示范。之后以同样的手法标记后裙片。

如图9-64所示，完成前后裙片的描刻后，要把前后裙片纸样重叠在一起，用双手移动纸样沿实线量度，确认它们的长度一致，剪口对齐。重叠的检查手法被版师们经常使用，是行之有效的技法之一，如检验袖窿与袖山的弧长，比对领子与领弧长的差别等。

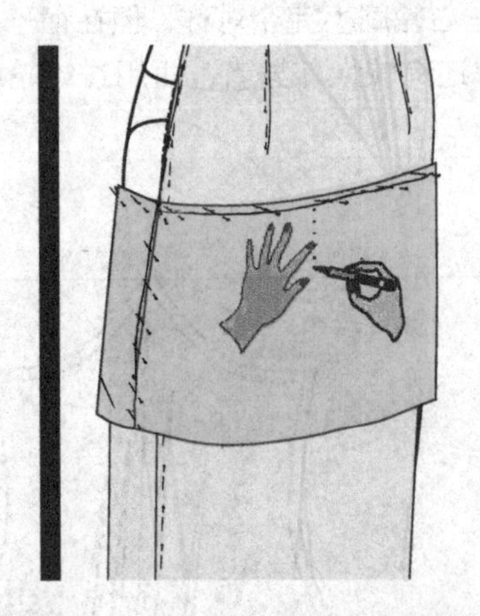

图9-63 做前中裙中心线标记的示意图

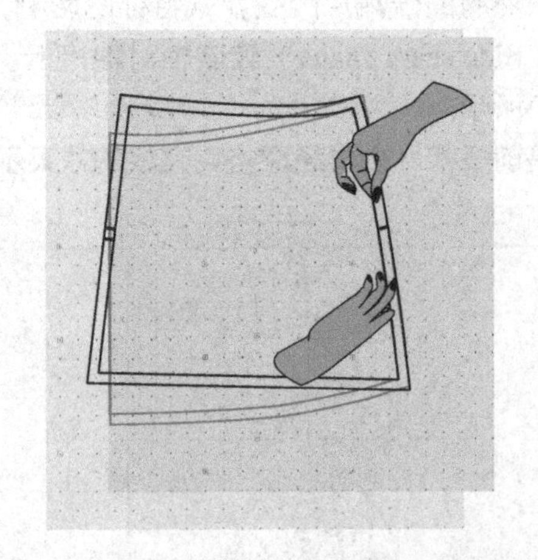

图9-64 用重叠移动法即用双手移动重叠纸样检查侧缝长度的示意图

6.前后衬裙标记和制作

版师以麦克笔标记衬裙中心线和右边侧缝线，与以上所有讨论过的操作不同的是把前面用大头针别成的裙撑定位线往下移2.5cm，而下移前的定位线也要标定，它是为缝外层的塔夫绸裙准备的，后片所需内容也要一如既往地标出，如图9-65中的前后衬裙侧缝线和图9-66的两行虚线所示。

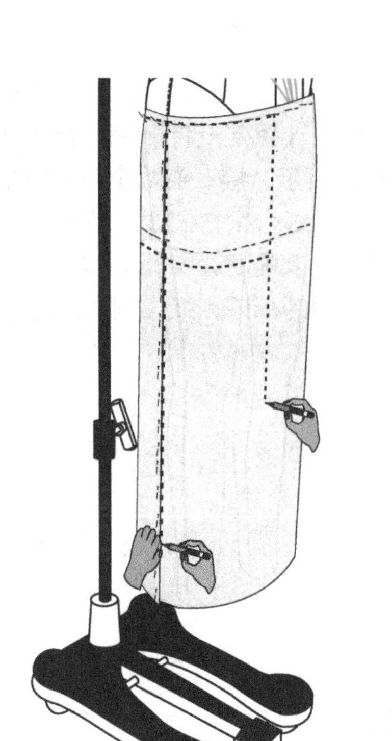

图9-65 做前后衬裙侧缝标记的示意图

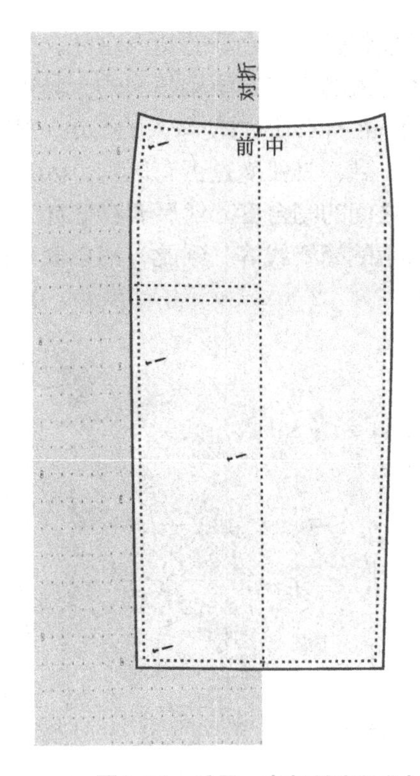

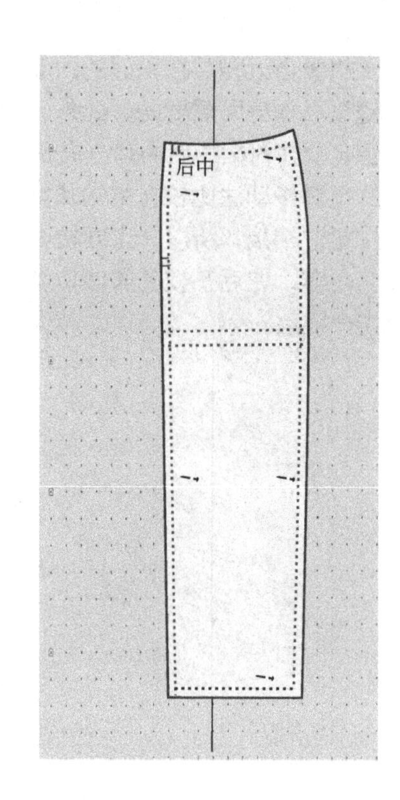

图9-66 采用一半复制法和准备复制裙片的前后裙纸样的示意图

把标记完毕的衬裙前后片拆卸下来，分别铺到准备好的花点纸上，因为它们是对称裁片，所以前片适合采用一半复制法，也就是把花点纸对半折叠后对准裁片的中心线复制前片。而后片则采用复制半边法进行刻印，那就是复制后裙的一边后要裁成两片。图9-66是裙片的两种复制技法的示意。用过线轮刻制后，换用尺子和笔描刻出裙片的前后纸样。

在描刻前后衬裙裁片时，要把两边的侧缝画成一条略带弧形的长线，而不是一条呆板的纯直线（Straight line），这也是版型线条的人体化的重要体现，如图9-67所示。这在画版型时往往容易被忽视，

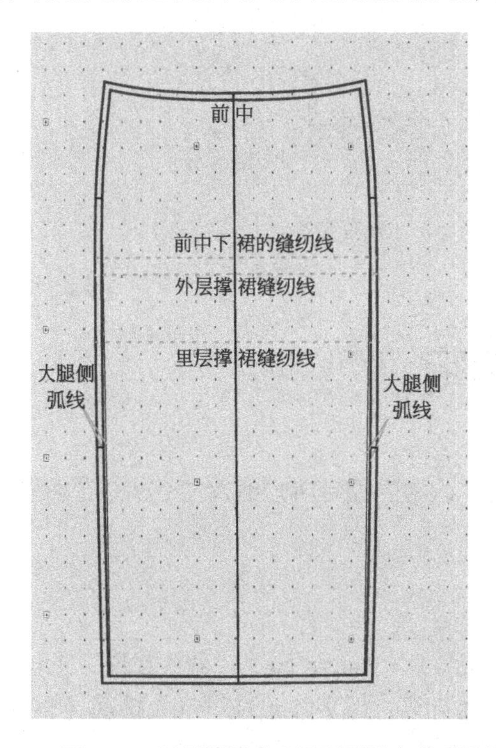

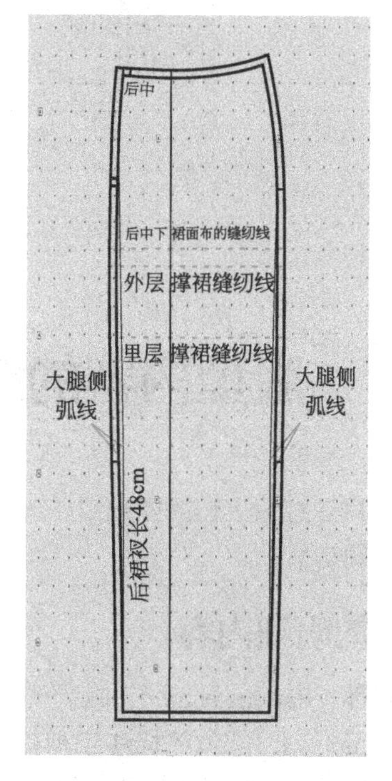

图9-67 把侧缝画成略呈弧形及在前后裙片纸样里填写制作方法的示意图

要想像当大腿装在里面的时候，需要的是一个合适的腿形空间，而那一点点弧形的前后合成，恰恰是大腿弧形本身所需要的。此外，为了客人的行走方便和版型的合体性，尽管设计图上没有标明，版师也应想到要在衬裙的后中开一道长衩（Long slit）以方便客人的行走，如图9-68所示。接下来做检查时用纸样的重叠移动法比较衬裙的长度是否一致，其弧度是否有区别。因为在后续的缝合中它们要与前后的中裙片腰位相接，所以，也要检查它们之间的吻合度。然后要在纸样上分别写出以辅助缝纫师傅们理解的工艺内容，如后开衩的长度位置和外裙的缝纫线等。到此，把立裁转换成平面的标记和纸样制作的过程暂告一段落。

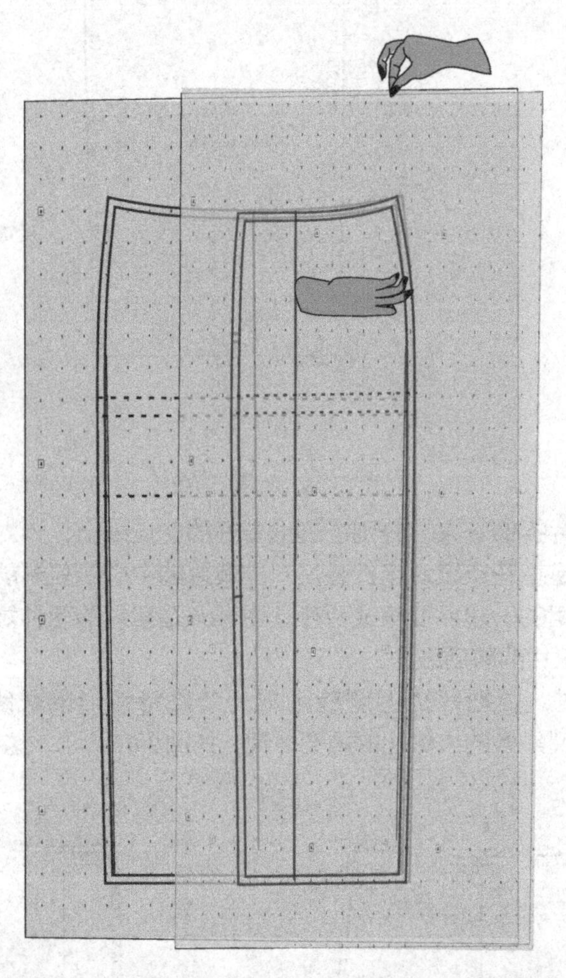

图9-68　用重叠移动法检查衬裙裙片前后纸样的示意图

第十二节　版型内容的编写

版型内容的编写是打版工作的重要组成部分。内容的编写可归纳为三个部分，它们包括裁片的明细，裁剪须知表和下裁通知单。

一、添加裁片的明细内容

它包括裁片名称（Pattern name）、裁片尺码或大小（Pattern size）、裁片数量（Number of pieces）、裁片的缝法（Sewing notes）、部位的标注和剪口的添加等。图9-69是在纸样上把前多褶片的缝法加以说明的示范。专业的、有经验的版师大都很重视、很认真地对待纸样内容的编写。

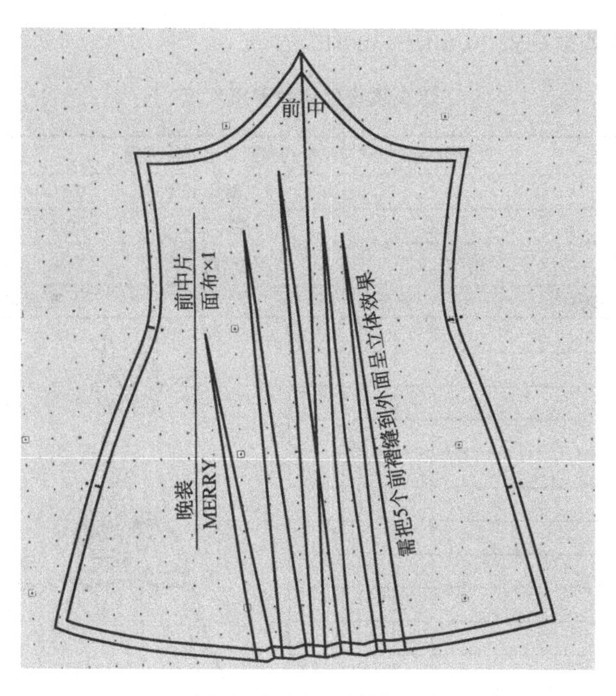

图9-69 前多褶片纸样上的缝法说明示意图

二、编写裁剪须知表的第一步

把面布、衬里和其他纸样如撑裙、实样、辅料和缝纫简要等分门别类，然后在裁剪须知表上分别填写。在编写的同时，版师相当于把整件晚装的裁片从上到下，从里到外地审查一遍。从裁片和衬里的数量、衬料的选择、车缝工艺、辅料配置、剪口添加和缝份的正确与否等细节做一次全面的审定。编写的过程能帮助版师很好地理清思路，发现错漏，亡羊补牢，把问题解决在发放到版样工手里之前。

在前面的章节里，我们曾介绍过拼图查衣法，即把纸样按成衣的缝制完成顺序排放在一起，并参照它来填写裁剪须知表。而另外一个方式是依照平面效果图（Sketch）边读图边填写，相比之下拼图查衣法更简单和直截了当。

三、填写下裁通知单

行业中有一条不成文的规矩，就是裁剪须知表、裁床的下裁通知单和布料辅料全部备齐后才能成为一套完整的衣服制作资料。所以在编写送裁通知单时，要详细列出晚装裁剪所需用料并配合下裁通知单，令裁制人员有完整明确的信息。

第十三节 塔夫绸晚装版型及裁剪须知表

在编写裁剪须知表格的过程中，版师发现还需要增加第26号图纸及27号的定位纸样（Markers）来作为缝纫胸罩杯（Bra cup）和后片褶位的定位依据。此外，为了使晚装的成品质量更加精致，领线和袖窿应采用斜纹的面布做细小的滚边，然后配上在里面（衬里）作暗缝的手缝工艺。这一道手缝工序的加入，不但能提升制作的档次，还能增加晚装的精致感。如前中多褶片褶子的特殊缝法的阐述，还有大花的手针定缝方法等，此类的问题可在车工明细（Sewing comments）中尽可能详细地注解，或一边做样板，一边告诉样板师傅，一边修改和确定更加稳妥的制作工艺方式。

下表是塔夫绸晚装的裁剪须知表（Cutter's must）。

塔夫绸晚装的裁剪须知表

此表需结合下裁通知单的布料资讯才能完整			
尺码：	客人定制	打版师：	Celine
款号：	Ms. Merry	季节：	2015年
款名：	塔夫绸晚装	生产线：	高级

裁片	面布（塔夫绸）	数量	烫衬
1	前上片	2	
2	前上身	1	
3	后上身	2	
4	前内裙	1	
5	后内裙	2	
6	外罩裙	1	
7	前中下裙	1	
8	前侧下裙	2	
9	后侧下裙	2	
10	后中下裙	2	
11	花底盘	2	
12	前中裙	1	
13	后中裙	2	
	里布		
14	前上身里布	4	
15	前中身里布	1	
16	后上身里布	2	
17	前中裙里布	1	
18	后中裙里布	2	
19	前下裙里布	1	
20	后下裙里布	2	
21	斜纹包边	5	
	欧根纱		
22	做花用斜纹欧根纱长2.5m×宽5cm	1	
23	花底盘支撑	2	
	硬网纱		
24	外层撑裙	8	
25	里层撑裙	8	
	定位实样		
26	前中褶位实样	1	
27	胸罩杯位置实样	1	

款式平面图

珠片
装饰带

缝份
0.6cm：欧根纱大花瓣边沿缝珠边
0.7cm：领边及袖圈的包缝
1.3cm：所有的其他缝份

续缝纫说明
7. 珠片装饰边用手缝到指定的位置上
8. 其他制作方法可与版师商榷

数量	辅料	尺码/长度
1对	胸罩杯	B型38号
1	后中隐形拉链（完成长37cm）	40cm
1.5cm	珠片装饰边	1.5cm×220cm

缝纫说明
1. 用＃24纸样画出前褶的形状和位置，缝纫时把5个前褶缝到外面，然后分中烫平，做成立体的效果
2. 领圈和袖圈用里布包边，然后折入里布旁，用手针暗缝完成
3. 胸罩杯需夹缝在前上身的中层里布中，并用＃27纸样定位后缝制
4. 本款为全里晚装。衬里的亮面朝向身体，合缝后开缝烫平。需先将几条需要缝撑裙的位置用手针及线标出来，以便按线迹缝纫里外撑裙
5. 硬网纱撑裙合缝后先容缩成合适的尺寸，再缝纫到里布裙上
6. 欧根纱大花花瓣边沿先缝珠边，后用单边靴缝制到花底盘上，底盘沿用欧根纱做细包边，最后用手针缝到裙身上

图9-70 ~图9-72是这款塔夫绸晚装版型示意图。

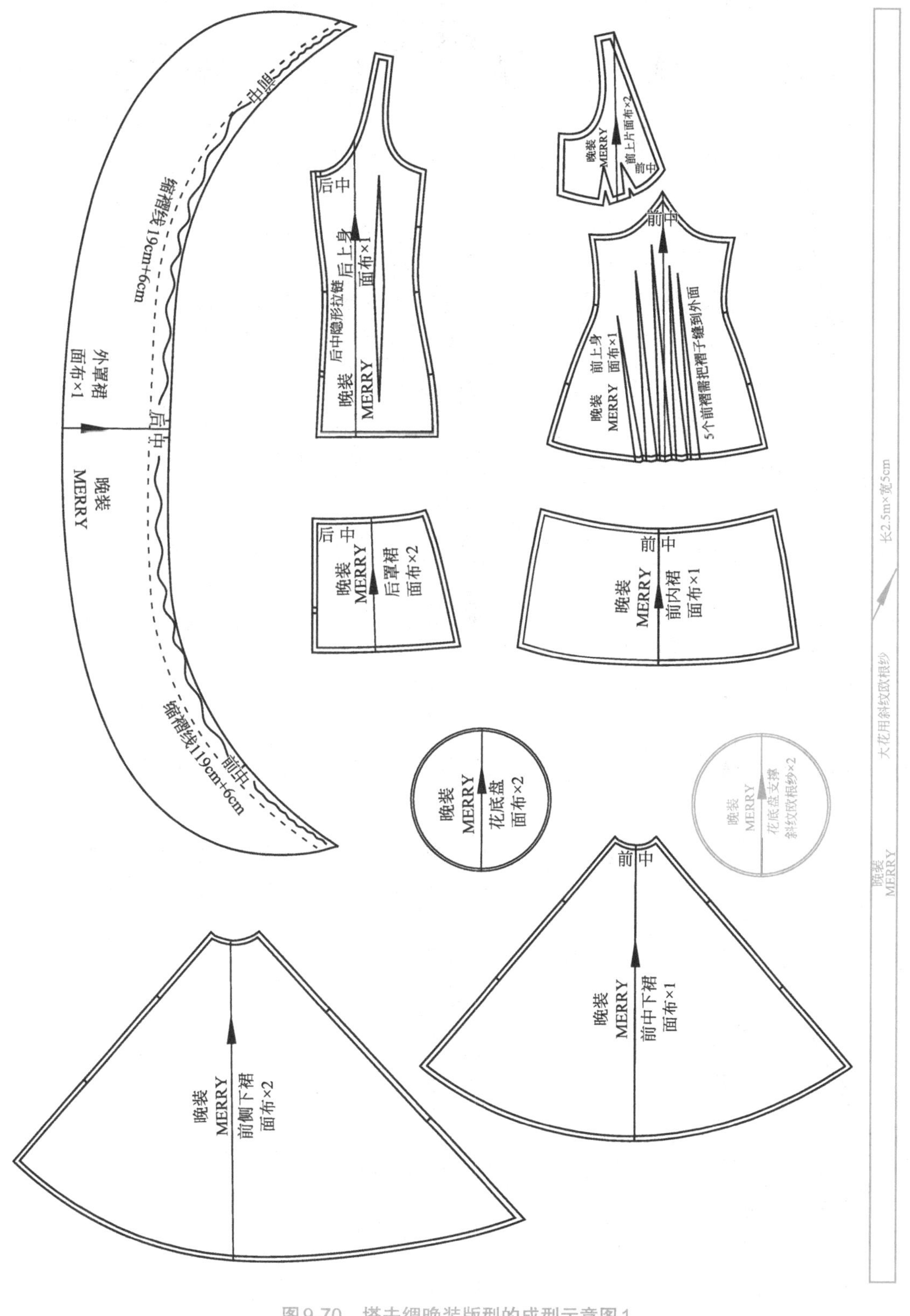

图9-70 塔夫绸晚装版型的成型示意图1

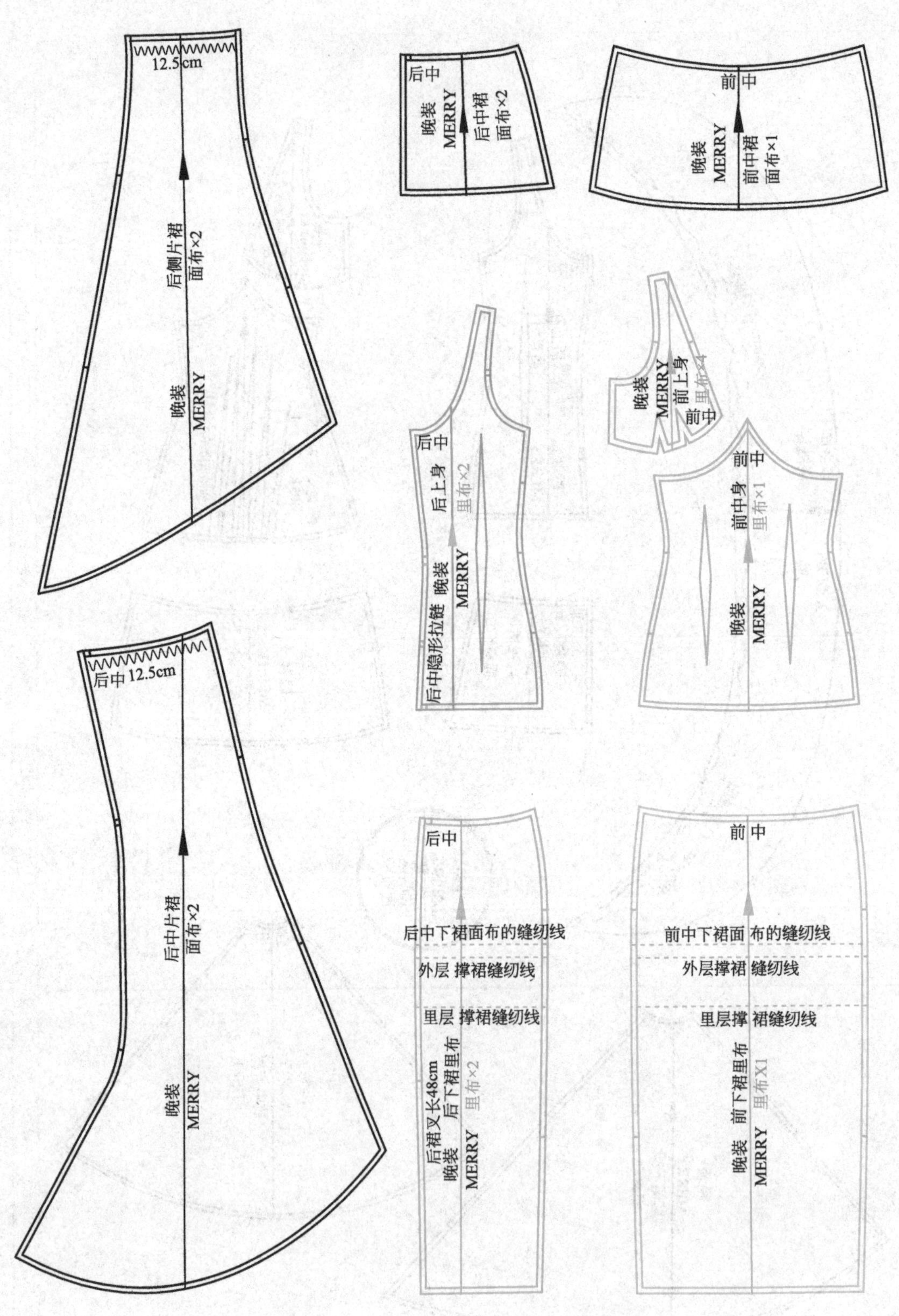

图9-71 塔夫绸晚装版型成型示意图2

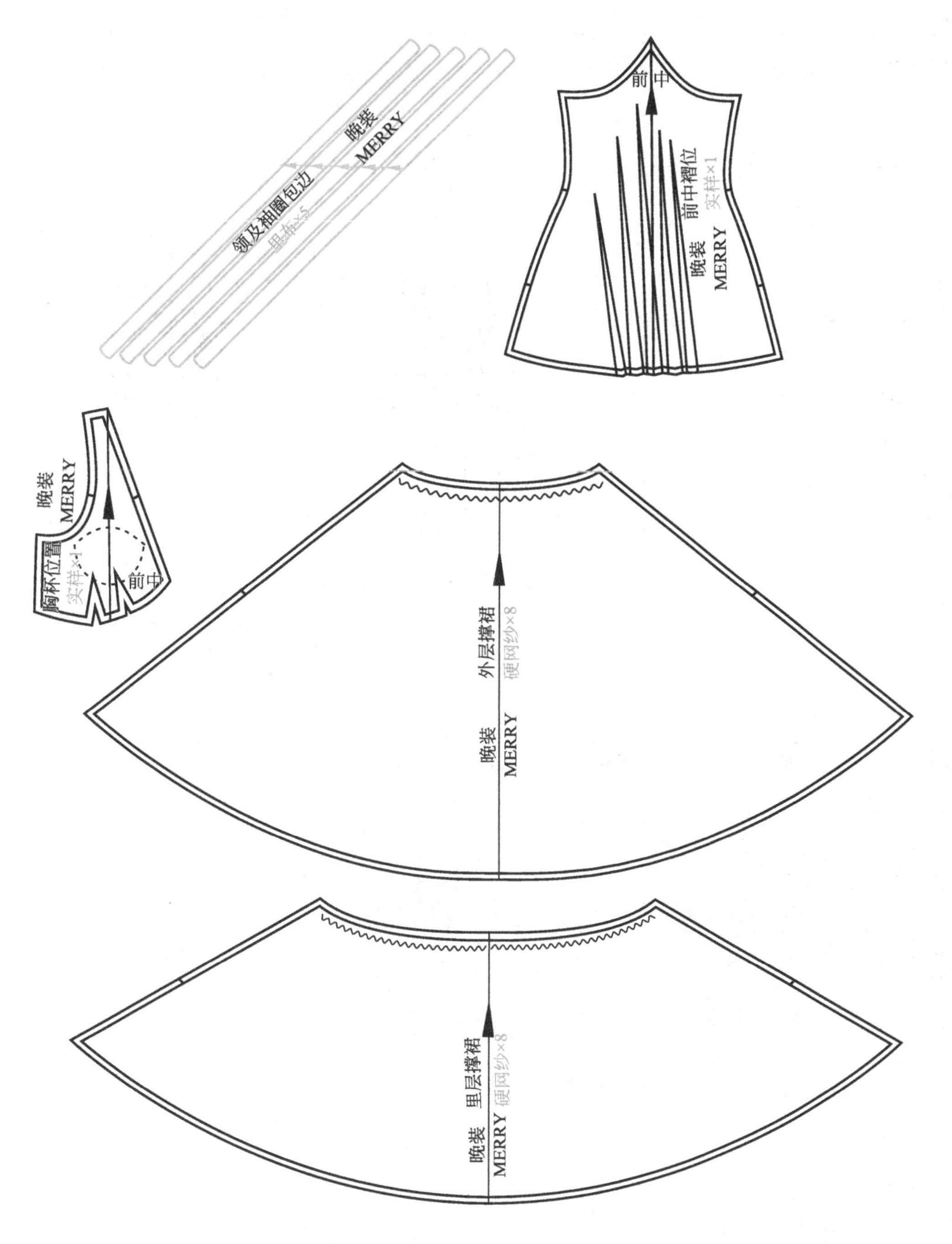

图9-72　塔夫绸晚装版型的成型示意图

图9-73是塔夫绸晚装的下裁通知单（Cutting ticket）。

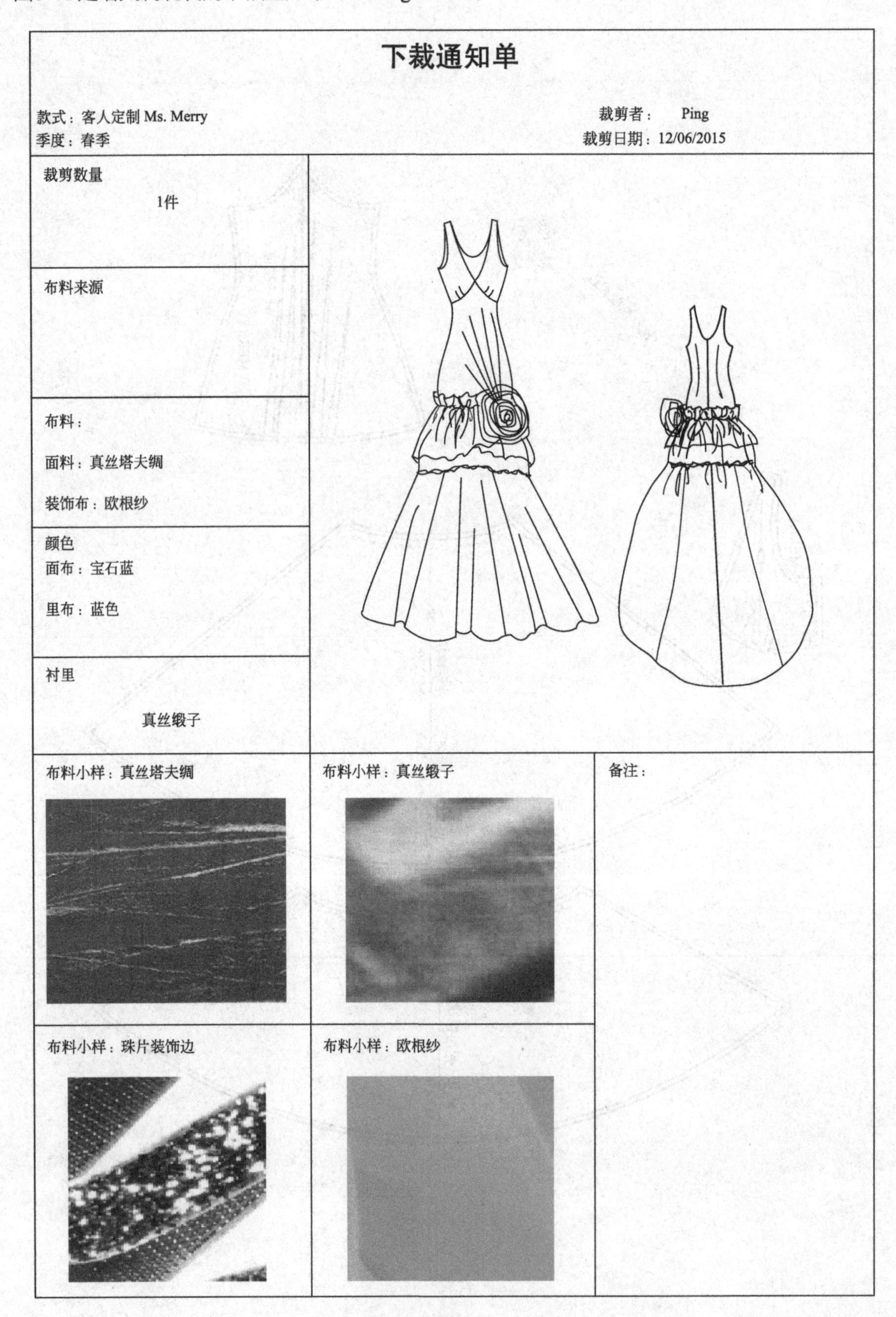

下裁通知单

款式：客人定制 Ms. Merry　　裁剪者： Ping

季度：春季　　裁剪日期：12/06/2015

裁剪数量	1件
布料来源	
布料：	面料：真丝塔夫绸 装饰布：欧根纱
颜色	面布：宝石蓝 里布：蓝色
衬里	真丝缎子

布料小样：真丝塔夫绸	布料小样：真丝缎子	备注：
布料小样：珠片装饰边	布料小样：欧根纱	

图9-73　塔夫绸晚装下裁通知单示意图

图9-74 ~ 图9-76是笔者为美国某著名品牌立裁的工作示意图。

图9-74　笔者为美国某著名品牌立裁服装的示意图1

图9-75　笔者为美国某著名品牌立裁服装的示意图2

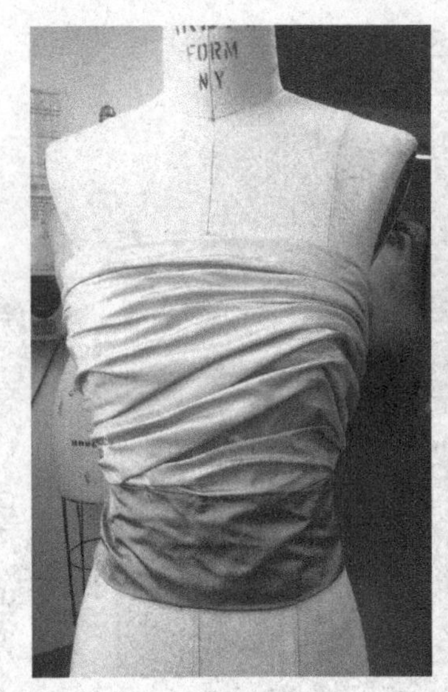

图9-76 笔者为美国某著名品牌立裁与成品的示意图
（照片来源：www.oscardelarenta.com）

第十四节 晚装定制及版师的角色

一、尺寸与人台

本章讨论的案例实际上是高级定制中在设计图完成后，由版师接手进行立裁和打版的过程。而在高级定制的实际操作过程中，版师要做的远不只这些。

当客人要求定制服装时，设计师、老板以及公关部门会亲自接见客人，了解客人的需要，倾听客人讲述自己的要求，了解衣服将会呈现在什么场合，出席的嘉宾都有哪些，客人自己有什么偏好和希望，会配戴什么饰品，有什么想法，可供的布料和颜色以及配饰有那些。然后请出版型师（Pattern maker）或版房主管给客人量取全身尺寸，图9-77是美国某时装公司使用的女装定制尺寸图示。

在量尺寸之前，版型师需与客人进行交谈，了解客人的穿衣喜好，而且要用眼睛观察并用照相机从正面、侧面和后面记录下客人的体型特点，图9-78是版师需要学习如何观察客人的体型特点的图示。版师还要做一些打版前的记录，诸如客人对款式的要求，希望展示身体某个部分的线条，比如喜欢收腰和夸大胸部，不希望展露哪些部位。喜欢线条简洁的衣服还是结构复杂的，喜欢遮盖还是暴露的，喜欢穿

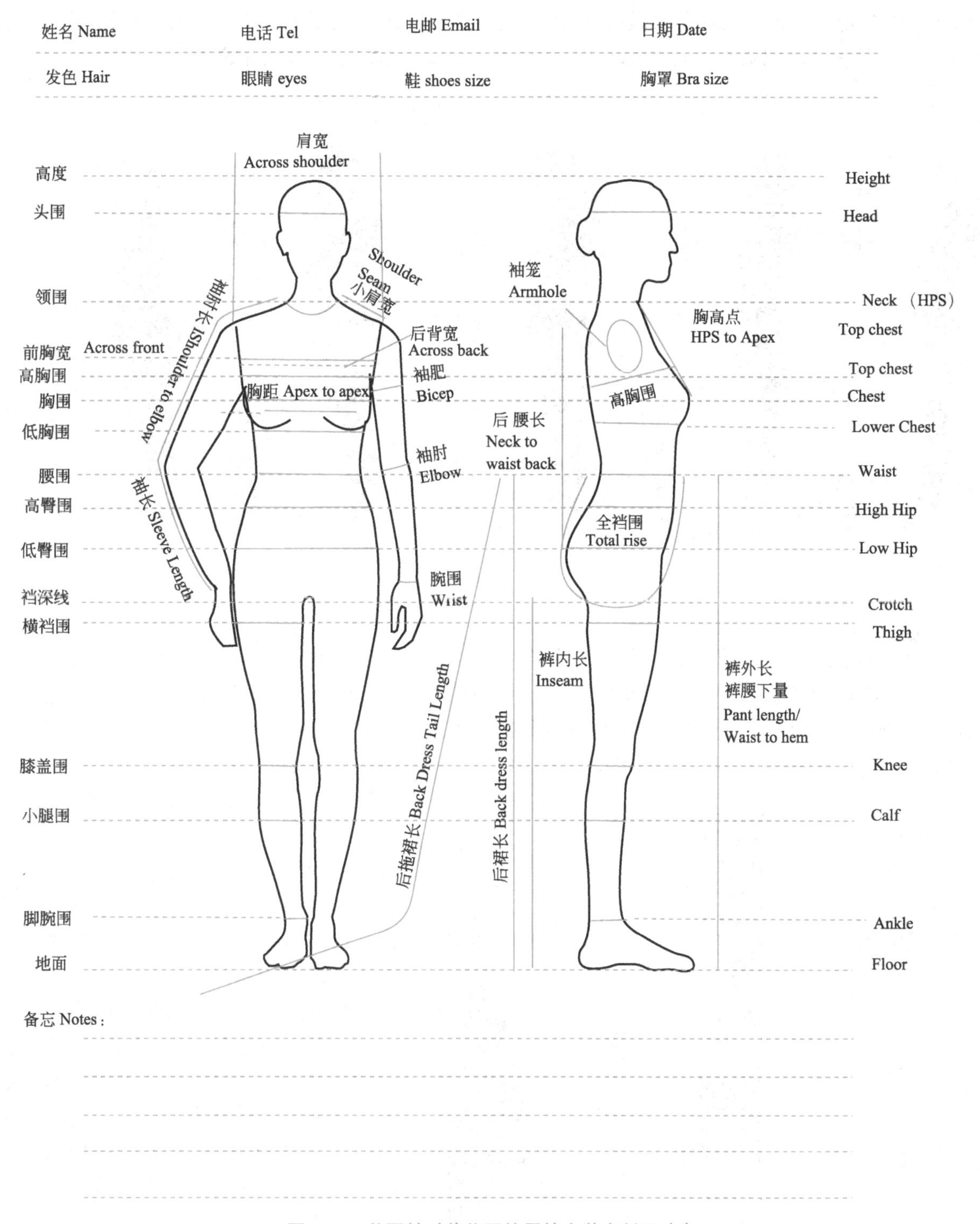

图9-77　美国某时装公司使用的女装定制尺寸表

的高跟鞋的高度，喜欢配戴的头饰等。这些问题听起来问得有些繁杂琐碎，可是，它却能给版师的立裁和打版提供诸多重要的信息。如喜欢收腰和夸张胸部的客户，立裁时版师要注重腰部线条的收小和美化；喜欢夸张胸部者，在立裁前，版师要对人台的胸部进行加大，可调整垫高胸部的位置。如果客人不喜欢展露后背的，那即使是设计师的设计有要求，版师也要与设计交换意见，采取用网纱或喱士代替或遮盖的措施。假如客人喜欢穿流线型的服装，那版师在立裁和画版的时候，就要突出线条的流畅和优美。假如客人要求多裸露，立裁时，版师要刻意加长开衩尺寸，开低前领深和加大领围，或在裙子前面长度收短，以展露大腿等。偏爱很高的高跟鞋者，从腰部到地面的尺寸要加长，尤其是裙子的裙摆摺边要多留10cm，裤子长度同理。如喜好头饰者，设计师如果没有提供，版师除了直接提建议之外，也可以创作一两款给设计师参考。把头饰做成试戴坯样，留作客人试身时看效果，凡此等等，不一而足。

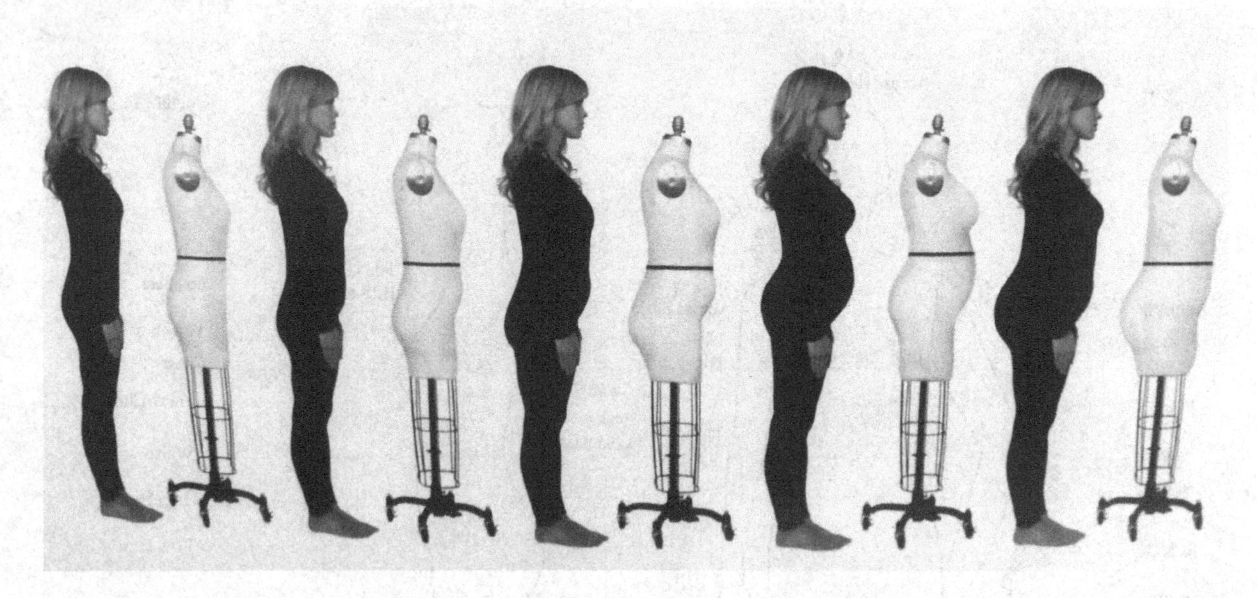

图9-78 版师需要学习观察客人的体型特点示意图

在高级定制的客人中，常会遇到身材特殊者，有的客人出于心理需要会要求版师刻意把自己的号码做小，这时版师除了接旨和做一定的处理以外，还要在试身的坯布上留额外的缝头（例如可给每一条缝份5cm）的预放量。此外，在量度了客人的尺寸和拍好照片后，对人台做一些有针对性的身材修补。这里介绍一种增补用的套装填充物，如图9-79所示，由上到下分别是4个填充垫，2个肩垫，2个胸垫，2个后臀垫，2个后上臀垫，2个大腿垫，2个侧背垫，1个肚子垫以及一件针织布身体包裹外罩。它们可以直接用大头针增补到人台上，之后用针织布进行包裹。对一些有需要的常客可进行人台的特制，也不失为一个好办法，如图9-80所示。

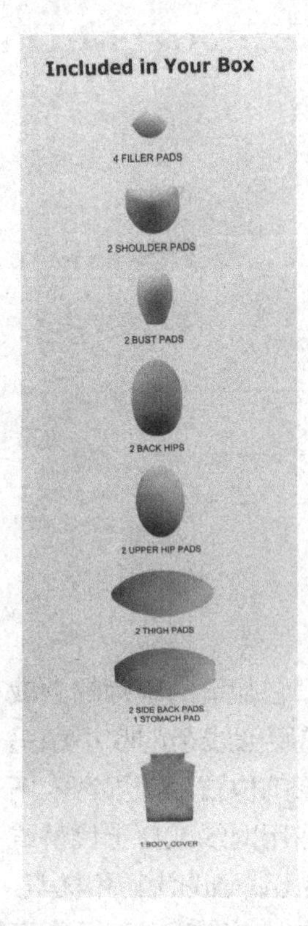

图9-79 人台身材增补套装的示意图

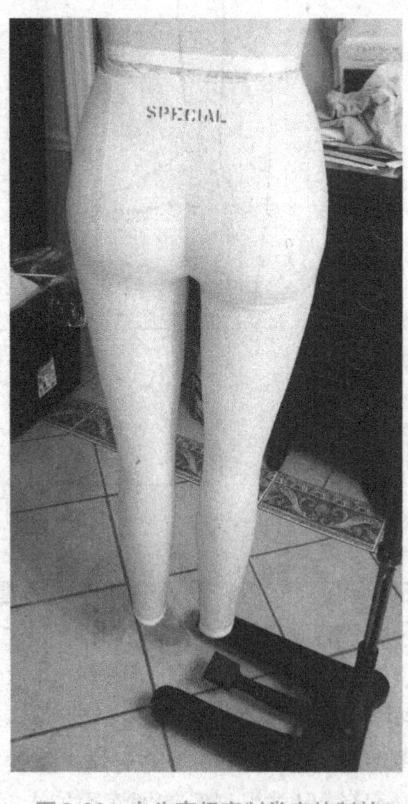

图9-80 专为高级定制常客特制的人台示意图

此外，对人台进行大更改也是常见的方法，图9-81是版师对人台进行重大更改的示意图。这样，无论遇到什么样的客人，版师都应该有自己的应对方法，灵活运用各种方法制作与客人身形相似的人台。版师还遇到过例外的情况，高定客人不但不能前来量尺寸，还无法直接试身。这时版师所能做的也许是，请客人到就近的裁缝店去按尺寸表量身，同时提供自身的正面、侧面和后面的全身照片，或者寄来合适的样衣。在立裁时尽量与对方进行沟通，了解客人的需要，最大限度地减少定制中错误的可能性。面对这种情况，对版师的眼光和技术无疑是一个巨大的挑战和考验。

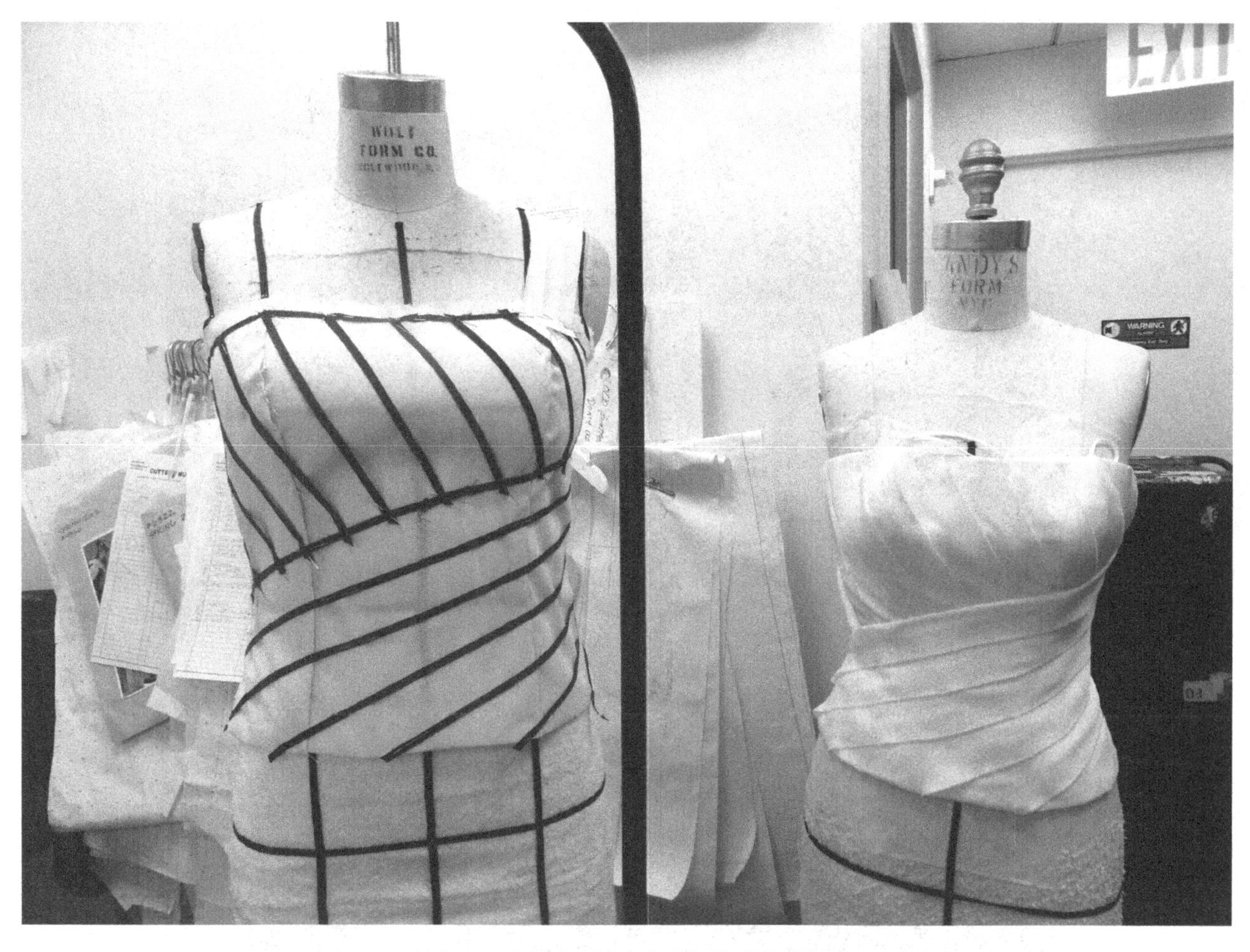

图9-81　笔者专门为某客人的人台进行体型更改的效果示意图

二、版师亲自给客人试身

这是毋庸置疑的工作。在试身样衣的纸样制作时，缝份要额外多预备一些，通常拼接的缝份可多留3 ~ 4cm。长度位置的缝份就需留8 ~ 10cm。缝纫试身样衣时裙长、衣长或裤长的缝份可用手缝完成，这样，在试身时收放就变得灵活机动。

给客人试身是一项温馨的服务工作，版师要把客人视作亲朋，尽量给客人提供细致周到的服务。与客人友善地沟通交流，客人穿好样衣后，详细地观察着装的效果，倾听客人的着装感受，方可对试身样衣进行别合与修正。做好详细的修改记录，用大头针、别针、款式胶条和拼接坯布等手法帮助试衣记录修改参数，是常用的手段。拍照片也很有帮助，在一些细节部分不妨多拍，以作为改版的依据和参考。图9-82是版师与设计师为客人进行试身的示意图。图9-83是版房主管与版师一起为客人进行试身别合与调整的情形。

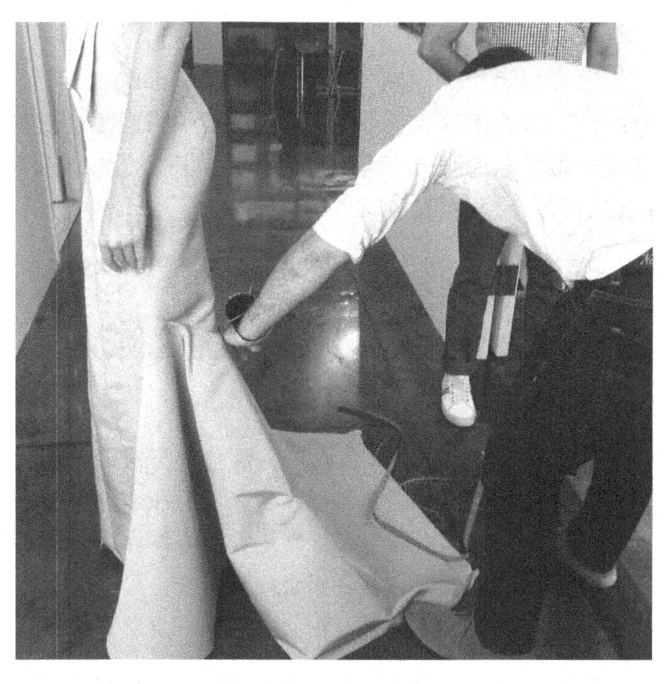

图9-82　版师为客人进行试身的示意图

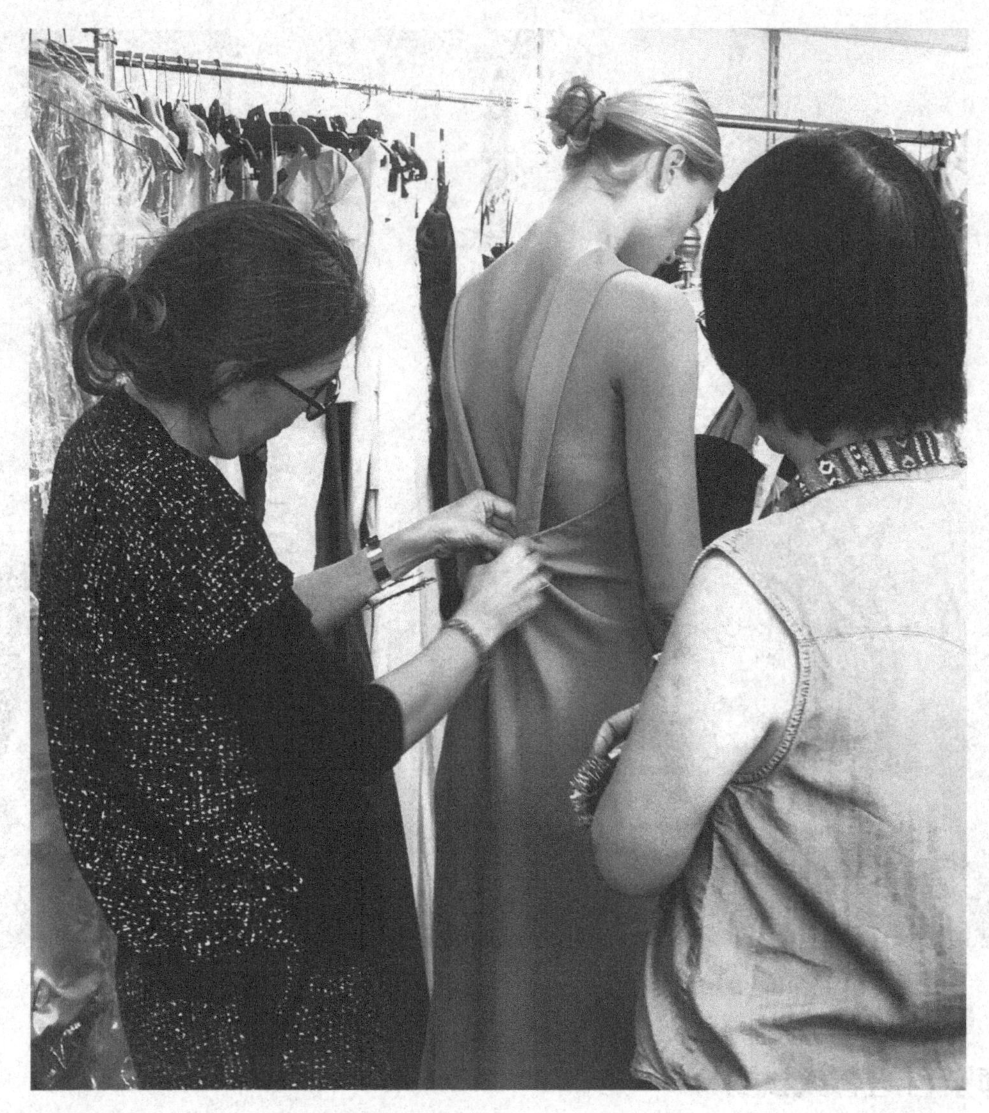

图9-83 板房主管与版师一起为客人进行试身别合与调整的情形

为穿戴者量身定制（Bespoke/Haute couture）服装是时尚界中顶端的服务项目，简称“高定”。从18世纪初到现在的高定行业，从英国的萨尔街到欧美的各高端品牌，对高级定制的宗旨从未改变：裁缝师通过无微不至的服务，满足客人的诉求并给予专业合理的帮助。用最好的面料完成富有激情的制衣过程，以达到客人最满意的效果。

思考与练习

思考题

1.复习本章晚装的立裁方法，请把它与前面章节的日装款式做一个详细的比较，指出它们之间在立裁的思考、材料的选择、立裁的方法以及打版程序等方面的异同。

2.在晚装中，花饰和撑裙都是常用的部件，还有别的装饰方法吗？请一一列举。答案可通过翻看时装杂志或在网站上搜索，并注明出处和用处。

动手题

1.做花饰：用两种材料，用10种不同的手法做花；其方法和手法不限，但要求美观漂亮，并能运用

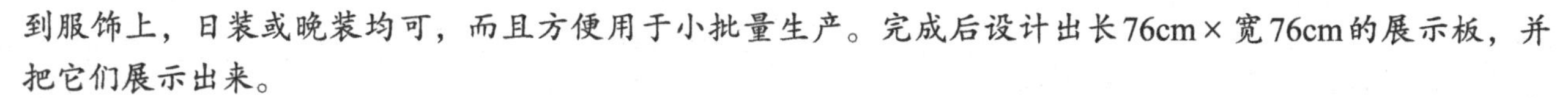

到服饰上，日装或晚装均可，而且方便用于小批量生产。完成后设计出长76cm×宽76cm的展示板，并把它们展示出来。

2.先命题，后设计一个共5套晚装的系列设计，并把用色和用料及涵括的工艺方法编写成文，画出效果图及平面结构图。完成后设计出长76cm×宽41cm的展示板，把它们拿到班组上展示出来，互作交流和评比。

3.把动手题2中最后审定被认可的一款晚装作为本章的练习，与指导老师一起选出合适的坯布进行立裁。操作时间为两个到三个8小时工作日。

4.再把动手题3用三个工作日的时间打出立裁的完整版型，并写出裁剪须知表和下裁通知单，自我检查纸样的准确性两遍。

后记：
我的美国打版师之路

2017年是我在美国继续我的时装事业的第18年。18年前，我放下了国内已成规模的服装事业移民美国，为了延续自己喜爱的职业，向西方学习，我选择了落脚于纽约这堪称世界“四大时装圣地”之一的宝地，并很快成为了一名服装打版师助理。

与众多的美国移民相比，我是个幸运儿。所谓幸运，是我依然能用自己在中国所学知识与工作经验在美国立足谋生。与在中国有所不同的是，在这里我遇到了很多困难。首先是语言和文字的障碍，我听不懂设计师的要求，看不明白设计图上写的是什么，甚至没有能力填写工作申请表，无法与面试官交谈。其次是尺寸的计量方法不同，在国内服装打版用的全是平面计算法，而美国的服装打版百分之九十五用的是立体裁剪，然后才向平面打版转换。早在20世纪80年代初的大学时期，我曾向日本的立裁大师石藏荣子先生学习过立体裁剪，了解了立裁的基础知识。可是由于没有实践机会，所学的知识内容几乎全还给大师了。在美国如果没有熟练和扎实的立体裁剪功夫，想保住现有的职位和有效地完成每天的工作量是不可能的。而另一种困难是只有设身处地生活在异国他乡的人才能感受到的“异族鄙视”、“寂寞难耐”和“孤独无助”。就像新移民们常常形容自己那样：我们犹如在美国洋插队员集哑巴、聋子和瞎子于一身，那种艰难和不易，那漫漫长路之困惑是可想而知的。

面对种种困难，我并没有灰心和气馁。我把它看成是不同的挑战和激励自己再学习的新动力。我对自己说：红霞，路是人走出来的，你别无选择，只有努力向前而决不能停步，更不能后退。不懂英文？学呀！不熟立裁？补课呀！不清楚厘米与英寸的换算吗？练习呀！种族歧视吗？随它去吧！等有朝一日我强壮起来时，要让他们仰视我！孤独寂寞吗？那就充实自我，让寂寞走不出来！

在美国的头十年里，我已经数不清自己上过多少英语课程了，从双语班、低级班到高级班，从业余班到全日班，从不间断，风雨无阻。记得刚到美国那年，朋友就介绍我去面试一份工作，老板是一位裤子设计师。当看到我展示的平面裁剪图时，她很看好，当场表示让我上班。可好景不长，在她解释自己的设计和要求时，我只能张着嘴，却欲说不能。真是生自己的气，哪怕使出了浑身解数，试图理解和确定她的意图，可就是不明白。她只能重复地解说，后来她着急了，不耐烦了，生气了。我只好装着自己已经明白，开始画图，可是画出来的图形却不是她想要的。我知道，这是语言障碍造成的。很快，我失去了这份工作，让我羞愧得不好意思拿那几天的工资。我对自己说：你一定要加油，一定要学好英语。

不懂英文这一哑巴亏可是让我多次碰壁。记得有一次，我到一家时装公司面试，对方让我写一下自己的履历并填写申请表格。我拿着中英翻译辞典，坐在一旁一个字一个字地查，一个字一个字地拼，好不容易等我把表填写好了，一个多小时已经过去了。下面发生的事情就可想而知了。

半年之后，我凭着几句半生不熟的英文，终于找到了一家在纽约颇有名气的、以做晚装和裙子为主的Nicole Miller时装公司。我的面试很顺利，他们喜欢我设计师的背景和经验。结果是当场定为录用，第二天就上班。可刚到美国不久的我，不仅英文表达不顺畅，而且立裁的手艺半生不熟，一知半解。有一些款式我毫无困难，一次通过；可有的款式却无法胜任，在人台上做了多次，却怎么也摆弄不出设计师要的效果。我一个技术生疏，语言笨拙的外国人，在这样一家有名气的公司任职，心中的不安和忧虑无时不在。几个月后，我终于自觉力不从心，下定决心辞退了工作，回到了语言学校和美国纽约时装技术学院进修时装立裁和生产立裁的课程。我想，与其一知半解，不如踏踏实实，从头学起。

经过了整整半年的埋头学习，我的口语和写作能力都得到了一定程度的提高，而且立裁的技能也日益见长。随着自信心的恢复，我开始寻找新的工作。

我的努力终于得到回报。经过一位好友的介绍，我有机会在纽约中国城内的一家由美中双方合办的公司面试。这个职位的获得给我日后的版型技艺的突破奠定了良好的契机。想知道这从天上掉下来的馅饼是什么吗？我简直是幸运极了，这是一个并非一般人能争取得到的机会：我通过了考试，被应征成为了著名意大利籍资深版型师Mr. Umberto的助手。别看我仅是一名助手，那可是非常好的机会。你听说过多少导演的助理，几年后成为导演的传说吗？这就是未来的我。

Mr. Umberto是一位从20世纪60年代就在美国从事立裁打版和设计师工作的老行家。交谈起来，我才知道，他同时是一名造诣极深的画家、摄影师、时装设计师及版型老师（曾任教于纽约时装技术学院）。他从12岁开始入行做洋装，后只身闯到美国。早年曾任巴黎著名品牌迪奥驻纽约公司的首席打版师。他收我为徒之时，他的美国版型经验已经达到40年了。而更值得一提的是，还有我师傅的老师，也就是我的“师爷”Mr. Lou。师爷也是一位意大利高级版型师，他的版型经验超越我的师傅，在美国的工作经验近50年。认真、仔细、准确、干净、漂亮，极富艺术眼光。Mr. Lou是一位很热爱自己工作的老人，他与我的师傅共事超过了几十年。公司十分尊重和爱惜他们。

这真是一个可遇不可求的学习机会。在两位版型“长老”之间我犹如海绵一样，自由而尽情地吸收和实操了四年半之久。

回想当初，曾集“设计师、版师、讲师以及企业家”于一身的我，自认为与师傅有相同背景，在美国学习技术期间却是那么的“低能”。师傅一开始并不喜欢我，他是一位严师，很传统，很扎实、认真、讲究，是从不马虎了事的敬业者。每当他看到我拿着尺子和铅笔在纸上画线时，他是一百个不满意。而我将近20年在中国时装业里积累眼光、造型以及我的版型经验和工艺，在师傅眼里可谓是“很不怎么样的中国式做法”。他是一点都不认可我的“过去”，执意要重塑一个“全新”的我。他手把手地教我，纠正我的坏习惯和手势，一点一滴地从他的经验库里把他的经验和财富移交给我。而我就像一年级的学生，从最基础学起，一笔、一划、一针、一线、一方领、一只袖、一个口袋、一粒纽扣，一片过肩、一只皮带扣、一步一步地在坯布与人体模型和做版型的纸之间刻画、修改和摆弄。师傅为了确保我的基本功熟练和版型正确不误，在开始的两年时间里，他反复地让我

做的仅是各种款式的里布和缝份添加的工作，而款式的总造型和比例分配，细部的塑造和结构的设计全由他亲自确定和制作。而在一旁帮忙的我，就设法从旁学习了解他的思路和方法，然后每天做笔记，在自己不明白时或下一次做相似的款式时提出问题。当老人家心情很好时回答问题直截了当；而有时却回答说：“你做多了就会明白的，你就好好做吧！”

为了营造一个良好的师徒关系，我尽力地做好工作，少出差错，在师傅需要东西之前尽早地做好准备，让他顺心工作。工作之外，我关心他的身体和生活，他不舒服时，我给他寻医买药。他需要生活用品，我给他备齐，他结交中国朋友有语言上困难时，我给他翻译，帮他买字典，我还把过去我的设计，我的绘图，我的发布会，我写的文章，我的讲义以及我每天做的工作笔记给他看，让他了解过去的我和现在的我，有同事告诉我，你的师傅从前也带过几个徒弟，但时间都不长，而你是最长的一个。而我心里很明白，如果我的学徒时间不长，我就很难学到师傅的职业精华。他用了40年积累出来的经验，我是不可能用4个月就学到的，至少4年吧，这也是我给自己定出的短期目标。

为了达到预期的目标，我埋头苦学了整整4年。渐渐地我的技艺有了长进，立裁的功夫也得心应手了很多，加上我并没有停止在美国纽约时装学院（FIT）的学习。我除了学习打版、时装立裁、生产立裁、放码技术、生产用料、裁床排板，还上电脑打版、电脑画图、服装专业用语等课程。一天，当师傅知道我还在FIT上学，他笑着问：你为什么还要去那学？难道你跟着我学还不够吗？这可是付学费也学不到的知识，学校的课能给你什么？我也在那教过，简直是浪费时间！我也笑了，我说，师傅，当然是您的技术强，我在FIT学的是其他课程。

为了配合着自己的学业，我还经常在家里练习，坚持每一季到第5大道、第7大道和麦德逊大道去看时装潮流，把这些历史性的设计从橱窗中拍下来，回家还一张张放大学习和研究其长处和不足，时常为看到别人的版型亮点和精彩工艺细部而激动不已。集世界时装设计之精髓的纽约，是我再充电，再提高自己的创造能力和技术境界的艺术殿堂，是取之不尽，用之不竭的资源。

在自己暗地努力学习技艺的同时，对身边需要帮助的同学和同事，我尽自己所能给予帮助，包括专业的、技术的、语言的以及生活上的。

纽约从前有一家名叫Chinese American Planning Council（中美华人策划促进协会，简称CPC）。这家由华人承办的协会主要是致力于帮助华人新移民在美国社会立足，解决他们各个方面的困难。这家协会有一个重要的团队是承包职业培训，包括服装制版和样板制作、电脑、文员、酒店服务及护理等。刚下飞机，就有朋友告诉我，你是做服装的，快去CPC报名学习吧。于是在2001年初，我很荣幸地进入了CPC，完成了脱产4个月的中英文的有关样板制作和纸样方面的初级课程。他们讲授的面试技巧和如何应对英语面试和考试的课程很有用。几个月的学习对我大有帮助，这才有了之前所述的进入Nicole Miller 工作的暂短经历，也是因为这个CPC的启蒙，为我后来到FIT学习专业课提供了英文方面的顺利过渡和帮助。

从CPC出来，无论我走到哪，做什么工作，我都没有中断与CPC的联系。我经常想方设法帮助CPC的新同学找工作，鼓励他们不要被眼前的困难吓倒，继续提高，加把劲学英语，早日踏入美国社会。

还是回到我与师傅的故事吧。大约过了2年之后，公司在中国设厂，师傅被派往中国指导和传授打版经验，而留在纽约的我自然有了独当一面的机会。我开始独立工作，从看设计图到在人体模型上立裁，然后让技术主管和师爷帮忙指导和修正，而我自己也十分珍惜这个等待已久的机会。小心翼翼，认认真真，就像完成考试题似地完成每个款式，力求做到神似，型似，比例似。在开始阶段有时也会考虑不周，尤其是制作工艺方面。幸好师爷这时伸出友谊之手，在很多细节的处理上把关，特别是怎样在初板制作时就考虑到方便生产和便于穿着、行走和动作。怎样的工艺才有利于外观和设计要求的体现，如铺纱在什么部位和什么纹向，什么地方的里布要多留一些，加长些，缩短些，什么身体的部位在制作时要放些牵条，什么部位一定要比下面的一片要大一些，弧形怎样才合理，不同部位的模特尺寸标准是多少等。日积月累，我的制版经验逐渐丰富起来。

后来在唐人街工作了4年多的我进入七大道（Fashion Avenue）公司工作才知道这里的世界是多么的“精彩”。几年来，为了积累更多的工作经验，我选择了身兼多职的工作形式（Freelance jobs）。我先后曾为来自好莱坞的明星孪生姐妹（Mary-Kate Olsen and Ashley Olsen）的公司打版，为美国著名黑人歌星Stevie Wonder的太太Kai Millard所开的时装公司打版，同时为来自澳大利亚的时装设计师，来自韩国的晚装设计师，来自挪威的皮革设计师，来自阿根廷的时装设计师，来自意大利的中年女装设计师，来自法国的少女时装设计师，来自英国的著名的设计师Peter工作……我的服务对象来自世界各地。

如今，我迎来的更多是设计师们赞叹的美言、欣赏的目光、叫绝的喝彩、满意的笑容以及邀请的电话。我先后在多家美国服装公司工作，包括Oscar de la renta、Parsons School of Design MFA（帕森斯学校研究生毕业版型辅导老师）、J Mandel、Tory Buch、3.1 Philip Lam、Ralph Lauren、Pamela Roland、Donna Morgan、Erin Featherstone、Kai Millard、Lafayette 148、Nicole Miller等任立裁打版师。在美国，我从一个学徒起步到成为著名的纽约曼哈顿蔻驰公司（Coach Inc. New York）VIP线的专职打版师，这个过程我努力了18年。

也许是曾经办学、授课和为人师表，也许是看到很多美国版型制作的优点，也许是一个海外华侨总想着要为曾经培养自己的祖国做点什么，也许是很想为这些年来的学习和实践做一番总结和记录，我一直有着将美国的打版经验写成书的愿望。17年国内，18年美国的两地时装设计和打版经验，促使我分享这套融汇中西服装文化、技术及工艺的著作。

今天，这套《美国立体裁剪与打版实例·上衣篇》与姐妹篇《美国立体裁剪与打版实例·裙裤篇》终于要与读者见面了。这个过程细数起来经历了整整10年。我感动于自己的坚持，在这3600多个日日夜夜中，我坚持在本职和兼职工作之余努力耕耘，终于实现了自己的愿望。

我相信这套根据我近40年的国际从业实践经验撰写的著作，能让读者对美国的服装立体裁剪打版制作技术有更直接、更深入的了解，进而燃起学习服装制作技术的兴趣，对从事的服装制作技术有启发、借鉴、提升的作用。这是一套实用易懂，集指导性、技术性、启发性、教育性、典型性、普及性的图书，适合于国内服装行业从业者，服装院校师生及服装爱好者们学习参考。

感恩我的良师Mr. Umberto及Mr. Lou的教导和传授。感谢我的家人和好朋友们Rachel Chen、Mei Yang、Ming Yang and Fei Tong Lu的帮忙和指点。感恩我的前老板Mr. Shun Yen Siu & Deirdre Quinn给了我师从两位意大利名师和在Lafayette 148公司工作学习的机会。尤其要感谢我的先生Mr. John Anderson十多年如一日的鼎力支持。没有你们根本不可能有今天的我。

作为一个曾经由中国培养的设计师，我同样感恩祖国对我的培育。我的下一个中国梦是用自己近40载的从业经验和心得感悟，分享给更多的服装从业者和师生，回馈我的祖国！

陈红霞

Celine chen

2017年6月15日于纽约

图为笔者与她的两位恩师Mr.Lou（中）Mr.Umberto（右）合影